무인비행장치 측량

김성훈 · 김준현
손호웅 · 이강원 지음

Σ 시그마프레스

무인비행장치 측량

발행일 | 2019년 1월 31일 1쇄 발행

지은이 | 김성훈 · 김준현 · 손호웅 · 이강원
발행인 | 강학경
발행처 | (주)시그마프레스
디자인 | 이상화
편 집 | 문수진

등록번호 | 제10-2642호
주소 | 서울시 영등포구 양평로 22길 21 선유도코오롱디지털타워 A401~403호
전자우편 | sigma@spress.co.kr
홈페이지 | http://www.sigmapress.co.kr
전화 | (02)323-4845, (02)2062-5184~8
팩스 | (02)323-4197

ISBN | 979-11-6226-139-2

이 도서의 국립중앙도서관 출판예정도서목록(CIP)은 서지정보유통지원시스템 홈페이지(http://seoji.nl.go.kr)와 국가자료공동목록시스템(http://www.nl.go.kr/kolisnet)에서 이용하실 수 있습니다.(CIP제어번호 : CIP2019003399)

머리말

전 세계적으로 상업용 드론이 우리에게 소개된 지 사실 얼마 되지 않았습니다. 그러나 드론이 소개되기 훨씬 이전에도 무선조종(Radio Control, RC) 장치가 있었습니다. RC 장치와 드론을 굳이 구분하자면 드론의 정의를 살펴보는 것이 빠를 것 같습니다. 우리나라에서 공식적인 드론의 정의는 없기에 국제적으로 흔히 '드론의 정의'로 언급되는 미국 국방부의 무인기(Unmanned Aerial Vehicle, UAV)의 정의를 인용하면 다음과 같습니다. "무인기는 조종사(human operator)를 태우지 않고 공기역학적 힘으로 기체의 양력을 얻으며, 자율적(autonomously)으로 또는 원격조종(piloted remotely)으로 비행하며 무기 또는 화물을 탑재할 수 있는 소모성 또는 재생 가능한 동력비행체를 말한다. 단, 탄도(준탄도) 비행체, 순항미사일, 포 발사체는 무인기(무인비행장치)로 간주하지 않는다." [1]

즉 RC 장치와 드론의 경계는 위성항법체계(GNSS)의 적용 여부라 할 수 있습니다. 무인기와 위성항법체계(GNSS)의 융합이 드론의 무한한 활용을 가능하게 하고 나아가 이 책에서 다루고자 하는 '무인비행장치 측량'의 기본을 이룹니다.

드론만큼 짧은 시간 동안에 큰 기술적 도약을 이룬 기술도 별로 없을 듯합니다. 현재도 그렇지만 앞으로도 지금보다 엄청난 기술적 발전과 함께 다양한 분야에서 활용될 것이라 기대되는 기술 중 드론 만한 것도 얼마 되지 않을 것 같습니다. 그만큼 드론에 대한 기술적 기대치와 함께 활용의 잠재적 가능성이 무한하다고 할 수 있습니다. 2015년 미래학자 토머스 프레이(Thomas Frey)가 '드론의 192가지 미래사용법'을 소개할 때만 해도 과연 이러한 것들이 가능할지 의심스러운 것들도 있었지만, 이제는 이 정도의 활용기술을 뛰어넘는 기술들이 개발되고 있고 활용되고 있습니다. 드론이 제4차 산업혁명의 핵심기술이 되어 가고 있음을 실감할 수 있습니다.

1. Definition of UAVs by The Department of Defense, USA : Powered, aerial vehicles that do not carry a human operator, use aerodynamic forces to provide vehicle lift, can fly autonomously or be piloted remotely, can be expendable or recoverable, and can carry a lethal or nonlethal payload. Ballistic or semi-ballistic vehicles, cruise missiles, and artillery projectiles are not considered UAVs by the DOD definition. (from U.S. Unmanned Aerial Systems, 2012, Jeremiah Gertler, Congressional Research Service, 7-5700, R42136).

우리나라에서 드론은 '초경량비행장치(ultra-light plane)'의 한 종류인 무인비행장치(UAV)로 분류되어 있습니다(항공안전법 제2조3호).[2] 드론의 활용 측면에서 드론을 정의한다면 드론은 '날개를 단 센서'라고 정의할 수 있습니다. 드론이 단지 하늘을 날기만 한다면 완구일 뿐입니다. 하지만 카메라와 GPS를 포함한 각종 센서와 장비를 장착함으로써 다양한 다출처[가시광(EO), 적외선(Infrared), 다분광(Multi-Spectral), 초분광(Hyper-Spectral), 라이다(LiDAR), 레이다(RADAR) 등] 영상을 얻을 수 있습니다. 이 책에서는 드론에 탑재된 광학카메라로 촬영하여 얻은 영상(image)으로부터 정밀한 지도를 제작하는 '드론 사진측량'의 기본 이론과 함께 자료처리 방법을 기술하고 있습니다.

잠시 저자의 경험을 이야기하고 본론으로 돌아가겠습니다. 약 2년 전에 국토교통부에서 주관한 드론 하천측량대회에 참가한 적이 있습니다. 수상측량도 있기에 단일팀으로는 힘들어 우리는 팀을 이루어 참여하였습니다. 우리 팀은 다른 팀과 달리 지상에 영상의 해상도를 검증하기 위해 'Simens Star'(이 책의 부록에 실린 「항공사진측량 작업규정」 제18조5항 별표 17 참조)를 설치하였습니다. 대회 성격상 주어진 시간이 제한되어 있었기 때문에 한 번의 드론 촬영으로 후처리를 해서 결과물을 제출해야만 했습니다.

우리 팀이 드론으로 촬영한 영상을 1차적으로 Simens Star로 분석하니 해상도의 지표인 지상표본거리(Ground Sample Distance, GSD)가 약 30cm에 이르렀습니다. 실패에 가까운 촬영결과였습니다. 촬영 당시에 안개가 약간 끼기도 하였지만, 근본적으로 고정익 드론에 탑재한 카메라 세팅에 문제가 있었던 것으로 판단됩니다. 드론 촬영을 맡았던 한 팀원은 GSD가 엉망이라는 지적에 PIX4D 보고서(report)에 GSD가 1.5cm로 나왔다면서 GSD가 30cm라는 지적에 나름대로 논리적으로 큰소리치며 반박하던 일이 기억납니다.

결론부터 언급하면 PIX4D 보고서의 지상표본거리(GSD)는 드론으로 촬영한 사진영상의 메타파일에 기록된 비행고도 및 중첩도, 셔터속도 등으로부터 계산된 결과로서 최대한 이 정도의 GSD가 나올 수 있다는 뜻입니다. 따라서 실제 GSD가 절대 아닙니다. 여기서 제가 지적하고자 하는 것은 단순한 자료처리 과정만 숙지하지 말고, 드론 측량 자료처리의 전 과정에 대한 이해와 보고서 내용을 분석할 수 있는 능력이 중요하다는 뜻입니다.

일부 사용자들을 상대하다 보면 '드론 측량 사진데이터 처리' 소프트웨어로서 PIX4D가 차지하는 위상이 매우 높고, 사용이 매우 간단하다는 인식이 널리 퍼져 있다는 것을 알 수 있었습니다. 그만큼 PIX4D의 사용자 편의성이 좋다는 뜻이기도 합니다. 그러나 PIX4D mapper Pro보다 훌륭한 드론 사진측량 소프트웨어들이 많다는 사실과 소프트웨어 속성상 장단점들이 있다는 점을 잊어서는 안 될 것 같습니다. 저자들은 이 책을 쓰면서 어떠한 소프트웨어를 중심으로 쓸 것인지 고민했습니다. 결론적으로 대중성과 사용자 편의성을 고려하여 PIX4D mapper Pro를 중심으로 집필하기로 하였습니다.

이 책의 속성상 작업에 따른 드론의 선택(고정익, 회전익), 드론 촬영을 위한 앱 사용법, 촬영방법

2. 항공안전법 제2조3호 '초경량비행장치'란 항공기와 경량항공기 외에 공기의 반작용으로 뜰 수 있는 장치로서 자체중량, 좌석 수 등 국토교통부령으로 정하는 기준에 해당하는 동력비행장치, 행글라이더, 패러글라이더, 기구류 및 무인비행장치 등을 말한다.

등의 드론 측량을 위한 구체적인 운용방법과 GNSS(GPS)를 포함한 기본적인 측량개념을 충분히 설명할 수 없었습니다. 매우 깊은 내용은 아니더라도 기본적으로 기술해야 할 사항은 언급하였지만 충분하지 않습니다. 이 점 양해하여 주시기 바라며, 정기적인 세미나를 통하여 독자 여러분을 찾아뵙도록 하겠습니다. 끝으로 강조하고 싶은 점은 부록의 「무인비행장치 이용 공공측량 작업지침」의 내용은 숙지하여 주시고, 5장의 자료처리 실습을 따라 해 주시기 바랍니다.

이 책의 출간되기까지 1년 이상의 시간을 들였습니다. '드론측량 사진데이터 처리'에 관한 책이 사실상 국내외적으로 거의 처음이다 보니 저자들이 원래 준비하였던 범위와 컬러 인쇄 여부 등이 처음 기획했던 것과는 차이가 있지만 많은 내용을 담고자 노력했습니다. 이 책이 앞으로 수정, 보강되어 '드론 측량 사진데이터 처리'에 있어 도움이 될 수 있는 교재가 되도록 독자 여러분의 많은 지도와 의견을 부탁드립니다. 한편, 드론 탑재 센서들이 경량화, 소형화되고 아울러 우수한 성능을 갖추고 있습니다. 이에 드론을 활용하여 라이다(LiDAR), 열적외선, 다분광 센서 등으로 취득한 다출처 영상자료들의 자료처리에 관한 교재도 준비하고 있기에 여러분의 많은 관심과 의견을 부탁드립니다.

이 책에는 많은 분들의 노력이 담겨 있습니다. 특히 이 책이 나올 수 있도록 물심양면으로 지원해 주신 (주)시그마프레스의 강학경 사장님과 처음부터 끝까지 꼼꼼히 작업해 주신 편집부 직원들께 이 자리를 빌려 감사의 마음을 전합니다.

2019년 2월
저자 일동

차 례

01 드론의 개요

들어가면서 1

시장성 및 활용 분야 2

드론의 시장규모 2

1) 드론의 시장규모 현황 2

국내외 드론 활용 사례 4

1) 도로 및 교통 분야 4
2) 응급구조 및 택배 서비스 분야 4
3) 문화 및 예술 분야 5

기술동향 5

국외 정책동향 5

1) 미국 5
2) EU 6

국내외의 규제동향 6

분류 8

물리적 기준에 따른 분류 8

1) 무인항공기의 무게에 따른 분류 8
2) 형태에 따른 분류 9
3) 이착륙 방식에 따른 분류 14

기능적 기준에 따른 분류 14

1) 비행 반경에 따른 분류 14
2) 비행고도에 따른 분류 15
3) 비행 체공시간에 따른 분류 15
4) 사용 카메라에 따른 분류 16

비행원리 17

일반 비행기의 비행원리 17

1) 비행기 일반 17
2) 비행기에 작용하는 힘 17
3) 비행기의 구성요소 18
4) 날개의 단면형상 19
5) 베르누이 정리 20
6) 벤투리관과 피토관의 원리 21
7) 비행기에 작용하는 힘 22
8) 양력과 항력 23

회전익 항공기의 비행원리 24

1) 헬리콥터 24
2) 헬리콥터에 작용하는 힘과 비행방향 25
3) 로터와 반토크 26

회전익 무인항공기의 비행원리 27

1) 회전익 드론의 비행조종 27
2) 드론용 프로펠러 28

고정익 무인항공기의 비행원리 29

1) 작용하는 힘 29
2) 이륙 및 착륙 29

02 드론의 구성

드론 구조 33

드론의 세부구조 35

1) 통신부 35
2) 제어부 36
3) 구동부 36
4) 페이로드 36

탑재센서 37

비행 운용센서 37

1) 자동비행제어장치 37
2) 모터 38
3) 가속도계와 자이로스코프 38
4) 자력계 39
5) 관성측정장치 40
6) 기압계 40
7) 대기속도계 40
8) 센서 융합 41
9) 초음파 거리 센서 42
10) 라이다 센서 43

통신기술 44

무선통신 송수신기 44

주파수 대역 45

1) 900MHz 및 1.3GHz 주파수 대역 45
2) 2.4GHz 및 5.8GHz 주파수 대역 45
3) WiFi 및 4G/3G 46

GNSS 46

GPS 및 GNSS 46

GNSS의 현재와 미래 48

GPS 구성 및 관제 50

GPS 측위 원리 50

GPS 오차 51

구조적인 요인에 의한 거리오차 51

1) 위성시계의 오차 51
2) 위성궤도의 오차 51
3) 대기권의 전파지연 51
4) 수신기에서 발생하는 오차 52

위성의 배치상황에 따른 기하학적 오차의 증가 52

선택적 이용성에 의한 오차 52

03 무인비행장치 측량 개론

들어가면서 55

드론 사진측량 55

1) 비행촬영 과정 55
2) 처리 및 분석 과정 59
3) 공간정보 제작 과정 64
4) 공간정보의 활용 66

드론 사진측량자료 처리 69

계획 수립 70

1) 드론의 비행속도와 셔터속도 71
2) 지상표본거리 71
3) 드론의 비행고도 75
4) 사진영상의 지상면적 계산 75
5) 비행노선 간격 76
6) 비행노선 수 76
7) 촬영기선 76
8) 비행노선당 사진 매수 76
9) 총 사진 매수 77
10) 셔터 간격 77

지상기준점 측량 77

1) 대공표지의 설치 77
2) 지상현황측량 78

사진촬영 79
1) 사진촬영 79
2) 사진의 특성 80
3) 사진축척 81
4) 중복도 82
5) 촬영기선장 82
6) 유효 면적 82
7) 촬영고도 및 촬영코스 등 83

데이터 보정 85
1) 카메라 검정 86
2) 항공삼각측량 86

영상정합 87

정사영상 제작 88
1) 수치표고모델 생성 88
2) 정사영상 제작 89
3) 수치지도 90

04 무인비행장치 측량 자료 처리

Pix4D mapper Pro 프로그램 소개 95

Pix4D mapper Pro 개요 95
1) Pix4D mapper Pro 시스템 요구사항 95
2) Pix4D mapper Pro 설명 96
3) 소프트웨어 설치 97

Pix4D mapper Pro 실행 101
1) Pix4D mapper Pro 인터페이스 101
2) Pix4D mapper Pro 인터페이스 변화 115
3) Pix4D mapper Pro 실습(데모) 183

프로젝트 만들기 실습 189
1) 새 프로젝트 만들기 189
2) 이미지 가져오기 190
3) 이미지 속성 구성 190
4) 실행 옵션 템플릿 선택 192
5) 출력/GCP 좌표계 선택 193

05 무인비행장치 측량 실습

들어가면서 195

실습자료의 구성 199
1) 실습자료 199
2) 실습을 위한 사전작업 199

Project 실습 200

부록 1. 「항공사진측량 작업규정」 주요 규정 발췌 227
부록 2. 「무인비행장치 이용 공공측량 작업지침」 239
찾아보기 251

들어가면서

비행체에서 조종사 없이 GPS에 의한 자동항법 기능과 무선 전파의 유도에 의해서 비행 및 조종이 가능한 비행기나 헬리콥터 등을 총칭하여 드론(Drone)이라 한다. 제2차 세계대전 직후 영국에서 퇴역한 연습기를 Queen Bee(여왕벌)라 이름을 붙인 대공포 격추 훈련용으로 개조하여 사용하던 것을 미국에서 도입하면서 여왕벌에 대응하는 이름으로 Drone(male bee, 수컷 벌)이라고 했는데, 드론은 또 다른 의미로 '벌이 윙윙거리는 소리'를 뜻하므로 무인비행체가 소리를 내며 날아다니는 모습과 매우 어울려 이 이름이 널리 사용되게 되었다.

최근에는 이러한 드론을 활용하여 접근 불가능한 지역이나 넓은 지역을 효과적으로 원격으로 탐측하는 것이 가능하게 되었으며, 드론은 사람이 직접적으로 관여하지 않아도 되는 무인의 비행기라고 해서 무인항공기(Unmanned Aerial Vehicle, UAV)라고도 한다.

초기에는 군사용으로 이용할 계획으로 미사일 연습사격의 표적으로 수명을 다한 낡은 유인항공기를 공중표적용 무인기로 재활용하는 데서 개발하기 시작했다. 하지만 비행유형, 비행시간, 고성능 카메라 등이 발달하면서 그 용도가 점차 확장되고 있다. 최근에는 다양한 최첨단 장비를 탑재하여 다양한 공간정보를 수집하고, GPS 기술을 탑재하면서 정확한 지역 탐사나 3차원 지형 측량 등이 가능하게 되면서 개인의 취미활동은 물론, 고영상 지도 제작 분야, 농업에서부터 산림 · 군사 · 건설 엔지니어 분야, 컴퓨터 사이언스 · 상업용 물류 서비스 · 재난구조 · 영화산업 분야 등까지 다양하게 적용되고 있다.

시장성 및 활용 분야

드론의 시장규모

1) 드론의 시장규모 현황

전 세계 상업용 드론 시장은 연평균 34.8% 성장하여 2023년에는 8억 8,000만 달러에 이를 것으로 전망한다. 또한 군사용으로 개발되었던 드론이 상업용까지 확대되면서 전체 드론시장의 1% 수준에 불과했던 상업용 드론이 2023년 7%를 넘어설 것으로 예상한다. 국내의 드론 시장규모 또한 급성장할 것으로 예상되며 2013년 대비 2015년에 등록된 드론 수는 3배 증가했으며 등록업체는 5배 이상 증가했다.

이러한 드론은 촬영과 농업 등 다양한 분야에서 활용되고 있으며 아마존과 구글을 비롯한 글로벌 기업이 적극 참여하고 있다.

드론은 사진 촬영, 정밀농업, 원격감시, 측량, 지도 제작 등의 분야에서 활용되고 있다. 드론을 활용한 항공사진 촬영은 이미 빠르게 보급되고 있으며 농업 분야에서도 방제, 파종, 농작물 관찰 등에 드론이 활용되고 있다. 최근에는 실종자 수색이나 재난현장 감시, 수질오염 감시 등 다양한 모니터링을 위해 드론 시범사업이 추진되고 있으며 지적재조사와 공간정보(geospatial information) 구축 등 측량 분야에서도 드론이 활용되고 있다.

드론 산업에는 인터넷 통신, 물류, 방송, 서비스 기업 등 다양한 업종의 기업들이 참여하고 있다. 인터넷 통신 분야에서는 아마존, 구글, 페이스북 등이 배달과 통신 시스템을 개발하고 있으며 물류 분야에서는 DHL과 UPS가 배송 서비스를 시험 운영하고 있다. BBC와 CNN은 뉴스 취재를 위해 드론을 활용하고 있으며 피자 배달, 손해보험 산정 등 기타 다양한 분야에서 드론을 활용하고 있다.

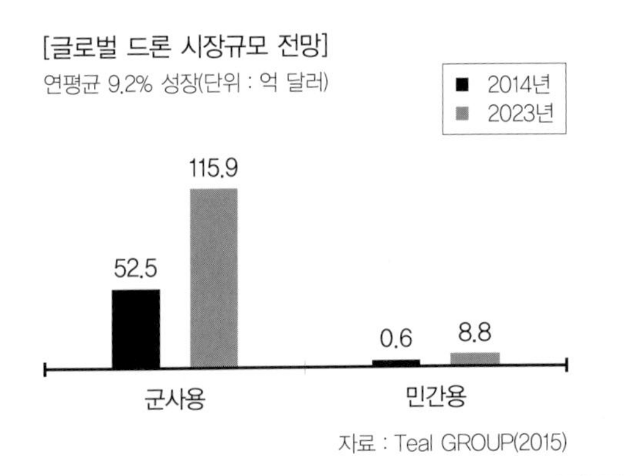

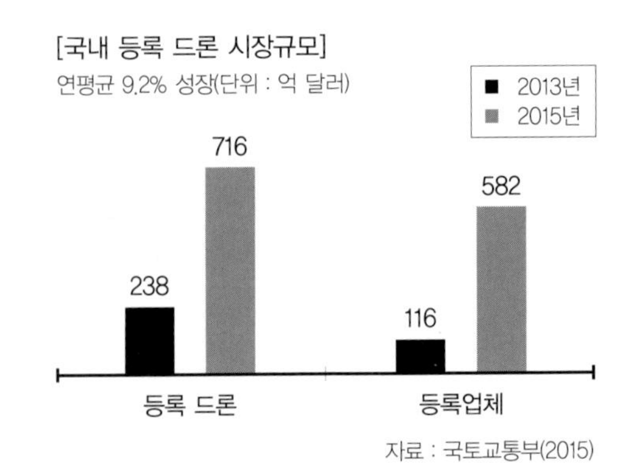

국내외 드론 시장규모 전망

상업용 드론 활용 업체별 주요 내용

분야	업체명	주요 내용
인터넷 통신	아마존(미국)	• 2013년 드론 배달 시스템 'Amazon Prime air' 개발 • 캐나다, 호주, 인도 등에서 시험비행 진행, FAA에 허가 요청 상태
	구글(미국)	• 드론 활용 배달 프로젝트 'Project Wing' 진행 • 2014년 4월 태양광 무인기회사 타이탄에어로스페이스 인수
	페이스북(미국)	• 영국 드론업체 어센타 2,000만 달러에 인수 • 인구가 적거나 광활한 지역에 인터넷 통신을 돕는 드론 프로젝트 착수
물류	DHL(독일)	• 2014년 9월 드론을 활용한 12km 떨어진 섬에 소포(의료품) 배달 성공
	UPS(미국)	• 드론 활용 무인 배송 서비스 도입을 위한 프로젝트 진행 중
방송	BBC(영국)	• 태국과 홍콩 시위 현장 촬영 등 뉴스 취재 촬영에 드론 활용 중
	CNN(미국)	• 2015년 1월 뉴스 취재에 합법적인 드론 이용 방안 연구 FAA와 합의
서비스	도미노피자(영국)	• 'DomiCopter'를 활용한 피자 배달 프로젝트 진행
	스테이트팜(미국)	• 대형 손해보험사로 재난지역 피해규모 조사와 손해액 선정에 드론 활용 추진

자료 : 채송화(2015) '드론 상용화 원년, 2015년', ICT Sprt Issue.

[상업용 드론 시장 분포]
2014년 기준

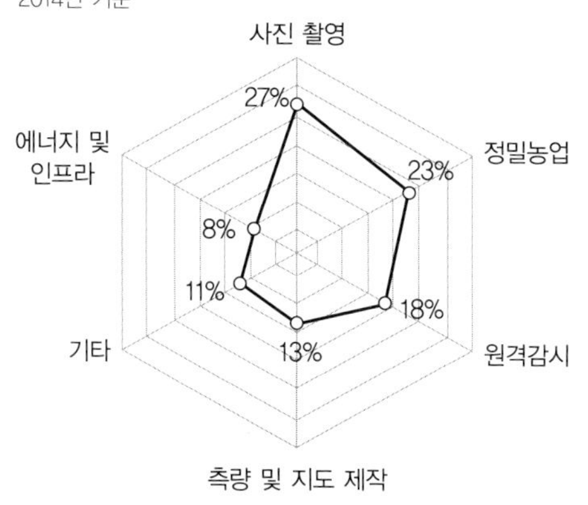

[상업용 드론 활용 분야별 사례]

활용 분야	사례
항공사진 촬영	• 광고, 중계, 방송 촬영 등 • 문화재 촬영 및 지도화, 고고학 조사, 화재, 사고, 재해
정밀농업	• 농약살포용 방제드론, 파종, 식생상태 조사
원격감시	• 실종자 수색 감시 • 재난현장 감시(산불, 산사태) • 수질오염 감시 • 도로, 통신중계탑, 교량, 댐 건축물 등
측량 및 지도 제작	• 지적조사 • 지형공간정보(GSIS) 구축 • 건설현장 3차원 지도 제작
에너지 및 인프라	• 송전선 진단 • 대기 측정

상업용 드론 시장 분포 및 활용 분야 사례

국내외 드론 활용 사례

1) 도로 및 교통 분야

미국 조지아공과대학에서 작성한 조지아주 교통부(Georgia Department of Transportation, GDOT) 보고서에서는 GDOT의 무인항공기 도입 타당성 및 활용 가능한 분야에 대해 분석했고, 기존에 무인항공기를 활용한 사례로 교통 감시, 교통 시뮬레이션, 구조물 모니터링, 눈사태 제어, 노면 상태의 항공 평가, 교량 검사, 건설현장의 안전 점검 등을 소개했다(Irizarry and Johnson, 2014).

GDOT 보고서에서는 도로교통 분야의 무인항공기 활용 타당성 평가와 관련된 내용 위주로 기술되어 있으며 도로교통 분야에서 무인항공기를 활용할 수 있는 방법에 대해 분석한 내용들은 우리나라의 도로교통 분야 무인항공기 도입 전략 수립에 참고할 수 있다.

GDOT와 유사한 사례로 미국 미시간공과대학(MTU)에서는 도로교통 분야의 무인항공기 활용에 따른 효과를 평가하기 위해 다양한 무인항공기 플랫폼을 테스트했다. MTU의 연구는 무인항공기의 도로교통 분야 도입에 있어서 새로운 인프라를 필요로 하지 않는 범위에서 현재 개발되어 있는 무인항공기 관련 기술들을 기반으로 신속하게 도로교통 실무에 배치하여 활용할 수 있는 방안을 모색하였다는 것에 의의가 있으며 MTU의 연구 결과를 통해 기존 상용 드론을 활용할 경우 사람이 접근하기 어려운 지역의 모니터링에 활용할 수 있고, Lidar나 열화상 카메라와 같이 광학센서 이외의 센서를 탑재하면 구조물의 노후화 등의 점검과 같은 도로교통 분야에서 활용 가능함을 확인했다.

2) 응급구조 및 택배 서비스 분야

산림 병충해 조사, 조난 수색, 응급물품 수송 등 드론의 활용 분야는 기술과 성능이 발전하면서 폭넓고 다양해지고 있다. 드론은 공중에서 안정된 상태로 지상을 촬영할 수 있다는 장점을 살려, 산불 등 산림 재해에 대응하고 있기도 하며, 실제로 사람이 투입되기 어려운 곳에서의 응급구조 등에도 활용되고 있다. 실제로 2015년 3월에 67만 m^2의 산림을 폐허로 만든 강원도 화천군 병풍산 산불 진화 현장에 드론이 투입돼 산불 현장 상황 파악, 야간 산불 진행 상황 감시 등의 활약을 펼친 바도 있다. 또

드론의 도로 및 교통 분야 활용성

구분	도로 및 교통 분야 활용성
교량 분야	• 교량 구조 영상 획득 • 3D 모델링을 통한 교량 데크 점검 • 방수처리된 무인항공기를 이용한 교량 하부 구조 영상 획득
건설현장	• 건설 현장의 각종 지도 제작, 구조물 점검 및 모니터링
모니터링	• 열화상 카메라를 이용한 박리 감지 • Lidar를 이용한 도로자산 모니터링 • 소형 드론을 활용한 제한된 구역의 모니터링(암거 등)
교통 분야	• 소형 무인비행선을 이용한 교통 모니터링, 운영 및 유지관리

한 드론은 산림 병충해 조사에도 투입되고 있으며 향후 조난 수색, 응급구호물품 수송 등에 활용될 예정이라 드론 분야는 더 넓어질 전망이다.

2013년 12월 '프라임 에어'라는 드론을 선보인 아마존은 3년 만에 드론을 이용한 제품 배송에도 적용하여 성공했다. 아마존은 현재 고객 2명을 대상으로 드론 서비스를 제공하고 있지만, 곧 수백 명으로 대상을 넓힐 계획이다. 배송에 사용된 프라임 에어 드론은 시속 80km로 비행할 수 있으며 24km까지 자동 비행으로 배달할 수 있는 시범주행을 완료했다. 세계 최대 인터넷 기업 구글(Google)도 드론을 이용한 배송을 준비 중이다.

국내에서도 드론 배송을 위해 발빠르게 움직이고 있는데 그중 현대로지스틱스, CJ대한통운 등 15개 사업자가 드론 배송 시범사업을 진행하고 있다. 사업자들은 시범사업 기간 동안 안전 데이터 축적, 성능과 기술의 향상, 인프라 보완 등을 진행할 계획이다.

3) 문화 및 예술 분야

언론사는 이른바 '드론 저널리즘'을 표방하며 스포츠 중계부터 재해 현장 촬영, 탐사보도까지 드론을 활발히 사용하고 있다. 카메라를 탑재한 드론은 지리적인 한계나 안전상의 이유로 가지 못했던 장소를 생생하게 렌즈에 담을 수 있고, 과거에 활용하던 항공촬영보다 기상장애가 적으며, 촬영비용이 더 저렴하다는 장점이 있어 '내셔널지오그래픽'은 2014년 탄자니아에서 사자의 생태를 촬영하는데 드론을 도입했고, CNN도 터키 시위 현장, 필리핀 태풍 하이옌 취재 등에 드론을 활용했다.

이렇듯 드론은 이제 일반적으로 건물, 생태계, 지형 · 지물(feature)의 사진 촬영으로 인한 지도 제작은 물론 구조물 노후 조사, 농작물 유형 및 산림의 수종 분석, 인간이 접근하기 힘든 위험지역 등의 정보 수집, 재난지역, 화산 및 원전 사고지역 등에서의 실시간 정보 수집, 군사적 목적의 정찰, 택배 수송 등 다양한 분야에서 적용되고 있다.

기술동향

국외 정책동향

1) 미국

미국은 이라크 전쟁에서 무인기의 군사용 활용도가 입증된 이후, 무인기 기술 개발에 국방예산을 집중 투자하고 있다. 향후 10년간 전 세계 무인기 연구개발비의 65%, 획득비의 51%를 투입할 것으로 예상한다. 전장에 대량 투입되었던 군용 무인기의 민간활용방안 모색의 일환으로 민간 무인기 산업화 촉진정책을 추진 중이다. 2012년 민간 무인기의 공역 통합을 포함한 '연방항공청 현대화 및 개혁법(FAA Modernizatin & Reform Act of 2012)'을 발효하여 현재 정책에 적용하고 있다.

한편으로 1990년대 이후 개인용 항공기(Personal Air Vehicle, PAV) 관련 연구 프로그램을 적극 추진하고 있으며, 2030년 미국 자동차시장의 3%인 25만 대 이상이 PAV로 대체될 것으로 예상하고 있다.

2) EU

2012년 7월 유럽 위원회에서 민간 무인기 정책개발 그룹(ERSG)을 결성하고 2013년 유럽 민간 무인기 통합 로드맵을 발표했다. 이를 통해 단계별, 점진적 접근으로 무인기의 공역 통합 운용을 위한 계획과 준비를 하고 있다. 즉 2013년부터 2028년까지 5개년씩 3차, 총 15년 계획 수립(제도 마련, 기술개발, 사회적 영향성)을 수립했다.

한편, 자동비행시스템을 적용한 수직이륙 및 착륙 또는 단거리 이륙 및 착륙 방식의 고정익 전기동력 비행체가 유럽의 도심 환경에 부합한다고 결정했으며, 유럽 내 6개 기관이 참여하는 마이콥터 프로젝트(MyCopter Project)를 주도하여 단거리 운용을 위한 PAV 제어 및 항법기술 등을 상호 연구 중에 있다.

국내외의 규제동향

우리나라의 현재 항공안전법에 따른 안전규제(장치신고등록, 안전성인증-기체검사, 조종자격, 조종자 비행 준수사항 등)는 드론의 용도 · 무게에 따라 안전을 위한 필요 최소 수준으로 미국, 중국, 일본 등도 유사하게 운영하고 있으며, 해외와 비교하여 동등하거나 완화된 수준이다.

미국, 영국, 캐나다, 프랑스, 중국, 일본 등 선진국들도 우리나라와 유사하게 수도 · 공항 · 원전시설 주변 등을 드론 비행금지구역(비행 승인 후 비행 가능)으로 설정하여 시행 중이며, 야간 · 가시권 밖 비행 및 유인항공기 고도 이상의 비행도 유사하게 제한하고 있다.

우리나라의 경우 2017년 특별비행승인제가 도입되어 야간이나 가시권 밖에서 비행이 가능해지고 첨단기술의 개발 · 상용화도 가능해질 전망이다. 참고로 미국, 중국 등 일부 주요국가에서도 야간 · 비가시 등 제도권 밖 비행에 대한 승인제를 운영 중이다. 다음 페이지에 있는 표는 국가별 드론 규제를 정리한 것이다.

드론 규제 완화의 일환으로 국토교통부는 드론 비행 전 사전승인이 필요한 고도기준을 정비하기

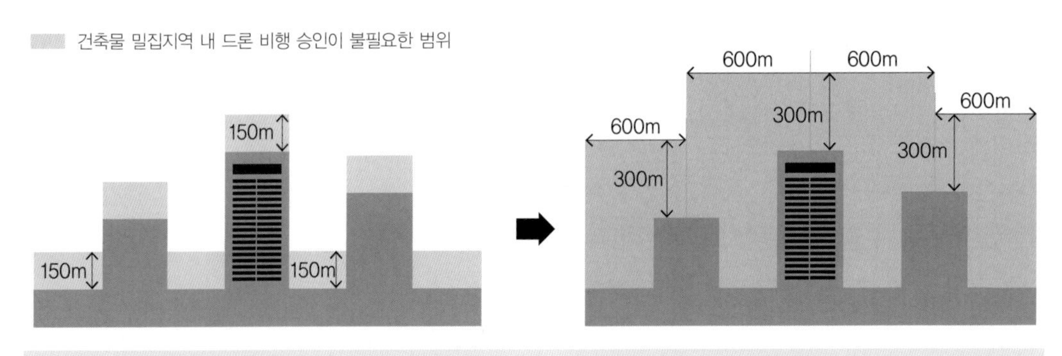

규정 변경 전 · 후 비교

국가별 드론 규제 비교

구분	한국	미국	중국	일본
고도제한	150m 이하	120m 이하	120m 이하	150m 이하
기체 신고·등록	사업용 또는 자중 12kg 초과	사업용 또는 250g 초과	250g 초과	비행 승인 필요 시 관련 증빙자료 제출
조종자격	12kg 초과 사업용 기체	사업용 기체	자중 7kg 초과	비행 승인 필요 시 관련 증빙자료 제출
구역제한	서울 일부(9.3km) 공항(9.3km) 원전(19km) 휴전선 일대	워싱턴 D.C 주변(24km) 공항(반경 9.3km) 원전(반경 5.6km) 경기장(반경 5.6km)	베이징 일대, 공항 주변, 원전 주변 등	도쿄 전역(인구 4,000명/이상 지역) 공항(반경 9km) 원전 주변 등
속도제한	제한 없음	160km/h 이하	100km/h 이하	제한 없음
비가시권, 야간비행	원칙 불허 예외 허용	원칙 불허 예외 허용	원칙 불허 예외 허용	원칙 불허 예외 허용
군중 위 비행	원칙 불허 예외 허용	원칙 불허 예외 허용	원칙 불허 예외 허용	원칙 불허 예외 허용
드론 활용 사업 범위	제한 없음(국민의 안전·안보에 위해를 주는 사업 제외)	제한 없음	제한 없음	제한 없음

출처 : 국토교통부 2017. 2. 27 및 2017. 8. 8 보도참고자료 인용정리

위해 「항공안전법 시행규칙」 개정안을 2018년 4월 4일 입법예고 한 바 있다. 그동안 항공교통안전을 위해 지면·수면 또는 물건의 상단 기준으로 150m 이상의 고도에서 드론을 비행하는 경우 사전에 비행 승인을 받도록 규정해 왔다. 즉 드론을 고층건물(약 40층, 150m) 옥상 기준으로 150m까지 승인 없이 비행할 수 있고, 건물 근처에서 비행하는 경우 지면기준으로 150m까지 승인 없이 비행 가능했다. 다만, 고층건물 화재상황 점검 등 소방 목적으로 드론을 활용하거나 시설물 안전진단 등에 사용하는 경우 고도기준이 위치별로 급격히 변동되어 사전승인 없이 비행하기에 어려움이 있었다.

앞으로 항공기의 최저비행고도를 고려(항공기-드론 간 충돌 방지)하여, 사람·건축물 밀집지역에서 고도기준을 기체 중심에서 수평거리 600m 범위 내 가장 높은 장애물의 상단 기준 300m까지로 개정할 예정으로 화재현장 급파 등 도심지역에서의 활용도가 높아질 것으로 기대된다. 따라서 항공기는 비행안전을 위해 사람·건축물 밀집지역에서의 시계비행 시 최저비행고도를 수평거리 600m 범위 내 가장 높은 장애물의 상단(300m)으로 규정할 예정이다. 한편, 건축물 밀집지역에서 드론이 안전하게 비행할 수 있도록 건물과 충돌 우려 등이 있는 방식의 비행도 제한한다.

군사용 : Ryan Firebee

군사용 : Reaper

다목적 민간형 : Phantom 4

배송용 : Parcelcopter

드론의 예

분류

무인항공기는 형태와 기능, 운용 방식 및 목적이 다양하여 한 가지 기준으로 분류하기에는 어려움이 있고, 최근 들어 다양한 기준에 따라 세부적으로 분류하고 있으나 명확하게 기준에 따라 분류하기란 쉽지 않다. 그러나 크게 물리적, 기능적 분류 기준에 따라 무인항공기를 분류할 수 있다.

먼저 물리적 기준에 의하여 무인항공기의 무게, 형태, 이륙 및 착륙방법 등으로 구분할 수 있고 기능적 기준에 의하여 비행반경, 비행고도, 비행체공시간, 사용 카메라, 촬영방향 임무수행 방법 등과 같이 구분할 수 있다.

물리적 기준에 따른 분류

1) 무인항공기의 무게에 따른 분류

현재까지 무인항공기의 국제적인 중량기준은 없으며 국가마다 적용하는 기준이 상이하다. 현행 국내 항공법상 무인항공기의 무게를 150kg 이하로 규정하고 있다. 그리고 안전 및 보안 등의 이유로 대도시의 도심지역과 휴전선 인근 · 비행장 · 인구밀집지역 등 비행금지 장소가 아닌 곳에서 운행시간은 주간으로 하여 고도는 약 150m 이내에서 운용할 수 있도록 규정하고 있다.

참고 ▶ 초경량비행장치의 기준

「항공안전법 시행규칙」 제5조(초경량비행장치의 기준) 항공안전법 제2조제3호에서 '자체중량, 좌석 수 등 국토교통부령으로 정하는 기준에 해당하는 동력비행장치, 행글라이더, 패러글라이더, 기구류 및 무인비행장치 등'이란 다음 각 호의 기준을 충족하는 동력비행장치, 행글라이더, 패러글라이더, 기구류, 무인비행장치, 회전익비행장치, 동력패러글라이더 및 낙하산류 등을 말한다.

1. 동력비행장치 : 동력을 이용하는 것으로서 다음 각 목의 기준을 모두 충족하는 고정익 비행장치
   가. 탑승자, 연료 및 비상용 장비의 중량을 제외한 자체중량이 115kg 이하일 것
   나. 좌석이 1개일 것
2. 행글라이더 : 탑승자 및 비상용 장비의 중량을 제외한 자체중량이 70kg 이하로서 체중이동, 타면조종 등의 방법으로 조종하는 비행장치
3. 패러글라이더: 탑승자 및 비상용 장비의 중량을 제외한 자체중량이 70kg 이하로서 날개에 부착된 줄을 이용하여 조종하는 비행장치
4. 기구류 : 기체의 성질 · 온도차 등을 이용하는 다음 각 목의 비행장치
   가. 유인자유기구 또는 무인자유기구
   나. 계류식(繫留式) 기구
5. 무인비행장치 : 사람이 탑승하지 아니하는 것으로서 다음 각 목의 비행장치
   가. 무인동력비행장치 : 연료의 중량을 제외한 자체중량이 150kg 이하인 무인비행기, 무인헬리콥터 또는 무인멀티콥터
   나. 무인비행선 : 연료의 중량을 제외한 자체중량이 180kg 이하이고 길이가 20m 이하인 무인비행선
6. 회전익비행장치 : 제1호 각 목의 동력비행장치의 요건을 갖춘 헬리콥터 또는 자이로 플레인
7. 동력패러글라이더 : 패러글라이더에 추진력을 얻는 장치를 부착한 다음 각 목의 어느 하나에 해당하는 비행장치
   가. 착륙장치가 없는 비행장치
   나. 착륙장치가 있는 것으로서 제1호 각 목의 동력비행장치의 요건을 갖춘 비행장치
8. 낙하산류 : 항력(抗力)을 발생시켜 대기(大氣) 중을 낙하하는 사람 또는 물체의 속도를 느리게 하는 비행장치

반면에 유럽의 경우, 일반적인 무선조종 항공기(Model Aircraft)는 국가별로 기준이 다양하며, 150kg 이하는 소형 무인항공기, 150kg 초과하는 경우 대형 무인항공기로 구분하고 있다. 최근에 개발되어 있는 무인항공기를 무게 기준으로 보면 초소형에서부터 글로벌호크(Global Hawk)와 같은 대형에 이르기까지 그 기준은 다양하다.

2) 형태에 따른 분류

항공기 및 비행체는 날개의 형태에 따라 크게 고정익(fixed wing)과 회전익(rotary wing)의 두 가지 형태로 구분된다. 일반 여객기나 전투기와 같이 날개가 고정된 형태를 갖고 있는 비행체를 '고정익 무인항공기'라고 하고 헬리콥터, 멀티콥터 등과 같이 프로펠러가 회전하는 형태의 비행체를 '회전익 무인항공기'라 한다.

고정익과 회전익 드론은 각각 장단점을 가지고 있다. 따라서 이들 장단점에 맞춰 각각의 드론을 활용하고 있다. 최근에는 고정익과 회전익의 장단점을 결합한 형태인 틸트로터(tilt-rotor) 드론 및 항

참고 ▶ 초경량비행장치 조종자 준수사항

「항공안전법 시행규칙」 제310조(초경량비행장치 조종자의 준수사항) ① 초경량비행장치 조종자는 항공안전법 제129조제1항에 따라 다음 각 호의 어느 하나에 해당하는 행위를 하여서는 아니 된다. 다만, 무인비행장치의 조종자에 대해서는 제4호 및 제5호를 적용하지 아니한다.

1. 인명이나 재산에 위험을 초래할 우려가 있는 낙하물을 투하(投下)하는 행위
2. 인구가 밀집된 지역이나 그 밖에 사람이 많이 모인 장소의 상공에서 인명 또는 재산에 위험을 초래할 우려가 있는 방법으로 비행하는 행위
3. 항공안전법 제78조제1항에 따른 관제공역 · 통제공역 · 주의공역에서 비행하는 행위. 다만, 다음 각 목의 행위와 지방항공청장의 허가를 받은 경우는 제외한다.
   가. 군사목적으로 사용되는 초경량비행장치를 비행하는 행위
   나. 다음의 어느 하나에 해당하는 비행장치를 별표 23 제2호에 따른 관제권 또는 비행 금지구역이 아닌 곳에서 제199조제1호나목에 따른 최저비행고도(150m) 미만의 고도에서 비행하는 행위
      1) 무인비행기, 무인헬리콥터 또는 무인멀티콥터 중 최대이륙중량이 25kg 이하인 것
      2) 무인비행선 중 연료의 무게를 제외한 자체 무게가 12kg 이하이고, 길이가 7m 이하인 것
4. 안개 등으로 인하여 지상목표물을 육안으로 식별할 수 없는 상태에서 비행하는 행위
5. 별표 24에 따른 비행시정 및 구름으로부터의 거리기준을 위반하여 비행하는 행위
6. 일몰 후부터 일출 전까지의 야간에 비행하는 행위. 다만, 제199조제1호나목에 따른 최저비행고도(150m) 미만의 고도에서 운영하는 계류식 기구 또는 법 제124조 전단에 따른 허가를 받아 비행하는 초경량비행장치는 제외한다.
7. 「주세법」 제3조제1호에 따른 주류, 「마약류 관리에 관한 법률」 제2조제1호에 따른 마약류 또는 「화학물질관리법」 제22조제1항에 따른 환각물질 등(이하 "주류등"이라 한다)의 영향으로 조종업무를 정상적으로 수행할 수 없는 상태에서 조종하는 행위 또는 비행 중 주류등을 섭취하거나 사용하는 행위
8. 그 밖에 비정상적인 방법으로 비행하는 행위

② 초경량비행장치 조종자는 항공기 또는 경량항공기를 육안으로 식별하여 미리 피할 수 있도록 주의하여 비행하여야 한다.

③ 동력을 이용하는 초경량비행장치 조종자는 모든 항공기, 경량항공기 및 동력을 이용하지 아니하는 초경량비행장치에 대하여 진로를 양보하여야 한다.

④ 무인비행장치 조종자는 해당 무인비행장치를 육안으로 확인할 수 있는 범위에서 조종하여야 한다.

무게 기준에 따른 분류

구분	무게범위(kg)	해당 무인 항공기
무선조종 모형항공기 (Model Aircraft)	국가마다 12, 20, 25, 30, 35kg 이하 등 기준이 다양	• 엔진배기량 50CC 이하 • 레크리에이션, 스포츠, 레저 용도에 한정 • 조종자는 외부조종자여야 하고 시야 범위 내(line of sight)에서만 비행 • 기계적으로 조종하도록 되어 있어야 하고 인간을 비롯한 살아있는 생물체 탑승 금지
소형 UAV	150kg 이하	• 지표면 400ft 내에서만 비행 • 외부조종사의 육안범위(500m) 내에서 비행 • 최대 속도는 70kts로 제한 • 운동에너지가 95kJ(KiloJoules)을 초과해서는 안 됨
대형 UAV	150kg 초과	• 일반적으로 형식승인 필요

참고 ▶ 국내법의 초경량비행장치(무인비행기)의 기준

■ **「항공안전법 시행규칙」 제5조(초경량비행장치의 기준) 제5호**

무인비행장치 : 사람이 탑승하지 아니하는 것으로서 다음 각 목의 비행장치

가. 무인동력비행장치 : 연료의 중량을 제외한 자체중량이 150kg 이하인 무인비행기, 무인헬리콥터 또는 무인멀티콥터

■ **「항공안전법 시행규칙」 제305조(초경량비행장치 안전성인증 대상 등) 제1항제5호가목**

무인비행기, 무인헬리콥터 또는 무인멀티콥터 중에서 최대이륙중량이 25kg을 초과하는 것

■ **「항공안전법 시행규칙」 제24조(신고를 필요로 하지 아니하는 초경량비행장치의 범위) 제5호**

무인동력비행장치 중에서 연료의 무게를 제외한 자체무게(배터리 무게 포함)가 12kg 이하인 것

주 : 초경량비행장치 중 무인비행기(드론)의 기준은 150kg이고, 12kg 이하는 신고를 필요로 하지 않으며, 25kg 이상은 안전성 인증을 필요로 한다.

공기가 개발되어 활용되고 있다.

(1) 고정익 무인항공기

일반적인 비행기와 같이 고정형의 날개 형태인 무인항공기 시스템으로서 연료소모가 상대적으로 적어 장기체공이 가능하나 이착륙을 위해서는 활주로나 넓은 개활지가 필요하다. 또한 정지비행이 불가능하고 저비행고도에서의 표적을 지속적으로 추적하기가 어려운 점과 이륙 및 착륙 시 바람의 영향을 많이 받는 단점을 갖고 있다. 따라서 고정익 무인항공기는 중고도나 고고도 장기체공형 무인항공기 시스템으로 활용하여 평지지형 운용 및 장거리 임무나 기상의 변화가 적은 지역의 운용에 적합하다.

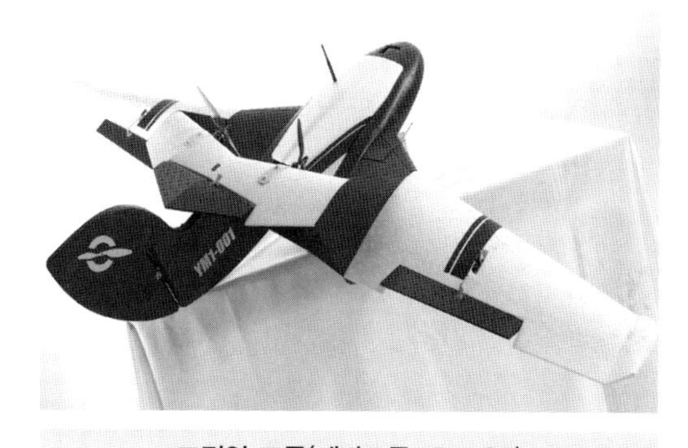

고정익 드론(케바드론, SR-20)

(2) 회전익 무인항공기

헬리콥터형 비행체를 지칭하는 무인항공기 시스템으로서 수직 이륙 및 착륙이 가능하여 좁은 공간에서의 이착륙이 가능하다. 회전익 무인항공기의 특징은 공중에서 정지비행이 가능하고 상대적으로 급격한 선회가 가능하다. 그러나 연료효율이 낮아 장기체공에 제한이 있어 재난현장 투입, 안전진단, 시공감리, 소규모 측량 등에 적합하다. 따라서 상대적으로 단거리 임무에 적

회전익 드론(Leica Geosystems, Abotix X6)

용된다.

(3) 틸트로터형 무인항공기

틸트로터 무인항공기는 로터(rotor, 회전자), 즉 프로펠러 시스템의 가변형을 통해 이착륙을 한다. 로터로 수직 양력을 발생시켜 수직 이륙을 하고, 천이비행[1] 단계를 거쳐 고정익 비행체 형태로 비행을 하는 무인항공기 시스템이다. 헬기와 비행기의 '하이브리드(hybrid)'라고 할 수 있다. 회전익의 수직 이륙성능과 고정익의 고속비행이 가능하지만, 비행체가 비교적 크고 구조적으로 복잡하며 시스템 안정성 확보에 어려움이 있다. 또한 양쪽의 이중 프로펠러 및 로터 형태로 이륙 및 착륙 시 돌풍 등의 풍속, 풍향 등의 변화에 취약하고, 탑재용량이 적으며, 상대적으로 체공시간이 짧은 특징이 있고 조종 및 제어가 상대적으로 어려워 운용자 양성에 많은 시간이 필요하다. 따라서 단시간에 고속으로 완료해야 하는 임무에 적합한 형태이다.

틸트로터(대한항공, TR-6X)

(4) 동축반전형 무인항공기

동축반전형(co-axual) 무인항공기는 한 축에 상부, 하부 2개의 로터를 반대방향으로 돌게 하여 일축 회전익의 단점인 반토크(anti-torque) 현상[2]을 상쇄시키는 원리이다. 이로 인해 15% 소모되는 반토크 동력을 활용하고, 기체의 기울임 현상을 해소하여 시스템이 안정적이면서 동력 효율을 높인 회전익이다. 특징으로는 탑재용량이 커서 연료량을 늘릴 수 있어 체공시간을 늘리는데 용이하고, 바람의 영향을 적게 받아 안정적이어서 조종 및 제어가 쉬워 운용자를 단기에 양성할 수 있다. 그러나 이중 로터 시스템으로 인해 추가 항력이 발생하며, 상대적으로 고속비행 진입 시간이 소요된다. 200km 이하 단거리 정찰감시, 정점체공 화력유도 및 피해평가 등의 임무에 적용되어 활용될 수 있다.

동축반전형 무인항공기(BlackLight UAS, System BL 103)

1. 천이비행(遷移飛行) : 프로펠러를 지면에 90도로 세워 수직 이륙한 뒤 공중에서 프로펠러를 수평으로 눕혀 비행기처럼 비행하는 단계(과정)를 말한다.
2. 로터가 회전함(시계방향)에 따라 반작용(반시계방향)으로 본체인 동체가 로터의 회전방향과 반대방향으로 회전하는 현상을 반토크 현상이라 한다.

형태에 따른 분류

구분	고정익 무인항공기(Fixed-wing UAV)	회전익 무인항공기(Rotary-wing UAV)
사례	케바드론, SR-20	Abotix X6
정의	비행기(여객기나 전투기) 형태로 동체에 날개가 고정되어 있는 무인항공기	헬리콥터 형태로 프로펠러의 회전력을 이용하여 비행하는 무인항공기
특징	• 추력 및 양력발생장치가 분리되어 전진방향으로 가속을 얻으면 고정된 날개에서 양력을 발생하여 비행 • 드론의 구조가 단순하고 고속, 고효율 비행 및 높은 고도에서 비행이 가능	• 수직 이륙 및 착륙, 정점 체공이 요구될 경우 가장 적합 • 미세 조종 및 비행 안정성에 있어 고정익 무인항공기보다 우수 • 비행효율, 속도, 항공거리 등에 있어 고정익 무인항공기보다 불리
적용 분야	• 광역 사진 측량 • 지적 측량 • 지형공간정보(GSIS) • 농업 · 수산 · 광업 환경 관리 • 건설현장 관리 등	• 소규모 지역 측량/구조물 안전진단 • 영화 및 영상 촬영 • 부동산 관리 • 도심지 측량 • 건설관리 • 응급 등 지원 • 교통단속 추적 등
순항속도	높음	낮음
조사면적	비교적 넓은 면적	비교적 좁은 면적
해상도	cm/Pixel	cm~mm/Pixel
이륙 및 착륙	• 1~4m^2 이상의 개활지 필요 • 발사대 혹은 손으로 날리기	• 1m^2 이하의 면적에서 가능 • 자동 수직 이륙 및 착륙
배터리 소모량	비교적 낮음	비교적 높음
비행시간	비교적 높음	낮음
공기저항	비교적 높음	비교적 낮음
비행 안전성	비교적 낮음	비교적 높음
사진측량 정밀도	보통~양호	양호~우수

3) 이착륙 방식에 따른 분류

무인항공기의 이륙 방식이나 착륙 방식에 따라 구분할 수 있으며 세부 분류는 다음과 같다.

이륙 및 착륙 방식에 따른 분류

구분		세부내용
이륙	핸드 런칭/이륙 (hand launching)	종이비행기처럼 손으로 드론을 세게 날려 날개에 양력이 발생하면 비행하는 방식이다.
	번지 런칭/이륙 (bungee launching)	고무줄로 드론을 세게 날려 날개에 양력이 발생하면 비행하는 방식이다.
	발사대 런칭/이륙 (launcher take-off)	스프링이 장착된 발사대에서 드론을 세게 날려 날개에 양력이 발생하면 비행하는 방식으로서, 활주로가 없거나 주변 장애물로 인해 활주 이륙이 불가할 경우 이를 극복하기 위해 고안된 방식이다.
	공중 투하 방식	타 수송용 항공기에 의해 일정 지역까지 운송한 후 공중에서 투하되는 방식이다.
착륙	지상 활주착륙	양호한 활주로가 가용하고, 주변 지형이나 장애물이 활주 착륙에 적합한 경우에 사용되는 방식으로 착륙 활주거리를 짧게 하기 위해 바퀴에 브레이크 장치를 한다.
	낙하산 전개착륙	지형이 활주 착륙에 부적합하거나, 엔진 고장 등의 비상 상황 발생 시 사용한다.
자동 이륙 및 착륙		무인항공기에 장착된 자동 이륙 및 착륙 시스템에 의해 외부조종사 없이 자동 회수되는 방식으로 대부분의 시스템이 자동 이륙 및 착륙 시스템을 채택하여 개발한다.

기능적 기준에 따른 분류

1) 비행 반경에 따른 분류

현재 우리나라의 초경량 무인항공기의 경우 법적인 허용 주파수를 2.4GHz로 규정하고 있어 고정익의 경우 약 50km, 회전익의 경우 약 3km 정도의 비행반경을 갖고 있으며, 초경량 무인항공기의 비행반경은 배터리의 성능에 크게 좌우된다. 그러나 초경량 무인항공기를 제외한 일반적인 무인항공기의 비행반경에 따른 분류는 크게 근거리(close range, CL), 단거리(short range, SR), 중거리(medium range, MR), 장거리 체공형(long range, LR)으로 크게 분류할 수 있다.

비행반경에 따른 분류

구분	세부내용
근거리 무인항공기	약 50km 이내의 임무범위를 기준하고 있으며, 여단급 이하 부대를 지원하는 전술 무인 항공기를 기준하고 있다.
단거리 무인항공기	약 200km 이내의 임무 범위를 기준하고 있으며, 군단급 이하 부대를 지원하는 전술 무인 항공기를 기준하고 있다.
중거리 무인항공기	약 650km 이내의 임무 범위를 기준하고 있다. 미국에서는 U-2기 급의 정찰기를 대체하는 무인항공기로 활용되고 있다.
장거리 체공	약 3,000km 내외로 적용하고 있는 제품을 기준하고 있으며, 보통 전략정보 지원으로 활용하고 있다. 미군의 경우는 SR-71기를 대체할 예정이다.

2) 비행고도에 따른 분류

현재 우리나라의 초경량 무인항공기의 경우 법적인 허용 고도를 150m로 규정하고 있어 통상적으로 약 150m의 비행고도 내에서 운용할 수 있다. 150m 이상으로 고도를 증가하여 비행하고자 할 경우 고도 허용과 관련하여 허가를 받아서 운용해야 한다. 비행반경과 마찬가지로 초경량 무인항공기의 비행고도는 계절과 배터리의 성능에 크게 좌우된다.

군사적인 측면에서 운용되는 무인항공기의 고도는 무인항공기 선택의 중요한 기준이 된다. 적으로부터의 발각과 공격을 피하기 위해서는 고고도에서의 운용성이 요구됨에 따라 아래 표와 같이 4단계로 분류할 수 있다.

비행고도에 따른 분류

구분	운용고도(ft)	운용고도(m)	해당 무인항공기
초저고도(very low)	5,000 이하	1,500 이하	MAV, Mini-UA
저고도(low)	5,000~20,000	1,500~6,000	Hunter, Shadow
중고도(medium)	20,000~45,000	6,000~13,500	Predator, Hero
고고도(high)	45,000 이상	13,500 이상	Darkstar, GlobalHawk

3) 비행 체공시간에 따른 분류

우리나라의 「항공안전법 시행규칙」 제5조(초경량비행장치의 기준) 제5호[3]에서 무인동력 비행장치는 150kg 이하의 무인비행기 또는 무인회전익비행장치를 말한다. 또한 신고를 필요로 하지 않는 초경량비행장치는 연료의 무게를 제외한 자체무게를 12kg 이하로 규정하고 있다(「항공안전법 시행규칙」

3. 「항공안전법 시행규칙」 제5조(초경량비행장치의 기준) 제5호 무인비행장치 : 사람이 탑승하지 아니하는 것으로서 다음 각 목의 비행장치
가. 무인동력비행장치 : 연료의 중량을 제외한 자체중량이 150kg 이하인 무인비행기, 무인헬리콥터 또는 무인멀티콥터

참고 ▶ 특별승인제

국토교통부는 2017년 11월 10일부터 드론 규제 개선, 지원근거 마련 등 산업 육성을 위한 제도들을 시행하고 있다. 이 법안은 그동안 야간 · 비가시(非可視) 구역에서 드론 비행을 금지한 규정을 특별승인제도를 통해 허가하는 내용 등을 담고 있다.

이번에 도입된 '드론 특별승인제'는 안전기준 충족 시 그간 금지됐던 야간 시간대, 육안거리 밖 비행을 사례별로 검토 · 허용하는 제도이다. 드론 야간 · 가시권 밖 비행은 안전상의 이유로 미국 등 일부 국가에서도 제한적으로 허용 중이다.

승인을 받기 위해서는 △드론의 성능 · 제원 △조작 방법 △비행계획서 △비상상황 매뉴얼 등 관련 서류를 국토교통부로 제출해야 한다. 제출된 서류를 바탕으로 항공안전기술원은 기술 검증 등 안전기준 검사를 수행하며, 국토교통부는 안전기준 결과 및 운영 난이도, 주변 환경 등을 종합적으로 고려하여 최종 승인한다.

특별승인제는 수색 · 구조, 화재 진화 등의 공공분야에도 효과적으로 활용될 전망이다. 국가기관, 지자체 등이 자체 규정을 마련하여 공익목적 긴급비행에 드론을 사용하는 경우 항공안전법령상 야간, 가시권 밖 비행 제한 등 조종자 준수사항 적용특례를 받게 된다.여기서 말하는 긴급비행은 ① 재난 · 재해 등으로 인한 수색(搜索) · 구조 ② 응급환자 장기(臟器) 이송 등 구조 · 구급 ③ 산불의 진화 및 예방 ④ 산림보호사업을 위한 화물 수송 ⑤ 산림 방제(防除) · 순찰 등을 의미한다. (출처 : 국토교통부 보도자료, 2017. 11. 9)

제24조제5호[4]).

비행 체공시간은 고정익이냐 또는 회전익이냐에 따라 다소 차이가 있다. 현재 초경량 무인항공기의 경우 고정익은 약 1시간 내외, 회전익은 최대 약 30분 정도이며, 기술의 개발로 인해 비행시간이 점차 증가하고 있다. 비행 체공시간은 무엇보다 계절과 배터리의 성능에 크게 좌우되며, 현재 기술의 비약적인 발전으로 인해 초경량 무인항공기의 경우 체공시간을 구분하기에는 한계가 있다. 그러나 일반적인 무인항공기의 경우 대부분 군사적인 측면에서 운용되기 때문에 체공시간을 다음의 표와 같이 구분한다.

비행 체공시간에 따른 분류

구분	비행시간	비고
단기 비행	10시간 이내	초경량 무인항공기의 경우 비행시간은 단기 비행에 속함
중기 비행	10~20시간 이내	
장기 체공	20시간 이상	

4) 사용 카메라에 따른 분류

무인항공기에 탑재된 촬영 카메라의 종류는 현재 다양하게 존재하고 있으나 렌즈가 촬영할 수 있는 화각에 따라 일반적인 사진 측량에 사용되는 카메라와 거의 동일하게 분류할 수 있다.

4. 「항공안전법 시행규칙」 제24조(신고를 필요로 하지 아니하는 초경량비행장치의 범위) 제5호 무인동력비행장치 중에서 연료의 무게를 제외한 자체무게(배터리 무게를 포함한다)가 12kg 이하인 것

사용 카메라에 따른 분류

종류	렌즈의 화각	화면크기(cm)	용도	비고
초광각사진	120°	23×23	소축척 도화용	완전평지에 이용
광각사진	90°	23×23	일반도화, 사진판독용	경제적 일반도화
보통각사진	60°	18×18	산림조사용	산악지대, 도심지 촬영, 정면도 제작
협각사진	약 60° 이하		특수한 대축척 도화용	특수한 평면도 제작

비행원리[5]

비행기의 원리는 크게 네 가지 힘, 즉 추력(推力, thrust), 양력(揚力, lift), 항력(抗力, drag), 중력(重力, weight)에 의해 설명할 수 있다.[5]

먼저 양력이 중력에 비해 작아지면 비행기는 추락을 할 것이고, 양력이 중력보다 크면 비행기는 더 높이 떠오를 것이다. 또한 비행기의 추진력이 공기저항보다 크면 비행기의 수평 속도는 증가할 것이고, 추진력보다 공기저항이 더 크면 비행기의 수평 속도는 감소할 것이다.

일반 비행기의 비행원리

1) 비행기 일반

비행기(飛行機, airplane, aeroplane)는 날개와 그에 의해 발생하는 양력을 이용해 인공적으로 하늘을 날 수 있도록 제작한 항공기를 말한다. 『항공기 기술기준』의 정의에서는 '비행기는 엔진으로 구동되는 공기보다 무거운 고정익 항공기로서, 날개에 대한 공기의 반작용에 의하여 비행 중 양력을 얻는다'라고 정의하고 있다. 이러한 양력은 날개면적, 속도, 비행유형 등과 밀접한 관계를 갖고 있으며, 양력 발생을 위한 추진력을 얻기 위해서는 프로펠러 엔진, 제트 엔진, 로켓 엔진 등이 일반적으로 사용되고 있다.

비행기는 날개가 동체에 고정되어 있기 때문에 '고정익기'라고도 한다. 날개는 비행기 동체의 양쪽에 붙어 있으며, 비행기가 비행 상태를 유지하는 데 필요한 양력을 발생시키는 주요한 면적을 제공한다.

2) 비행기에 작용하는 힘

영국의 과학자 조지 케일리(George Cayley)는 날개에 관한 과학적인 접근 방법을 적용하여 분석함으

5. 이강원 외(2016). 드론 원격탐사사진측량, 구미서관; http://navercast.naver.com/contents.nhn?rid= 102&contents_id=3133.

항공기에 작용하는 힘

로써 날개치지 않는 비행기계의 가능성을 시사했다. 그는 1809년과 1810년에 발표한 '공중비행에 대하여(On Aerial Navigation)'라는 논문에서 항공기에 작용하는 네 가지 힘, 수평 비행 중에 있는 비행기에 작용하는 힘은 추력, 양력, 항력, 중력 등을 기초로 처음으로 비행이론을 주장했다.

양력은 베르누이 원리에 따라 에어포일 위 · 아래 면의 압력차에 의해 발생하는 비행기를 하늘로 뜨게 하는 힘으로서, 그 크기는 $L = C_{Lq}S = C_L\frac{1}{2}\rho V^2 S$이다. 여기서 L은 양력, C_L은 양력계수, q는 동압(dynamic pressure), ρ는 밀도, v는 속도, S는 날개의 면적이다.

항력은 비행기가 전진 비행하는 데 대한 저항력으로 항공기의 날개, 동체, 착륙장치, 꼬리 날개 등에서 발생하며 비행기의 전진운동을 방해한다. 양력에 도움을 주지 않는 항력을 유해항력(parasite drag)이라 하며 $D = C_{Dq}S = C_D\frac{1}{2}\rho V^2 S$이다. 여기서 D는 항력, C_D는 항력계수이다. 특정 받음각에서 양력과 항력의 비를 그 받음각에서의 양항비(揚抗比, lift to drag ratio)라고 하며, 다음과 같은 식으로 표현한다.

$$\frac{L}{D} = \frac{C_L\frac{1}{2}\rho V^2 S}{C_D\frac{1}{2}\rho V^2 S} = \frac{C_L}{C_D}$$

3) 비행기의 구성요소

거의 모든 비행기의 기체는 주비행면 혹은 날개, 동체, 꼬리 날개 부분 그리고 착륙장치 및 엔진 등으로 구성되어 있다.

날개는 비행 중인 항공기를 유지하기 위해 날개 위로 흐르는 기류로부터 양력을 발생시켜야 한다. 날개는 공기역학적 형상을 유지하고 날개에 걸리는 하중에 견딜 수 있도록 만들어진다. 날개는 항공기가 비행하는 데 필요한 공기력을 발생시키는 구조물로 다양한 형태로 만들어지며 동체와 결합되어 있다.

고정익과 회전익의 차이는 고정익 비행기에서 출발하여 에어포일(airfoil, 날개의 수직단면 형상)의 발전에 따라 회전익 에어포일(프로펠러)로 발전하게 되어 형태의 차이는 있으나 발생하는 힘의 원리는 동일하다.

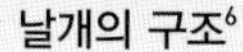

날개의 구조[6]

비행기 날개와 꼬리 날개의 각종 조종면

동체는 항공기의 몸체를 형성하여 승무원, 승객 혹은 화물 및 전기회로장치, 전자장치 등의 많은 항공기 장치를 포함한다. 동체는 날개와 꼬리 사이의 주 구조 연결 장치를 형성하여 항공기가 설계된 목적대로 비행할 수 있도록 이들을 기류에 대해 정확한 위치와 각도로 유지한다.

도움 날개(보조날개)는 항공기 날개의 양끝 부분에 장착하며, 비행기의 롤링(Rolling) 모멘트를 발생시킨다. 왼쪽 도움 날개와 오른쪽 도움 날개는 작동 시 서로 반대방향으로 작동되며 위로 올라가는 범위와 아래로 내려가는 범위가 다른 구조를 '차등 조종장치(Differential Control System)'라고 한다.

고양력 장치인 슬랫(Slat)은 날개의 앞부분에 장착되며, 높은 압력의 공기를 날개 윗면으로 유도함으로써 날개 윗면을 따라 흐르는 기류의 떨어짐을 막고 실속 받음각을 증가시키는 동시에 최대 양력은 증가시킨다. 슬랫이 날개 앞전 부분의 일부를 밀어냈을 때 슬랫과 날개 앞면 사이의 공간을 슬롯(Slot)이라고 한다. 플랩(Flap)은 날개의 안쪽 뒷전에 장착되며, 날개의 뒷전을 가변식으로 하여 아래로 내림으로써 양력을 증가시켜 이착륙 시 비행 속도를 줄이기 위한 장치이다.

4) 날개의 단면형상

비행기 날개의 수직단면 형상을 에어포일(airfoil)이라고 한다. 이러한 에어포일은 공기 속을 통과할 때 공기흐름에 의해 반작용을 일으킬 수 있도록 고안된 것으로 양력과 추력을 발생시키는 중요한 부분으로서, 일반적으로 윗면이 볼록 튀어나온 형태를 갖는다. 양력은 에어포일의 윗면과 아랫면을 흐르는 공기의 특성에 의해 발생하는 압력차로 만들어진다.

에어포일의 전방 끝인 전연과 후방의 끝인 후연을 연결하는 직선을 익현선(chord Line)이라 하고, 에어포일의 길이를 익현길이(chord Length)라 한다. 전연을 기준으로 에어포일에 내접하는 원의 반경을 전연 반경이라고 하며, 익현선을 중심으로 에어포일의 상부를 윗면, 하부를 아랫면이라고 한다. 에어포일의 상하면에 내접하는 가상의 원 중심을 연결한 선이 평균 캠버선이며, 익현선과 평균 캠버선 사이를 캠버라고 한다. 일반적으로 캠버가 최대가 될 때의 값을 캠버라고 표현한다.

6. http://kinimage.naver.net/20130509_4/1368097570765KBq7I_JPEG/%C0%CF1.jpg

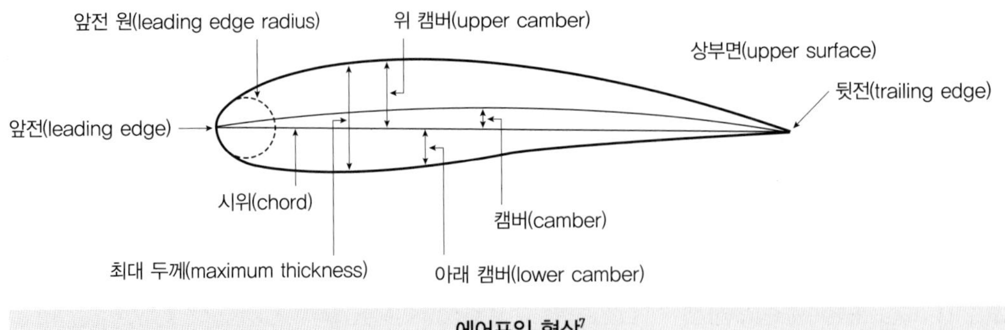

에어포일 형상[7]

5) 베르누이 정리

베르누이는 1738년 점성과 압축성이 없는 이상적인 유체가 규칙적으로 흐르는 경우에 대해 속력과 압력, 높이의 관계를 규정했다. 즉 점성이 없는 비압축성 유체가 중력만의 작용으로 그 흐름이 정류인 때에 하나의 유관에 의하여 $z+\frac{p}{w}+\frac{v^2}{2g}=const$의 관계가 성립한다.

여기서 z는 수평 기준면으로부터의 유관 중 어떤 단면의 높이, p는 압력, v는 유속, g는 중력 가속도이다.

이 식은 유체의 에너지 보존의 법칙을 나타내는 것으로, 베르누이의 정리(Bernoulli's theorem)라 하고 z, $\frac{p}{w}$, $\frac{v^2}{2g}$를 각각 위치 수두, 압력 수두, 속도 수두라고 한다.

베르누이 정리에서 나온 정압과 동압에 대해 살펴보면 유체 속에 잠겨 있는 어느 한 지점에는 상하, 좌우 방향에 관계없이 일정하게 압력이 작용하는데, 이 압력을 유체의 정압(Static Pressure)이라

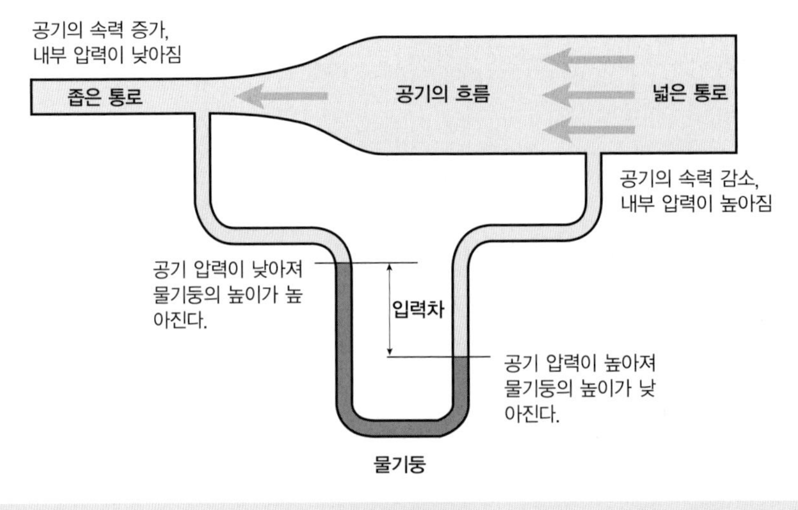

벤투리 미터

7. 1884년 영국 필립스(Horatio F. Phillips)가 에어포일에 대한 특허 등록

고 한다. 동압은 유체의 운동에너지로서, 유체가 흐를 때 유체는 속도를 가지게 되며 이로 인해 유체는 운동에너지를 갖게 된다. 이렇게 흐르는 유체의 운동에너지를 압력으로 변환했을 때 이 압력을 동압(Dynamic Pressure)이라 하며 동압 $q = \frac{1}{2}\rho v^2$식이 성립된다. 여기서 ρ는 유체의 밀도, v는 속도를 의미한다. 이 식에서 알 수 있듯이 유제의 동압은 속도의 제곱에 비례한다.

6) 벤투리관과 피토관의 원리

연속의 법칙에서 알 수 있듯이 유속 튜브가 좁은 곳에서는 속도가 빨라진다. 따라서 유속 튜브가 좁아지면 정압이 낮아진다. 벤투리관(Venturi Tube)은 이 특성을 이용한 속도계이다. A점에서의 유속 V_1, 정압 P_1, 단면적 S_1이고, B점에서 V_2, P_2, S_2라고 하면, A지점의 전압은 $p_1 + \frac{1}{2}\rho v_1^2$이고, B지점의 전압은 $p_2 + \frac{1}{2}\rho v_2^2$이다.

베르누이 정리에 의해 전압(全壓)은 항상 일정하므로

$$p_1 + \frac{1}{2}\rho v_1^2 = p_2 + \frac{1}{2}\rho v_2^2$$

이 성립된다. 이 관계식을 정리하면

$$p_1 - p_2 = \frac{1}{2}\rho(v_2^2 - v_1^2)$$

이 되며, 연속방정식 $S_1V_1 = S_2V_2$를 이용하면 다음 방정식을 구할 수 있다.

$$p_1 - p_2 = \frac{1}{2}\rho v_1^2(\frac{S_1^2}{S_2^2} - 1)$$

위의 식은 A지점에서 작용하는 정압과 B지점에서 작용하는 정압의 차이는 $\frac{1}{2}\rho v_1^2(\frac{S_1^2}{S_2^2} - 1)$이 도출되며 이는 h만큼의 높이로 나타난다. 즉 속도차이에 의해 변화되는 h로부터 속도를 계산할 수 있다. 이러한 벤투리관의 원리는 베르누이 정리와 연속법칙을 이용하여 속도가 낮은 글라이더 같은 항공기의 속도계 원리로 활용하고 있다.

피토관(Pitot Tube)은 베르누이의 정리를 응용한 속도계로서 고속의 항공기에서 사용하고 있다. 피토관 원리의 핵심은 정압과 전압의 관계를 이용하여 동압을 구하는 것이다. 즉 전압은 동압과 정

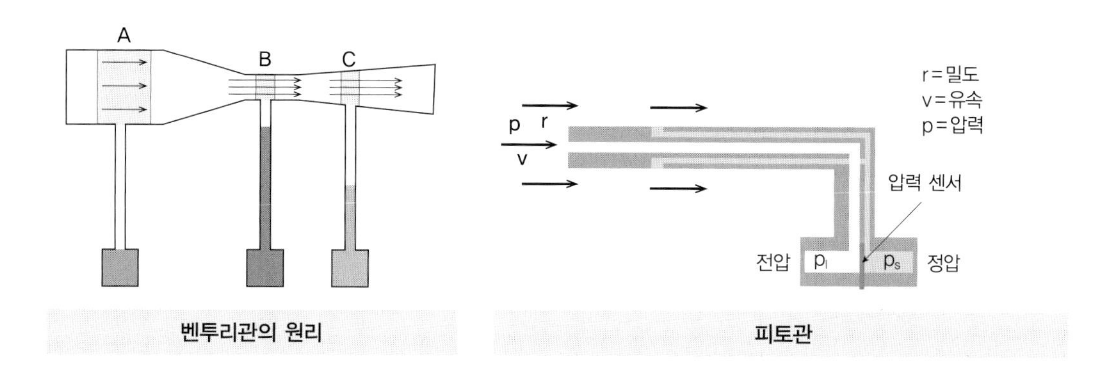

벤투리관의 원리

피토관

압을 합한 값이기 때문에 동압은 전압에서 정압을 뺀 값이다.

동압은 직접적으로는 측정할 수 없으나 전압은 정압과 동압의 합이므로 전압과 정압의 차이가 동압이 되며 이는 표시된 높이의 차 h를 측정하면 구할 수 있다. 위의 내용을 식으로 나타내면, A지점의 압력은 $p+\frac{1}{2}\rho v^2$이고, B지점의 압력은 p이므로 A지점과 B지점의 압력차이는 $\frac{1}{2}\rho v^2$이다. 결국 압력차이와 액체의 높이 h로부터 $\frac{1}{2}\rho v^2 = wh = h$식을 얻을 수 있다. w는 단위중량이다. 따라서 높이 h를 측정하면 속도 V를 계산할 수 있다.

7) 비행기에 작용하는 힘

비행기에 작용하는 힘은 대표적으로 양력, 중력, 추력, 항력 등이 있으며, 이를 모두 합친 공기력으로 표현될 수 있다.

에어포일 주위로 공기가 흐를 때 상부표면과 하부표면에는 압력차이가 발생하는데 이 압력차이와 에어포일을 지나는 공기의 저항이 결합하여 에어포일에 발생하는 힘을 말한다.

총 공기력은 합력 힘이라고 불리기도 하는데 이것은 양력과 항력이 합쳐져 나타나는 힘의 합력이기 때문이다. 정의에서와 같이 에어포일에는 상부표면과 하부표면에 압력차이가 발생한다고 했고, 에어포일을 지나는 공기의 저항이 결합되어 있다고 했다. 여기에서 압력차이는 결국 양력을 의미하며 공기의 저항은 항력을 의미한다. 그러므로 에어포일에는 양력과 항력이 결합되어 총 공기력이 작용하는 것이다.

또한 항공기(비행체, 드론 등)에 작용하는 힘에는 양력, 중량, 추력, 항력이 있다. 양력이란 상대풍에 수직으로 작용하는 항공역학적인 힘을 말하며 여기에서 상대풍은 풍판을 향한 기류방향을 뜻한다. 항공기의 중량은 항공기/드론이 중력을 받는 힘이며, 그 방향은 지구 중심을 향하고 있다. 이러한 중량은 양력과 반대되는 힘이라 할 수 있다.

추력은 공기 중에서 항공기를 전방으로 움직이게 하는 힘이다. 고정익 항공기의 경우 뉴턴의 제3

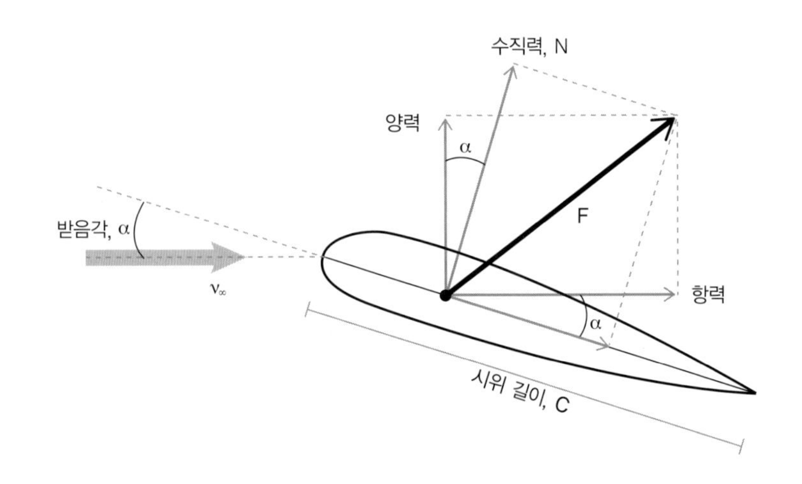

총 공기력(TAF)

운동법칙인 작용과 반작용의 법칙에 의해 제트엔진에서 고온 고압의 가스를 뒤로 분출함으로써 추력이 발생하지만 헬리콥터는 엔진에 의해 메인로터가 회전하게 되고, 회전하는 메인로터에 경사를 주어 추력을 발생하게 한다.

항력의 사전적인 의미는 추력에 반대방향으로 작용하는 힘, 또는 항공기/드론의 공중 진행을 더디게 하는 힘이라고 명시되어 있다. 이러한 항력은 공기의 밀도, 기온, 습도 등에 따라 그 힘의 크기가 달라진다.

8) 양력과 항력

(1) 양력

베르누이 정리는 '동압과 정압의 합은 전압으로 항상 일정하다'라고 요약할 수 있다. 여기서 동압은 운동에너지, 정압은 위치에너지이며, 전압과 정압의 합은 항상 일정하므로 동압이 높아지면 정압은 낮아지고, 동압이 낮아지면 정압은 높아지는 상관관계가 있다. 연속법칙에 의하면 관 속을 흐르는 유체는 단면적이 좁은 지점에서는 빠르게 통과하고, 단면적이 넓은 지점에서는 유체가 느리게 통과된다. 이를 압력 측면에서 살펴보면, 유체의 빠르게 통과하는 곳은 동압이 높은 반면 정압은 낮고, 유체가 느리게 통과하는 곳은 동압이 낮고, 정압은 높다.

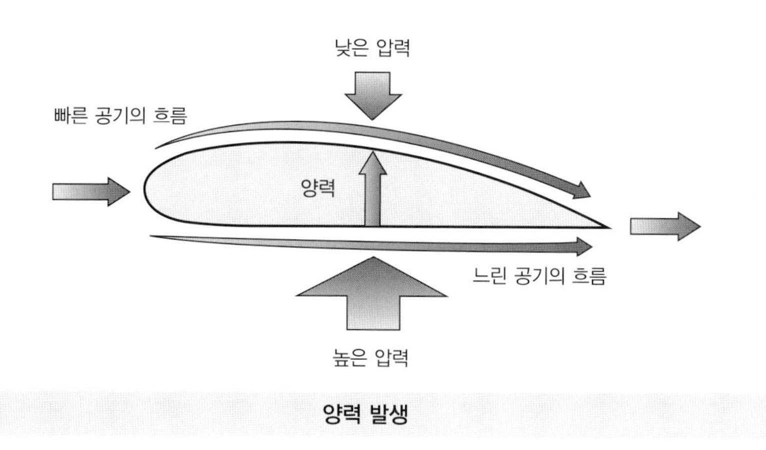

양력 발생

유체가 빠르게 통과하면 동압은 높아지나 정압은 낮아지고 상대적으로 아랫부분은 정압이 높아지므로 날개는 위로 떠오르게 된다. 즉 양력이 발생하게 된다. 날개 정면으로 부딪치는 상대풍(relative wind)[8]은 순간적으로 속도가 '0'이 되는데, 이 지점을 정체점(stagnation point)이라 한다. 여기서 발생한 높은 압력에 의해 공기는 상부와 하부로 나뉘게 되고 상부표면과 하부표면을 통과 후 날개의

8. 상대풍(relative wind)은 날개의 이동방향에 정반대로 작용하는 바람으로서 날개(골)의 비행경로와 평행하지만 방향은 반대이다. 상대풍은 공기역학적으로 양력(lift)을 발생하는 받음각(Angle of Attack, AoA)의 크기를 결정하는 요소이다.

끝부분에서 만나게 된다. 날개의 상부표면은 일반적으로 곡선율 및 붙임각(angle of incident))으로 인해 공기의 이동 거리가 하부표면에 비하여 상대적으로 길어진다. 따라서 속도가 빨라져 동압은 증가하고 정압은 감소하게 된다. 반면에 하부표면은 상대적으로 이동 거리가 짧기 때문에 속도는 감소하여 동압은 감소하고 정압은 증가한다.

압력은 높은 곳에서 낮은 곳으로 이동하기 때문에 날개의 하부에서 상부방향으로 힘이 작용하게 되고 이는 항공기를 부양시키는 양력으로 작용하는 것이다.

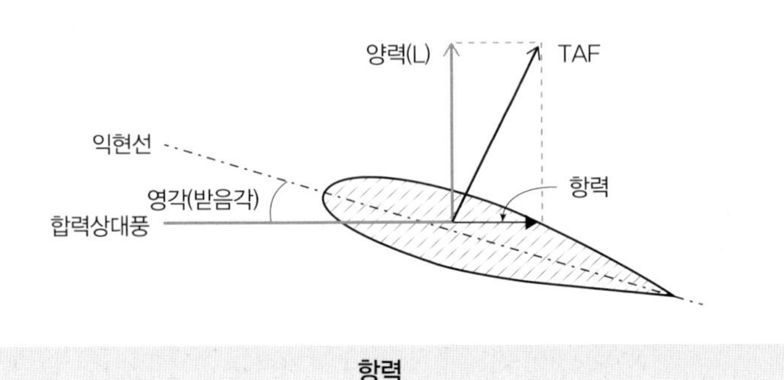

항력

항력은 상대풍에 수평으로 작용하는 힘이다. 이러한 항력이 발생하는 대표적인 원인은 공기 점성에 의한 표면마찰이다. 공기 점성은 날개 주위로 공기를 흐르게 하여 양력을 발생시키는 원인으로도 작용하지만 표면과의 마찰로 인해 항공기의 공중 진행을 더디게 하는 저항력으로도 작용한다.

항력방정식은 일반적으로 $D = C\frac{1}{2}\rho v^2 s$로 주어진다. 여기서 C는 항력계수, ρ는 공기 밀도, v는 상대풍의 속도, s는 날개의 단면적이다. 즉 항력계수를 제외한 나머지는 양력방정식과 동일함을 알 수 있다. 따라서 항력도 양력과 같이 속도제곱에 비례한다.

회전익 항공기의 비행원리

회전익 항공기에는 헬리콥터와 멀티콥터(Multicopter 또는 Multirotor), 틸트로터, 자이로 플레인 등이 있다. 이 중 헬리콥터는 동력장치에 의해 구동하는 회전익에 의하여 그 피치를 조절하여 양력 또는 회전면의 경사에 의해서 추진력을 얻는 회전익 항공기를 말한다. 헬리콥터라는 말은 그리스어의 나선형(helix)과 날개(pteron)의 두 단어가 결합된 것으로 나선형의 날개로 비행하는 항공기를 말한다. 모든 수직 이착륙 항공기는 이 수직 회전익의 기본적인 원리를 이용하면서 로터의 수를 늘려감으로써 원리적인 변화가 있지만, 기본적인 수직 양력을 발생시키는 원리는 동일하다.

1) 헬리콥터

헬리콥터(Helicopter)는 '회전익 항공기'(Rortor-wing Aircarft)로서, 항공기에 장착된 동력장치로 날개를 회전시켜 양력을 발생하여 비행하는 항공기를 말한다. 보통 주회전날개(Main Rotor)의 회전으

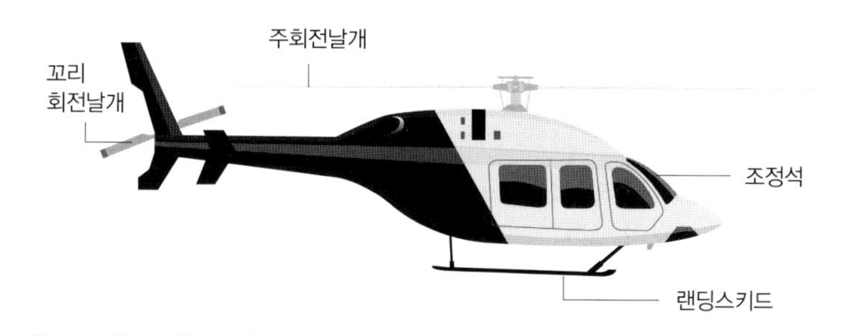

헬리콥터의 구조

로 인해 발생하는 토크를 방지하기 위한 꼬리 회전날개(Tail Rotor)를 갖추고 있다.

2) 헬리콥터에 작용하는 힘과 비행방향

헬리콥터는 비행기의 에어포일과 같은 단면적을 가지는 로터 블레이드(Rotor Blade)의 회전을 통하여 프로펠러(Propeller)와 같이 양력을 발생하여 비행을 하게 된다. 헬리콥터의 프로펠러, 즉 로터(Rotor)는 헬리콥터에 대해 수직방향으로 회전함으로써 위로 뜨는 양력을 발생시킨다. 반면에 고정익 항공기, 즉 비행기의 프로펠러는 기체에 대해 수평방향으로 회전함으로써 앞으로 전진하는 추력을 발생시킨다.

헬리콥터 역시 비행기에서 작용하는 네 가지 힘인 양력, 중량, 추력, 항력이 작용하며, 양력은 무게를 지지하고 추력은 항력을 압도하여 요구하는 방향으로 비행하게 된다.

헬리콥터가 제자리에서 비행하는 것을 호버링(hovering)이라고 한다. 바람이 불지 않는 상태에서 로터의 기울기가 수평상태를 유지하면, 헬리콥터의 양력과 추력의 합력이 중력과 항력의 합계와 같게 되어 제자리 비행이 가능하다. 헬리콥터가 호버링 시 로터(Rotor)의 회전면(Rotor Disc) 혹은 깃끝 경로면(Blade Tip Path Plane)은 수평지면과 평행하다.

회전날개(rotating wing)를 이용해 비행하는 헬리콥터는 수직 이착륙, 전진비행, 후진비행, 옆으로 비행, 제자리 비행, 빠른 선회 등 탁월한 기동성을 발휘한다. 헬리콥터에 작용하는 힘은 다른 고정날개 비행기에 작용하는 것과 같은 네 가지 힘인 양력, 중력, 추력, 항력이다. 여기서 양력과 추력은 헬

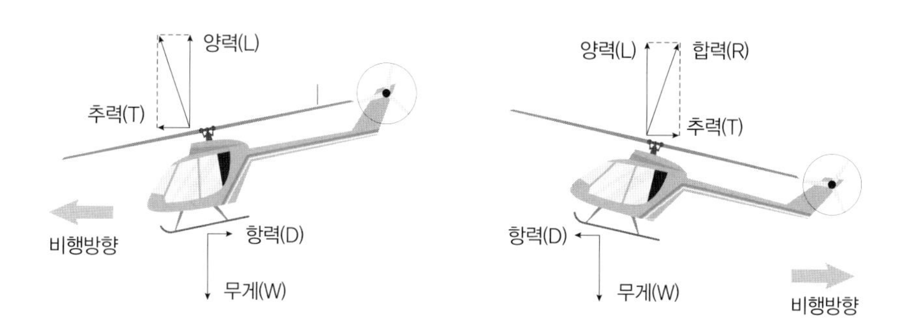

헬리콥터에 작용하는 힘과 비행방향

리콥터 회전날개(로터)의 회전과 기울기에 의해 발생한다. 헬리콥터의 전진비행, 후진비행, 옆으로 비행을 위해서는 로터가 비행을 원하는 방향으로 기울어져야 한다. 전진비행을 할 때 로터는 앞쪽으로 기울어진다. 로터 기울기에 직각방향으로 작용되는 합력은 수직방향인 양력과 수평방향인 추력으로 분해되어 수직 이륙과 전진비행이 가능하다.

3) 로터와 반토크

토크의 사전적인 의미는 회전하는 힘이다. 이에 토크작용은 회전하는 힘에 의한 작용이라고 할 수 있다. 뉴턴의 제3운동법칙(작용반작용)을 적용하여 헬리콥터를 살펴보았을 때 메인 로터는 시계 반대방향으로 회전하고, 이에 대한 반작용으로 헬리콥터 동체는 시계방향으로 회전하려는 성질이 있는데 이를 토크작용이라고 한다.

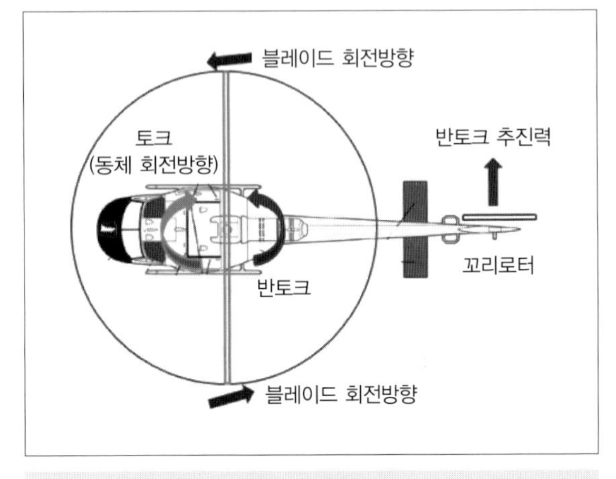

토크와 반토크

메인 로터가 시계 반대방향으로 회전할 때 동체는 토크작용에 의해 메인로터 회전방향과 반대방향인 시계방향으로 회전하려고 한다. 이에 제자리 비행 시 이러한 토크작용을 상쇄하기 위해 조종사는 좌측 페달압을 적용하여 동체가 시계방향으로 회전하려는 힘을 막고 있는 것이다. 이를 반토크 작용이라고 한다.

CH-47 치누크

한편 멀티콥터의 한 형태인 '치누크(Chinook) 헬리콥터'는 전, 후 로터로 회전방향을 달리하는 2개의 로터를 가진 텐덤 회전날개식(Main Rotor) 대형 수송 헬기이다. 탠덤 로터(Tandem Rotor)로 알려진 이 방식은 로터를 앞뒤로 배치하여 서로 반대방향으로 회전시켜 기체를 안정화시킨다. 즉 메인로터가 2개인 치누크 헬리콥터는 꼬리날개 대신에 메인로터가 2개가 있어서 하나의 메인 로터가 회전함에 따라 발생한 토크를 또 다른 메인 로터가 반대로 회전함으로써 반토크를 발생시켜 안정성을 유지할 수 있는 헬기이다.

회전익 무인항공기의 비행원리

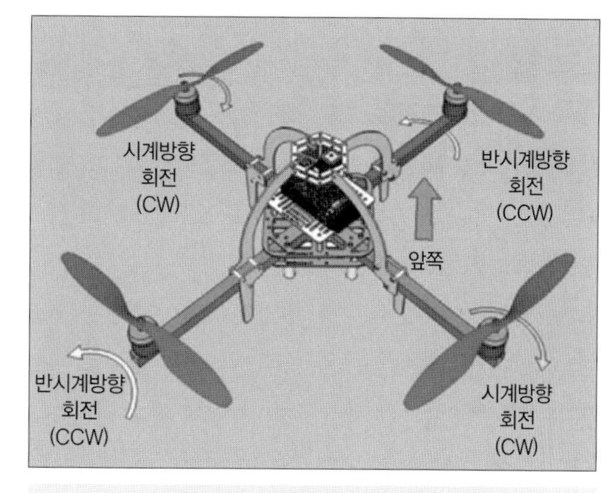

멀티콥터 프로펠러의 회전방향

회전익 무인항공기(Rotary-wing UAV)(이하 멀티콥터)는 치누크 헬리콥터의 비행원리를 이용한다. 멀티콥터는 통상 4개 이상의 동력축(모터)과 수직 프로펠러(로터)를 장착함으로써 각 로터에 의해 발생하는 반작용을 상쇄하는 구조를 가진 비행체를 말한다. 각각의 로터에 의한 반작용을 상쇄하기 위해서 구조적으로 짝수의 동력축과 프로펠러를 장착하게 된다. 회전방향에 따라 토크와 반토크를 발생시키는 프로펠러가 한 쌍을 이루므로 일반적으로 짝수개의 프로펠러로 구성된다. 물론 프로펠러 3개로 이루어진 트라이콥터(Tricopter) 등 홀수로 구성된 프로펠러의 경우 짝수를 이루지 못하는 나머지 하나는 회전방향이나 속도를 제어하거나 위아래로 움직여 균형을 조정하기도 한다.

이러한 멀티콥터는 기존의 헬리콥터에 비해 구조가 간단하고 부품 수가 적으며 구조적으로 안정성이 뛰어나서 초보자도 조종하기 쉽다. 멀티로터는 각 로터들이 독립적으로 통제됨에 따라서 어느 한 부분이 문제가 되더라도 나머지 로터들을 가지고 보상하여 자세를 어느 정도 유지하여 비행하는 것이 가능하다.

1) 회전익 드론의 비행조종

회전하는 로터는 회전 수가 빠를수록 카메라 등을 포함한 드론을 들어 올리는 추력과 로터의 회전에 따른 회전방향과 반대로 작용하는 반작용인 토크가 크게 발생한다. 프로펠러의 회전 수가 변하게 되면 추력과 토크의 두 가지 힘이 변하게 된다. 이러한 프로펠러 사이의 힘의 차이로 발생하는 추력과 토크 크기로 회전익 드론의 자세를 제어하고, 비행하게 된다.

쿼드콥터의 기본적인 비행조종 모드는 일반적으로 스로틀(Throttle), 피치(Pitch), 롤(Roll), 요(Yaw)의 네 가지로 구분할 수 있다.[9] 멀티콥터의 전, 후, 좌, 우 비행원리는 헬리콥터와 마찬가지로 회전면의 경사에 의하여 경사가 이루어지는 방향으로 이동하게 된다. 회전면의 경사는 전, 후, 좌, 우 모터의 회전 수를 상대적으로 빠르게 또는 느리게 회전하게 하여 회전면의 경사를 이루게 된다. 전진비행은 앞의 모터보다 뒤쪽의 모터 회전 수를 빠르게 하여 회전면이 앞으로 기울도록 하면 앞으로 전진이 되고 후진비행은 반대이다.

한편, 4개의 모든 로터가 동일 속도를 가지고, 드론의 무게보다 큰 양력을 발생하게 되면 수직으

9. 스로틀 : 상승 · 하강 이동, 피치 : 전 · 후진 이동, 롤 : 좌 · 우 이동, 요 : 제자리 회전.

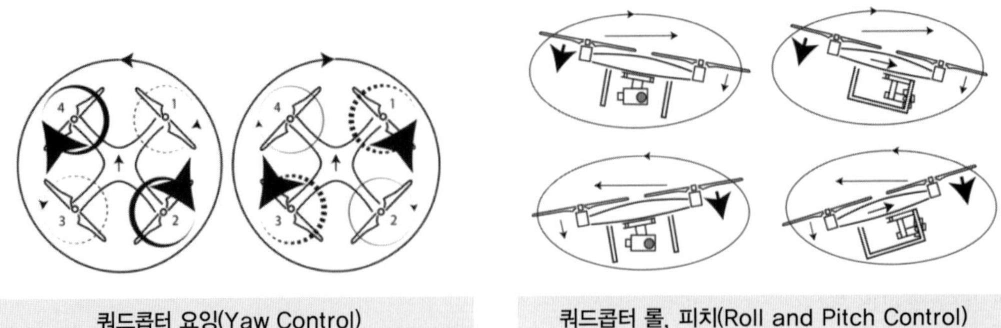

쿼드콥터 요잉(Yaw Control)

쿼드콥터 롤, 피치(Roll and Pitch Control)

로 상승하게 된다. 또한 스로틀을 낮추면 프로펠러의 회전속도를 감속하게 되어 수직으로 하강하게 된다. 즉 스로틀을 낮춤으로써 양력이 줄어들어 드론의 무게가 상대적으로 커지게 되어 하강하는 것이다. 좌, 우 이동도 전, 후진 원리와 같이 좌측으로 이동 시 좌측 두 개의 모터 회전 수를 느리게 하고 우측 2개의 모터 회전 수를 빠르게 하여 회전면이 좌측 또는 우측으로 경사지게 하면 이동하게 된다.

2) 드론용 프로펠러

프로펠러가 4개인 쿼드콥터는 마주보는 프로펠러끼리 쌍을 이루어 서로 회전방향을 반대로 하여 토크, 반토크 드론의 안정을 유지할 수 있다. 즉 쿼드콥터의 경우 2개의 시계방향(Clockwise, CW)과 2개의 반시계방향(Counter-Clockwise, CCW) 프로펠러를 사용한다. 프로펠러는 직경과 피치에 의해 분류된다. 예를 들어 5×3(5030) 프로펠러는 5인치 직경과 3인치 피치의 프로펠러를 말한다. 프로펠러의 직경이 커지면 풍량도 커지고 이에 따라 큰 추력을 얻을 수 있다. 그러나 그만큼 모터에 큰 힘

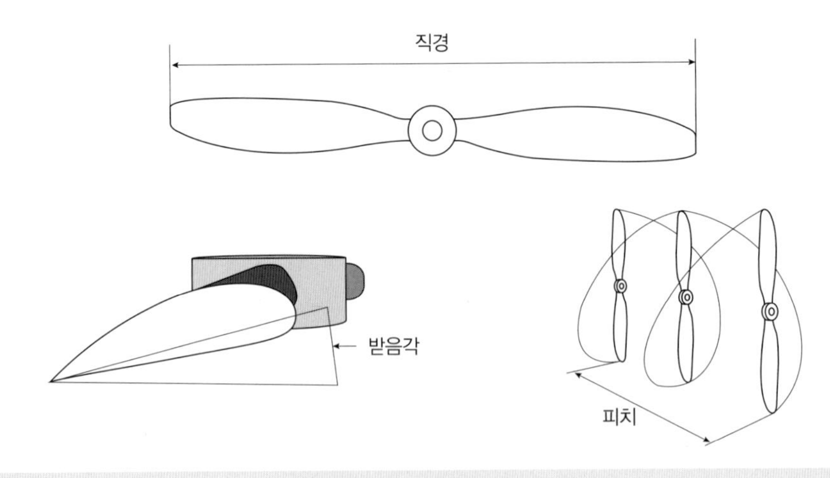

프로펠러의 직경, 받음각 및 피치[10]

10. 이강원, 손호웅(2017), 드론 원격탐사 · 사진측량, 구미서관

을 요구하기 때문에 모터의 회전 수는 줄어들게 된다. 피치란 프로펠러가 한 번 회전할 때 이동하는 거리로서, 나사를 박을 때 한 번 돌릴 때 진행하는 거리와 같은 개념이다. 피치는 프로펠러가 휘어 있는 각에 따라 차이가 난다. 높은 피치는 이동거리가 큰 것이므로 느린 회전을 의미한다. 따라서 많은 전력을 사용하지만 속도는 증가시키게 된다. 한편 프로펠러 깃(Blade)의 각을 기울인 받음각(Angle of Attack, AOA)을 줌으로써 양력을 더욱 발생시킬 수 있다.

고정익 무인항공기의 비행원리

1) 작용하는 힘

고정익 무인항공기(Fixed-wing UAV)는 비행기처럼 날개가 동체에 붙어 있는 형상을 가지고 있다. 따라서 고정익 드론은 비행기에서 받는 힘을 동일하게 받는데 중요한 것은 날개로부터 비행기가 공중에 뜰 수 있는 힘, 양력을 받는 것이다.

등속 비행 중인 비행기 및 고정익 드론에는 네 가지 힘이 작용한다. 이는 위로 향해 작용하는 양력, 아래로 향해 작용하는 중력, 앞으로 향해 나아가게 하는 추력, 그리고 비행체의 전진을 방해하는 힘인 항력이 있다.

추력은 비행기의 엔진 및 고정익 드론의 모터에서 프로펠러, 팬 등을 회전시켜 비행체 뒤쪽으로 공기를 밀어내어 작용-반작용을 통해 비행체가 앞으로 나아가도록 하는 힘이다. 항력은 앞으로 나가는 비행체에 저항하여 항공기의 뒤쪽으로 작용하는 일종의 공기 마찰력으로서, 유도항력, 형상항력, 조파항력 등 여러 종류가 존재한다. 양력은 항공기가 앞으로 나아가면서 날개 윗면과 아랫면의 압력 차이에 의해 수직으로 비행체를 위로 띄우는 힘이다. 중력, 즉 무게는 비행체를 지구가 당기는 힘으로서 양력이 중력보다 커야 비행체가 뜰 수 있다.

2) 이륙 및 착륙

(1) 고정익 드론의 이륙

고정익 드론은 비행기와 마찬가지로 날개 형상에서 비행기를 하늘로 띄울 수 있는 양력을 얻기 때문에 비행체를 하늘로 띄울 수 있는 충분한 양력을 얻기 위해서는 육상에서 충분한 거리를 달려야 한다.

비행체의 이륙에 영향을 주는 요소로는 온도, 압력, 습도, 바람상태, 비행기 중량 및 비행장 표고, 활주로 경사, 활주로 표면 등의 활주로 상태 등이 있다. 이륙거리는 일반적으로 정지상태에서 가속을 시작하여 비행기가 공중에 떠서 지상으로부터 35피트(10.5m) 높이에 이르는 시점의 바로 아래 지점까지이다. 일반적인 이륙거리 공식은 다음과 같다.

$$S = \frac{W}{2g} \times \frac{V^2}{(T - F - D)}$$

여기서 S는 이륙거리, W는 중량, g는 중력가속도($=9.8m/s^2$), T는 추력, F는 비행체 타이어의 마찰력, D는 항력이다. 따라서 위의 식을 준용하면 고정익 드론의 경우 일반적으로 20~50m의 활주거리 또

손으로 날리기(Hand Launching)

손으로 날리기

새총식 날리기

발사대 이륙

고정익 드론의 이륙 방식

는 개활지가 확보되어야 한다. 즉 이륙을 위한 충분한 거리의 활주로가 확보되어야 하는 단점을 가지고 있다. 따라서 일반적인 고정익 드론은 손으로 투척하거나, 새총을 쏘듯 발사대(Launcher)를 이용하여 이륙거리를 달리거나 바퀴를 달아야 하는 단점을 극복한다.

(2) 고정익 드론의 착륙

고정익 드론은 일반 회전익 드론에 비해 긴 체공시간을 제공하여 군사적으로 적(敵)과 지상물 감시, 산업 및 공공 서비스 측면에서는 국가 공공시설물 관리(도로, 교량 등)와 하천 및 저수지의 수질감시, 건설현장 및 항만 주요시설 관리, 산림조사 및 관리 등 넓은 장소, 위험한 지역에서 낮은 위험과 높은 효율의 정보를 제공해 줄 수 있다는 점을 장점으로 가지고 있지만 회전익 드론에 비해 착륙에 따른 위험부담이 크다는 단점을 가지고 있다.

고정익 드론의 착륙은 일반적으로 직접 조종에 의한 방법 또는 자동착륙하는 방법 두 가지가 있다. 보통 위험부담이 크므로 자동 착륙을 권장한다. 먼저 자동착륙은 주변 80m 반경 내 장애물이 없는 것을 전제로 하여, 기체에 따라 방식은 다르지만 일반적으로는 비행계획 시 자동착륙을 설정하는 방식 또는 조종기에 있는 자동착륙 버튼을 눌러 작동하는 방식을 이용한다.

최근에는 이러한 고정익 드론의 착륙상 단점을 극복하기 위한 여러 가지 착륙 방식이 연구되고 있

일반 이착륙 모습

수면 이착륙 모습

낙하산 착륙 모습

그물망 착륙 모습

고정익 드론의 착륙 방식

다. 고정익 드론이면서 새의 날개처럼 날개의 모양을 변형시키는 방식으로 짧은 거리에 단거리 착륙이 가능한 드론을 개발하여 단거리에서 속도를 감속해 착륙하는 것이 가능하도록 개발하고 있으며, 물 위에서 수직 이착륙하는 기체, 이착륙 시에는 날개가 접혀 있다가 비행 중에는 날개가 펴져 비행하는 하이브리드 방식 등 다양한 고정익 드론의 착륙 방식이 연구되고 있으며, 착륙 방식에 따라 위 그림과 같이 나눌 수 있다.

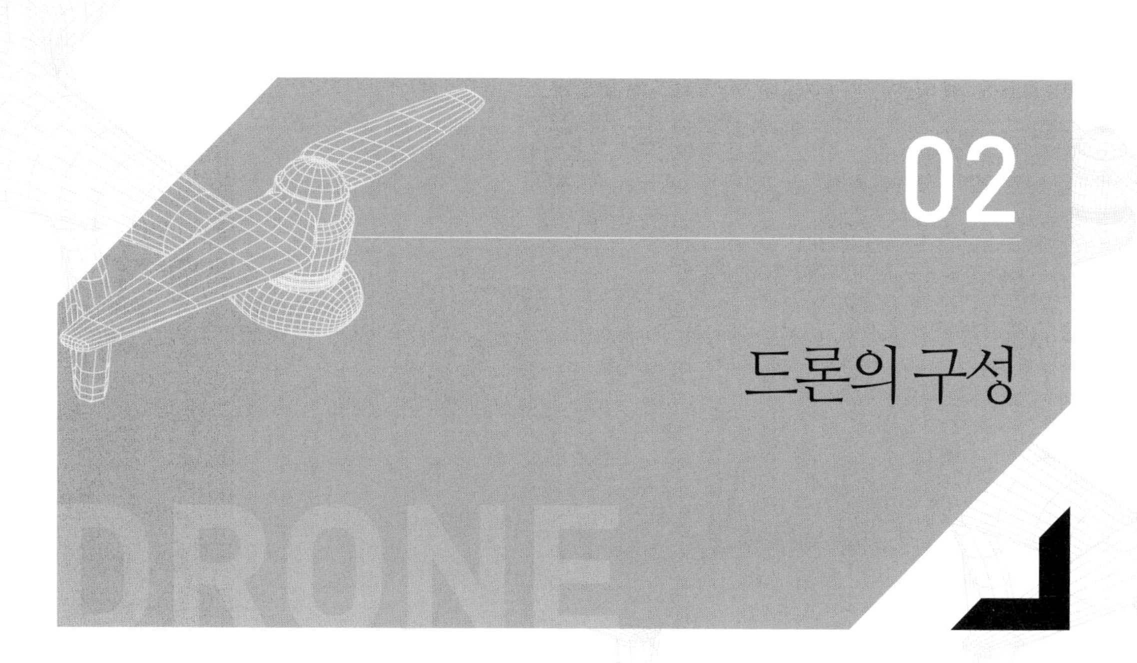

드론 구조

UAS(Unmanned Aerial systems, 무인항공기 시스템)는 다음과 같은 시스템으로 구성된다.

1. UAV(무인비행장치)
   - 비행플랫폼(Flight Platform)
   - 임무탐재장비(Misson Equipment)
2. 지상조종장비(Ground Control System, GCS)
   - 통신링크(Communication Link)
   - 지상비행제어(Ground Flight Control)
   - 업무관리(Misson Management)
3. 지상지원장비(Ground Support System, GCS)
   - 시험장비(Test Equipment)
   - 부품 물류(Logistics for Parts)

무인비행장치(UAV)는 그 자체를 의미하기도 하지만 일반적으로 UAS의 축소된 시스템을 갖는다.

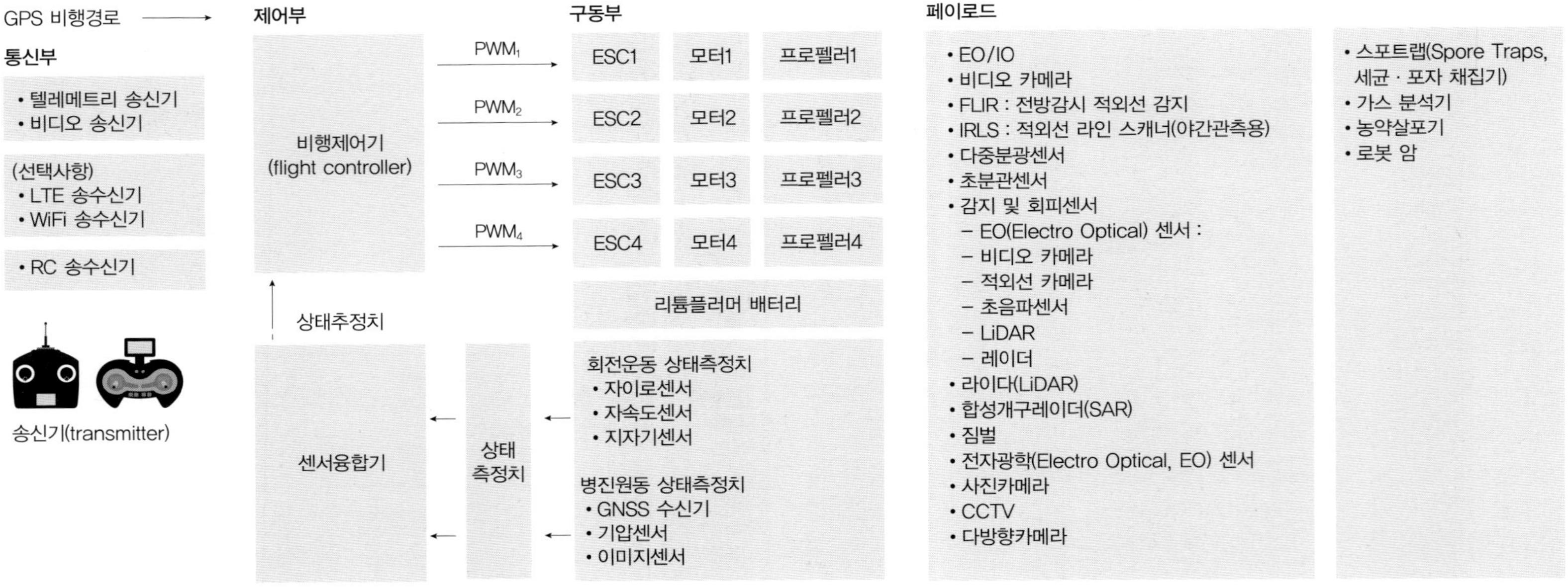

GPS 비행경로 →

통신부

- 텔레메트리 송신기
- 비디오 송신기

(선택사항)
- LTE 송수신기
- WiFi 송수신기

- RC 송수신기

송신기(transmitter)

제어부

비행제어기
(flight controller)

상태추정치

센서융합기

상태
측정치

PWM₁ → ESC1 | 모터1 | 프로펠러1

구동부

PWM_1 →	ESC1	모터1	프로펠러1
PWM_2 →	ESC2	모터2	프로펠러2
PWM_3 →	ESC3	모터3	프로펠러3
PWM_4 →	ESC4	모터4	프로펠러4

리튬플러머 배터리

회전운동 상태측정치
- 자이로센서
- 자속도센서
- 지자기센서

병진원동 상태측정치
- GNSS 수신기
- 기압센서
- 이미지센서

페이로드

- EO/IO
- 비디오 카메라
- FLIR : 전방감시 적외선 감지
- IRLS : 적외선 라인 스캐너(야간관측용)
- 다중분광센서
- 초분관센서
- 감지 및 회피센서
  - EO(Electro Optical) 센서 :
  - 비디오 카메라
  - 적외선 카메라
  - 초음파센서
  - LiDAR
  - 레이더
- 라이다(LiDAR)
- 합성개구레이더(SAR)
- 짐벌
- 전자광학(Electro Optical, EO) 센서
- 사진카메라
- CCTV
- 다방향카메라

- 스포트랩(Spore Traps, 세균 · 포자 채집기)
- 가스 분석기
- 농약살포기
- 로봇 암

드론 구성도

드론의 세부구조

드론의 구조는 드론과 지상의 원격조정자가 각종 데이터를 주고받는 '통신부', 드론의 비행을 조정하는 '제어부', 드론을 날아가게 구동시키는 '구동부', 그리고 카메라 등 각종 탑재 장비들로 구성된 '페이로드'의 네 부분으로 나뉜다.

1) 통신부

통신부는 지상의 원격조정기로부터 비행명령어를 수신하는 RC 수신기, 촬영한 사진이나 비디오를 지상으로 송신하는 비디오 송신기, 그리고 위치, 속도, 배터리 잔량 등의 비행정보를 지상으로 송신하는 텔레메트리 송신기로 구성된다. 텔레메트리 정보는 비디오 데이터와 함께 비디오 송신기를 통해 지상으로 송신되기도 한다.

최근에는 드론에 WiFi 혹은 LTE 송수신기를 탑재하고 이를 이용해 원격조정 비행명령어 및 비디오 데이터를 송수신하는 드론도 출시되고 있다.

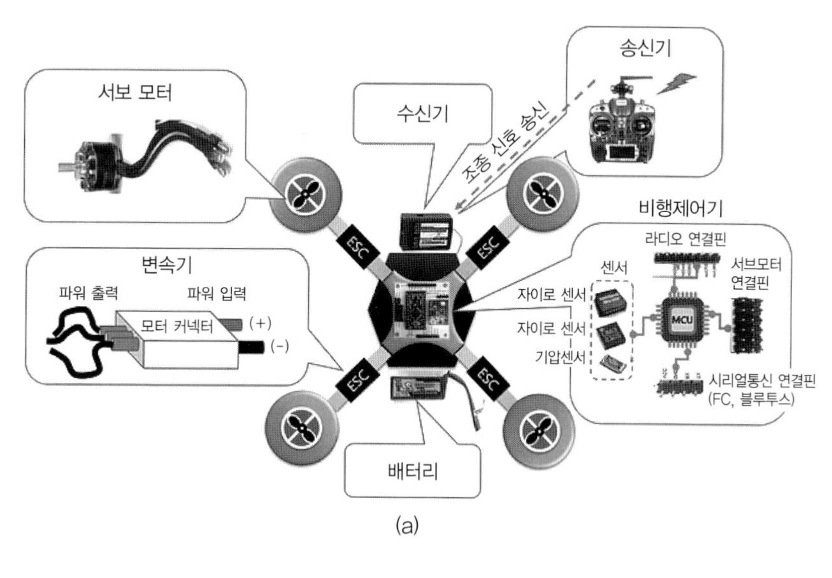

(a)

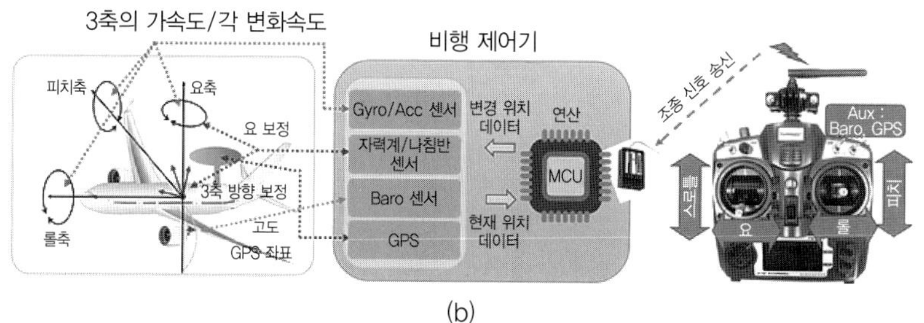

(b)

출처 : 열린친구(https://www.openmakerlab.co.kr/)

(a) 쿼드콥터의 구조 및 (b) 드론의 기본 센서와 드론의 비행의 관계

2) 제어부

제어부는 비행제어기, 센서융합기 및 각종 센서로 구성되어 있다. 드론이 안정적으로 비행하기 위해서는 드론에 장착된 각종 센서를 이용해 비행상태를 측정해야 한다. 드론의 비행상태는 회전운동상태와 병진운동상태로 정의되며, 회전운동상태는 '요(Yaw 혹은 Rudder, 드론의 수평을 유지한 상태에서 동체를 회전시킴) : z축 회전', '피치(Pitch 혹은 Elevator, 드론 기수를 상하로 움직여 전진하거나 후진) : x축 회전', '롤(Roll 혹은 Aileron, 동체를 좌우로 기울임에 따라 드론이 좌우로 이동) : y축 회전'을 의미하며, 병진운동상태는 경도, 위도, 고도, 속도를 의미한다. 회전운동상태를 측정하기 위해 3축 자이로센서, 3축 가속도센서, 3축 지자기센서를 이용하고, 병진운동상태를 측정하기 위해 GPS 수신기와 기압센서를 이용한다. 자이로센서와 가속도센서는 드론의 기체좌표가 지구관성좌표에 대해 회전한 상태와 가속된 상태를 측정해주는데, MEMS 반도체 공정기술을 이용해 관성측정기(IMU)라 부르는 단일 칩으로 제작되기도 한다.

드론은 지상에서 원격조정기를 이용해 비행을 조정하거나, 드론이 사전에 입력된 GPS 비행경로를 자기의 현재 비행위치(GPS 수신기를 통해 확인)와 비교하면서 스스로 비행할 수 있다(GPS 경로비행이라 부름). 비행제어기는 수신기로부터 전달받은 원격 비행명령어(혹은 GPS 경로비행을 할 경우에는 GPS 비행경로)를 센서 융합기에서 보내온 상태 추정치와 비교, 그 차이 값을 이용해 모터들의 회전 속도를 계산하고, 계산된 결과들을 PWM 신호로 변환해 구동부로 전달해준다.

3) 구동부

구동부는 드론을 구동시키는 부품들로 모터, 프로펠러, 모터변속기 및 리튬폴리머 배터리 등을 포함한다. 모터변속기는 비행제어기로부터 신호를 받아 모터를 구동시키고, 배터리의 직류 전원을 교류로 바꾸어서 모터로 공급해준다. 각각의 모터들은 별도의 모터변속기로 구동된다.

4) 페이로드

드론의 비행 목적은 페이로드를 탑재하고 비행하는 것이다. 페이로드 종류가 군사용이면 군사용 드론이 되고 민수용이면 민수용 드론이 된다. 페이로드(payload)[1]는 드론의 사용 목적에 따라서 여러 종류의 임무탑재장비(payload)가 탑재될 수 있는데, 원격 탐사 및 사진측량을 위해서는 비디오카메라, 다중분광센서(multispectral sensor), 초분광센서(hyperspectral sensor), 적외선 카메라, 초음파 센서, 라이다(Lidar), SAR 등 각종 센서들이 탑재될 수 있다.

센서들은 촬영 중 초점이 흔들리지 않게 해주는 짐벌(gimbal)[2]에 고정되어 있다. 항공촬영 이외에 드론에 장착되는 페이로드의 예로는 공기 중에 떠다니는 각종 세균 혹은 포자 채집 용도로 사용하는 스포트랩, 가스분석기, 농약 살포기, 로봇 암 등이 있다.

1. 페이로드(payload)는 원래 항공기에서 항공기의 탑재 하중 가운데, 승객이나 화물 등 요금을 징수할 수 있는 '유상(有償) 하중'을 의미한다. 드론 등 무인기에서는 드론 기체에 탑재 가능한 센서 혹은 화물 등을 의미한다.
2. 짐벌 : 물이나 공기, 우주공간 위에 떠 있는 구조물이 기체의 흔들림 등에 관계없이 정립 상태로 유지해주는 지지 장치.

탑재센서

비행 운용센서

1) 자동비행제어장치

자동비행제어장치(Automatic Flight Control System)란 항공기나 미사일의 내부와 외부 장치에 의해 진로나 비행 자세를 자동적으로 조정할 수 있는 모든 장비를 포괄한 장치로서, 조종사가 목적지에 관한 정보를 입력하면 항공기가 자동적으로 목적지로 비행할 수 있도록 하며, 조종사가 손을 대지 않고도 항공기를 원하는 방향으로 직선 · 수평 비행할 수 있도록 하는 장치를 말한다.

Pixhawk 2.1

A3 Pro (GPS 및 IMU)

비행제어장치(flight controller, FC)

보통 비행제어장치와 자동비행장치 시스템을 혼동하는 경우가 많다. 예를 들어 레이싱 쿼드콥터의 경우 비행조정장치는 드론이 안정되게 비행하도록 할 뿐만 아니라, 무선 조정자(pilot)가 입력한 것을 바탕으로 모터에 전송하기 위한 최적의 회전 수 및 에일러론, 엘리베이터, 러더 등의 '방향 조정면'을 계속적으로 계산한다.

자동비행장치는 드론을 단순히 움직이게 할 뿐만 아니라 나아가 각종 센서로부터 획득된 각종 정보를 바탕으로 자동항법 비행, 제자리 비행, 관심지역(region of interest) 비행, 및 장애물 회피 등을 가능하게 하는 '두뇌'에 해당한다. 센서의 모든 데이터를 읽어들여 드론이 비행하는 데 필요한 최적의 명령을 지속적으로 계산한다. 프로세서는 제어 회로기판의 핵심 부품으로서 자동비행장치 시스템의 펌웨어를 작동시키며, 모든 계산을 수행하는 '중앙처리장치'로서 대부분 32비트 프로세서 시스템을 채택하고 있다.

2) 모터

드론에서 사용하는 모터는 일반적으로 브러시(Brushed Direct Current, BDC)모터와 브러시리스 직류(Brushless Direct Current, BLDC) 모터로 나뉜다.

BDC 모터는 주로 완구용 드론에 사용되는데, 장점은 가격이 싸고, 구동방식이 간단하다는 것이다. 단점은 브러시가 닳게 되면 수명이 다하고, 스파크, 열 등이 발생해 모터의 고속회전 및 장시간 회전에는 적합하지 않다.

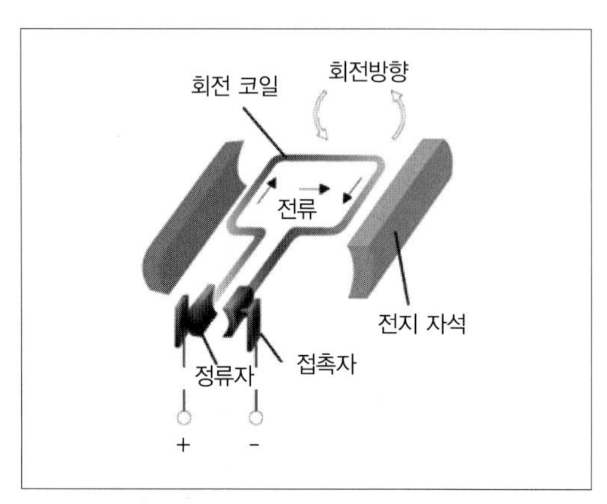

브러시 모터

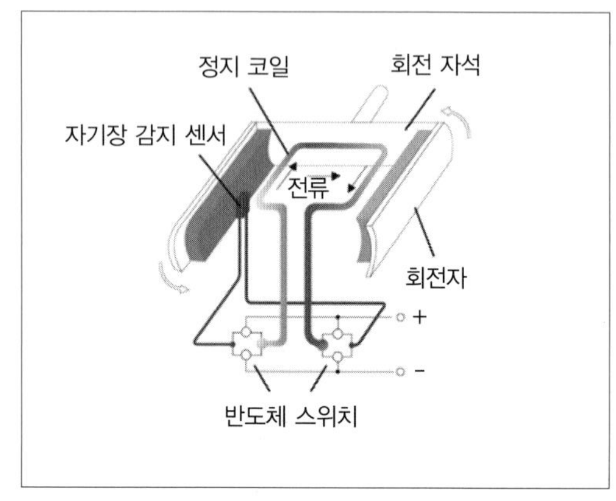

브러시리스 모터

브러시 모터와 브러시리스 모터의 비교

BLDC 모터는 영구 자석으로 된 중심부의 회전자(Rotor)와 권선(Wire)으로 되어 있는 극(Pole)과 고정자(Stator)들로 구성되어 있다. 전류가 인가된 권선으로부터 생성되는 자기장과 영구 자석 회전자 사이의 관계에 의해 전기에너지가 회전자를 회전시킴으로써 기계적인 에너지로 변환된다. BLDC 모터의 장점은 브러시가 없으므로 전기적, 기계적 노이즈가 작다. 또한 고속화가 용이하고 신뢰성이 높으며, 유지보수가 거의 필요없을 뿐만 아니라 소형화가 가능하다. 그리고 일정 속도 제어 및 가변속 제어가 가능하며, 모터 자체 신호를 이용하므로, 저가로 위치 제어 및 속도 제어가 가능하다.

3) 가속도계와 자이로스코프

가속도계와 자이로(Gyro) 센서는 드론의 관성 센서이다. 가속도계는 가속도를 측정하고, 자이로는 회전력을 측정한다. 가속도계와 자이로 모두 3축 센서를 활용하는데 센서가 3축이라 함은 센서가 3차원에서 움직일 때 x축, y축, z축 방향의 가속도를 측정할 수 있다는 의미로, 이를 통해서 중력에 대한 상대적인 위치와 움직임을 측정한다.

자이로스코프는 드론이 수평을 유지할 수 있도록 도와주는 가장 기본적인 센서로서, 세 축 방향의 각 가속도를 측정하여 드론의 기울기 정보를 제공해준다. 두 측정값을 종합 · 분석하여 비행조정장치는 드론의 현재 자세(각)를 계산하고, 필요한 보정을 수행한다.

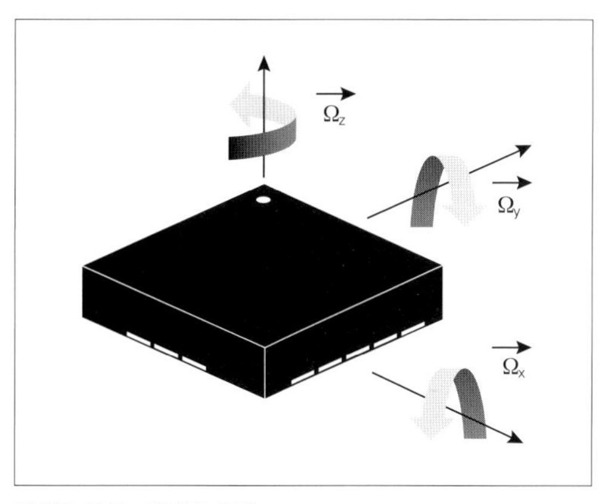

자이로 센서 : 회전각 측정

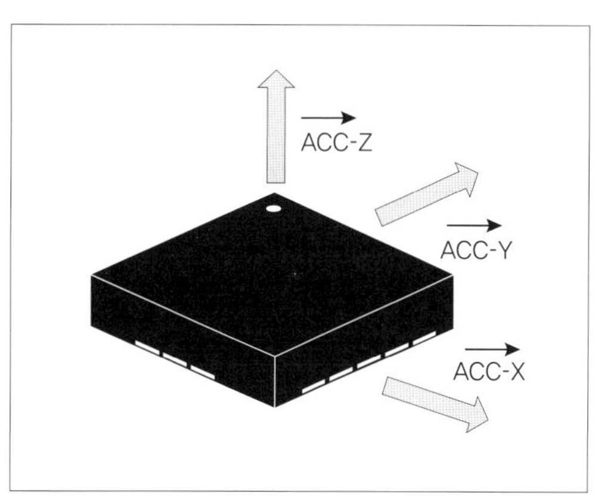

가속도 센서 : 가속도 측정

자이로 센서와 가속도 센서의 측정값

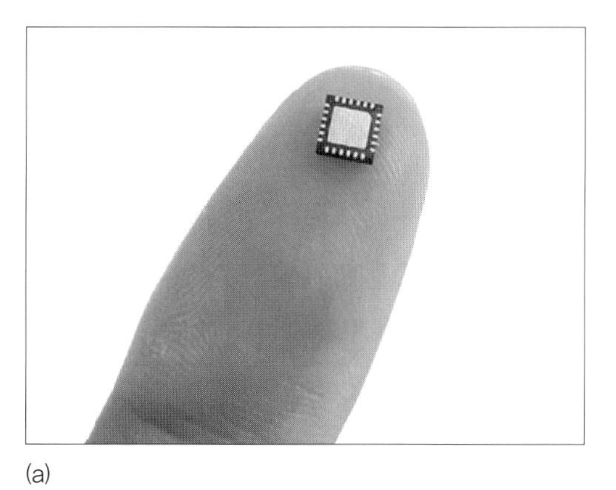

(a)

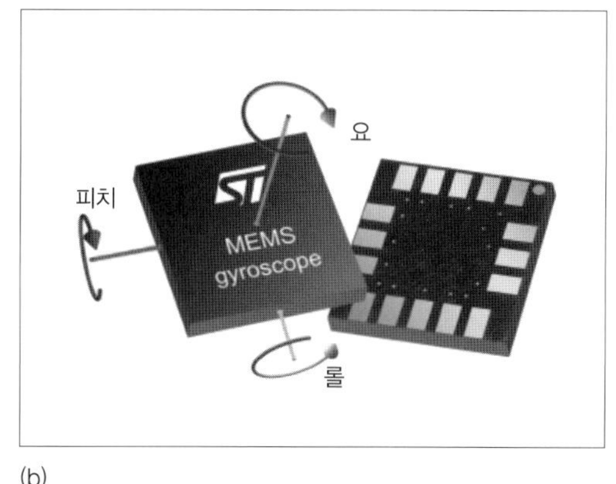

(b)

(a) 가속도 센서의 크기와 (b) 가속도계 및 자이로스코프

4) 자력계

자력계 센서(AliExpress, 치어슨 CX-20)

자력계(magnetometer)는 나침반 기능을 하는 센서로 자기장을 측정하는 역할을 한다. 즉 자기 힘을 측정하는 것으로 가속도계와 자이로스코프만으로는 비행 조정장치가 드론의 진행방향을 알 수 없는데, 자력계가 자북을 측정하여 드론의 방향정보를 드론의 비행제어장치(FC)로 보내 이를 보강하는 역할을 하기 때문에 자력계 센서가 매우 중요하다. GPS의 위치정보와 자력계의 방위정보, 가속도계의 이동정보를 결합하면 드론의 움직임을 파악할 수 있게 된다.

그러나 자력계 센서는 주변 자기장에 매우 민감하다. 즉 전선, 모터, 변속기(ESC) 등 모든 것이 자기장 간섭을 일으킬 수 있다. GPS 모듈은 일반적으로 이런 장비들과 떨어져 있기 때문에, 장비들에 의한 자기장 간섭을 피하기 위해 나침반 센서를 추가적으로 GPS 모듈에 장착하기도 한다.

5) 관성측정장치

IMU

관성측정장치(Inertial Measurement Unit, IMU)는 GPS와 연동되어 기체의 이동방향, 이동경로, 이동속도를 유지하는 역할을 하고, 3축 자력계와 GPS 수신기가 결합된 형태로 얻은 정보를 드론의 비행제어장치(FC)로 전달한다.

조종사의 직접적인 무선조종 없이 자동으로 비행하게 되면 드론의 활용도 및 가치를 높일 수 있게 된다. 드론의 자동항법 비행 기능을 위해서는 데이터링크 기술과 관성측정장치의 중요성이 더욱 커진다. 데이터링크는 지상의 컴퓨터와 드론을 연결해주는 역할을 하며, IMU는 통제범위를 벗어났을 때 이륙한 곳으로 자동으로 돌아오게 하는 등의 역할을 하는 기술이다.

6) 기압계

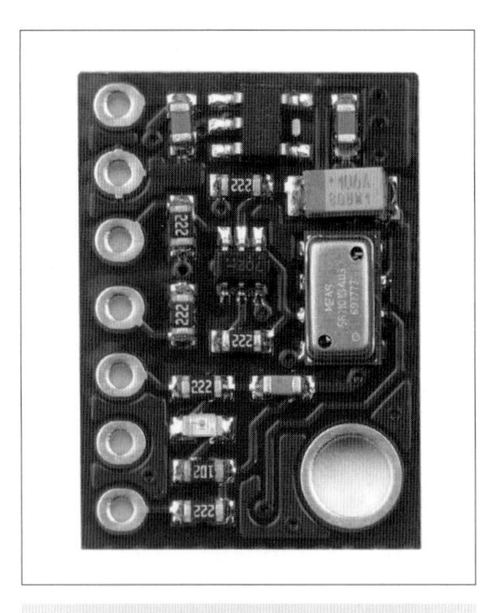

기압계 바로미터(모델 GY-63)

기압계는 항공기의 고도를 측정하기 위한 압력 센서로서 드론의 cm 단위의 상하 이동에 의한 공기의 압력 변화도 감지할 수 있을 정도로 민감하다. 대기압은 해수면에서의 높이에 따라 결정되고 기압계는 이 원리를 이용하여 대기압을 측정하여 고도를 측정한다.

드론의 고도를 측정하는 데 기압계만 사용하는 것은 정확도가 그리 높지 않기 때문에 대부분의 드론은 고도를 측정하기 위한 추가적인 방법을 사용한다. 일반적으로는 GNSS 센서를 사용하여 고도를 매우 정밀하게 측정 할 수 있지만, GNSS를 사용할 수 없는 실내에서는 초음파나 이미지 센서 등을 사용하여 정밀하게 고도를 측정한다.

7) 대기속도계[3]

대기속도계(Airspeed Sensor)는 고정익 드론에 주로 사용되는 센서이다. 대기속도계는 비행 중 드론을 스쳐 지나가는 공기의 흐름속도를 측정하기 위한 것이다. 대기속도(airspeed)는 고정익 항공기에서는 중요하다. 그 이유는 날개 주위로 흐르는 공기흐름에 의해 항공기가 공중으로 뜨는 양력이 발

3. 이강원 외(2016), 드론 원격탐사 · 사진측량, 구미서관

생하게 되며, 항공기의 속도가 느리게 되면 대기속도가 느리게 되고 실속하여 추락하게 되기 때문이다.

높이의 변화가 없거나 무시할 수 있을 경우 압력에 대한 베르누이 방정식은 다음과 같이 정리할 수 있다.

$p+$	$+\frac{pv^2}{2}$	$=const$
정압력	동압력	일정

피토관(Pitot Tube)은 유속 측정 장치의 하나로서, 유체 흐름의 전압력과 정압력의 차이를 측정하고 그것으로부터 유속을 구하는 장치이다. 유체의 흐름 정면에 뚫은 구멍을 통하여 전압력을 측정하고, 유체흐름의 수직한 면, 즉 측면의 구멍에서 정압력을 측정하여, 전압력과 정압력의 차이를 구함으로써 공기의 흐름속도를 구할 수 있다. 즉 정압력 + 동압력 = 전압력 → 동압력 = 전압력 − 전압력.

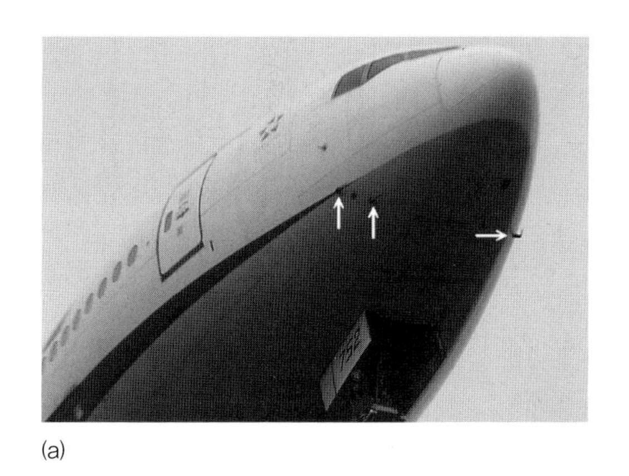
(a)

(b)

(a) 항공기의 피토관 (b) 드론의 피토관

8) 센서 융합

센서 융합(sensor fusion)이란 각종 외부 센서에서 오는 정보를 통합 또는 융합함으로써 새로운 정보를 얻는 것을 일컫는다. 단일 센서만으로는 드론을 조정하는 데 충분하지 않기 때문에 여러 센서를 사용한다.

비행제어장치에서 DOF(degrees of freedom), 즉 '자유도'라는 용어를 접하게 된다. 기장 기본적인 비행조정장치는 6DOF, 즉 6개의 자유도를 갖는데, 이는 3축 가속도계(accelerometer)와 3축 자이로(Gyro)로 사용되는 모든 동작 요소인 X(수평), Y(수직), Z(깊이), 피치(pitch), 요(yaw), 롤(roll)을 말한다.

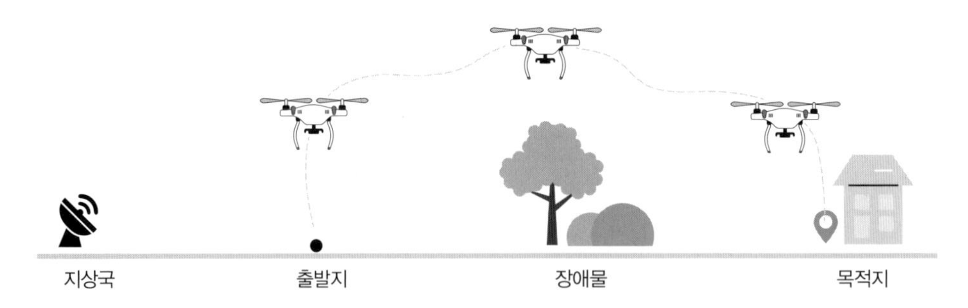

다양한 센서를 이용한 비행기술 · 유지

9) 초음파 거리 센서

초음파[4] 속도는 일반적으로 340m/s[5]이다. 초음파가 대상체에 부딪쳐 반사되어 돌아오면 주행 시간으로부터 거리를 계산할 수 있다.

초음파는 사람의 가청주파수 대역인 20~20,000Hz를 벗어나는 음파 영역을 가진다. 일반적으로 많이 사용되는 초음파 주파수는 40,000Hz이며, 주파수가 높을수록 공간 분해능이 높고 정밀한 결과를 얻을 수 있다. 일상생활에서 접할 수 있는 초음파의 센서로는 차량용 초음파 센서가 있다. 최근 차량에는 후진 시 후방에 물체가 있는지 여부와 얼마나 가까운지를 측청해주는 기능이 있는데, 이때 거리 측정 센서로 초음파 센서가 많이 시용되고 있다.

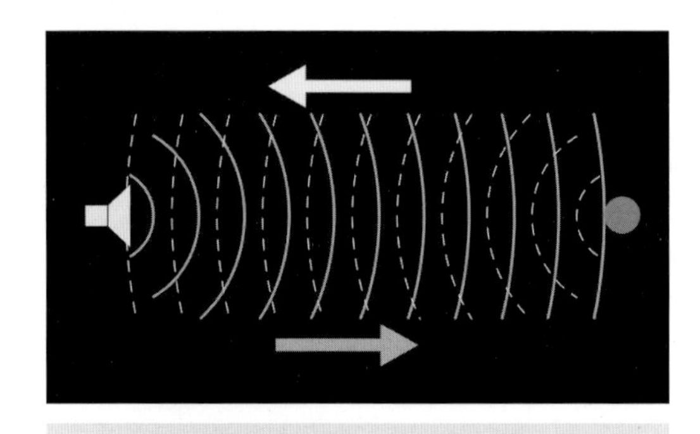

초음파 센서의 거리 측정 원리

초음파 거리 센서

초음파 센서는 초음파를 발생하는 송신기 부분과 반사되어 돌아오는 초음파를 검출하는 수신기로 구성되며, 송수신기가 일체형으로 하나로 제작되는 경우도 있다. 송신기에서 초음파를 발사한 후, 수신기에 반사된 초음파가 들어올 때까지의 시간을 측정하여 센서와 물체까지의 거리를 측정한다.

4. 초음파(超音波, ultrasound)는 인간이 들을 수 있는 소리의 최대 한계 범위를 넘어서는 주파수를 갖는 주기적인 '음압(sound pressure)'을 의미한다. 일반적으로 가청주파수 대역은 20~20,000Hz이며, 20kHz(=20,000Hz) 이상 대역이 초음파 영역이다.

5. $c(m/s) = 331.3\sqrt{1 + \frac{T(℃)}{273.15}}$

10) 라이다 센서

Lidar는 Light Detection And Ranging의 약어이다. 라이다 센서는 레이저(laser)를 목표물(대상체)에 투사하고 대상체에서 반사되어 되돌아오는 시간을 측정함으로써 대상체까지의 거리, 방향, 속도, 온도, 물질 분포 및 농도 특성 등을 감지, 측정할 수 있는 기술이다. 라이다 센서는 일반적으로 높은 에너지 밀도와 짧은 주기를 가지는 펄스 신호를 생성할 수 있는 레이저의 장점을 활용하여 보다 정밀한 대기 중의 물성 관측 및 거리 측정 등에도 활용되고 있다.

라이다 센서는 수 m부터 수 km 거리 측정에 사용될 수 있다. 라이다 시스템의 범위를 넓히기 위해 보이지 않는 근적외선의 매우 짧은 레이저 펄스를 사용하여, 눈(eye)에 안전하면서 기존 연속 웨이브 레이저에 비해 훨씬 높은 레이저 출력이 가능하다.

라이다는 기본적으로 레이저 송신부, 레이저 검출부, 신호 수집 및 처리와 데이터를 송수신하기 위한 부분으로 구성되어 있다. 측정 방식은 레이저 신호의 변조 방법에 따라 일반적으로 시간주시(time of flight, TOF) 방식과 위상변이(phase shift, PS) 방식으로 구분된다. TOF 방식은 레이저가 펄스 신호를 방출하여 물체들로부터의 반사 펄스 신호들이 수신기에 도착하는 시간을 측정함으로써 거

▼ 드론 탑재 라이다의 작동 과정 및 활용 분야

<table>
<tr><th colspan="2">구분</th><th colspan="2">세부내용</th></tr>
<tr><td colspan="2">라이다 작동 과정</td><td colspan="2">① 레이저 펄스 방출
② 후방 산란 신호의 기록
③ 거리 측정(비행시간×빛의 속도)
④ 평면 위치 및 고도 검색
⑤ 정확한 반향 위치 계산</td></tr>
<tr><td rowspan="4">활용 분야</td><td>충돌 회피용 라이다 센서</td><td colspan="2">• 라이다 센서 내에서 통합되어 정확한 위치와 함께 안전한 탐색을 위한 임계 범위 데이터를 생성한다. 라이다 기술은 넓은 시야각에 걸쳐 장애물 감지 기능을 갖추고 있다.</td></tr>
<tr><td>지상 이미지 라이다 센서</td><td colspan="2">• 최신 라이다 센서는 광집적 센서의 크기, 무게, UAV 제조비용 요건을 충족하고 지상의 정확한 거리 측정이 가능하다.
• 농업과 임업은 나뭇잎, 작물과 같은 식물을 검사하기 위해 라이다를 사용하며, 또한 지상 표면을 보기 위해 지상 이미지(숲 캐노피 등)를 제거할 수도 있다.</td></tr>
<tr><td>구조물 검사 라이다 센서</td><td colspan="2">• 내장 신호 처리 기능, 넓은 시야 및 구조적 검사 수행 시 안전한 탐색을 가능하게 하는 거리 데이터 및 장애물 감지 기능을 제공한다.</td></tr>
<tr><td>야간 라이다 센서</td><td colspan="2">• 라이다 센서는 야간 및 낮은 조도 상황에서도 작동이 가능하다.</td></tr>
<tr><td colspan="2">기타 용도</td><td>• 농업 및 임업
• 오픈 광산의 지형
• 건물 및 구조물 검사
• 도시 환경 조사
• 충돌 회피
• 해안선 및 폭풍 해일 모델링</td><td>• 고고학, 문화유산 기록화
• 건설 현장 모니터링
• 자원 관리
• 유체 역학적 모델링
• 디지털 해발고도 모델(DEM)
• 전력선, 철도 트랙 및 송유관 검사 등</td></tr>
</table>

드론탑재 라이다 측량에 의한 교량 이미지

리를 측정하는 방식이며, 위상변이 방식은 특정 주파수를 가지고 연속적으로 변조되는 레이저 빔을 방출하고 물체로부터 반사되어 되돌아오는 신호의 위상 변화량을 측정하여 거리를 계산하는 방식이다.

최근 3차원 역공학(reverse engineering), 무인자동차를 위한 레이저 스캐너 및 3D 영상 카메라의 핵심 기술로 활용되면서 그 활용성과 중요성이 점차 증가하고 있고, 드론을 이용한 측량 및 원격탐사가 본격적으로 시작되면서 초경량 라이다가 개발, 적용되고 있다.

통신기술

무선통신 송수신기

드론과 조정기(controller) 사이에 데이터를 주고받기 위해서는 '무선통신 송수신기(telemetry)'가 필요하다. 드론과 조정기에는 무선 송수신기가 기본 내장되어 있으므로 추가적으로 무선통신 송수신기를 추가하는 것은 유용할 수 있지만 필수사항은 아니다. 무선통신 송수신기는 데이터를 송수신하기 위한 무선장비로서 드론과 조정기에 각각 탑재·설치해야 한다. 중요한 것은 드론과 조정기의 무선통신 송수신기를 서로 페어링해야 한다는 것이다.

드론과 조정기와의 통신을 위해 기본적으로 2.4GHz 및 5.0GHz의 와이파이(WiFi)를 사용한다. 그러나 통신범위가 5~7km를 넘지 못하기 때문에 장거리 이동 시에는 LTE망을 활용하기도 한다.

국립전파연구원은 2015년 12월 31일 '항공업무용 무선설비 기술기준'을 개정해 드론 이용을 위한 전용 주파수를 할당했다. 이 기술기준에 따르면 드론 전용 주파수로 5,030~5,091MHz (5,030~5,091GHz) 대역(61MHz 폭)이 새롭게 할당됐다. 이 대역은 아직 국내에서 이용되지 않았던 주파수 대역이다. 이 대역은 수많은 소출력 무선기기가 함께 이용하는 대역이 아닌 전용대역이기 때문에 전파 혼선으로 인한 드론의 추락, 충돌 등 사고위험이 적어 안정적인 드론 운용이 가능하다. 드론의 출력을 최대 10W까지 가능하도록 지정하면서 매우 한정적인 거리로만 운용되던 드론의 운용 범위도 대폭 확장됐다. 새로이 할당된 5,030~5,091MHz 대역은 2012년 스위스 제네바에서 개최된 '세계전파통신회의(WRC-12)'에서 미국의 강력한 주장으로 채택된 지상 제어를 위한 드론 전용 주파수 대역이다.

주파수 대역

드론은 지상에서 드론으로 원격조정(RC) 비행 명령어 및 카메라 조작 등 페이로드 제어 신호를 전송하기 위한 상향링크(지상 → 드론)가 필요하고 비디오, 사진 및 드론의 위치, 비행속도, 배터리 잔량 등의 비행정보를 지상으로 전송하기 위한 하향링크(드론 → 지상)가 필요하다. GPS 신호는 1.2GHz(혹은 1.5GHz) 주파수 대역으로 수신한다.

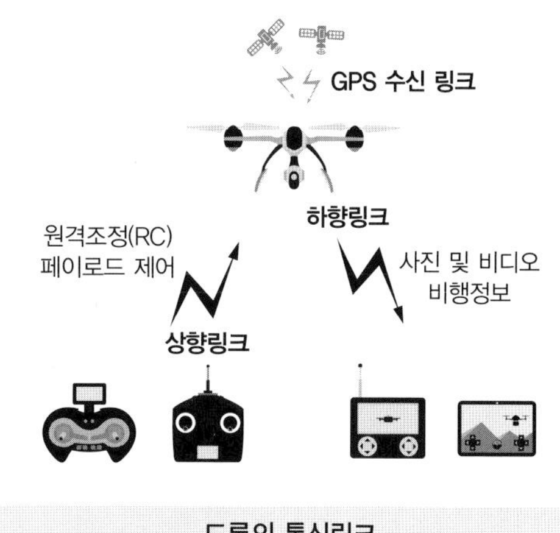

드론의 통신링크

과거에는 페이로드 제어 신호 및 텔레메트리 전송을 위해 특정 주파수 대역을 이용하는 별도의 송수신기를 이용했으나, 최근에는 페이로드 제어 신호는 원격조정 비행 명령어와 함께 드론으로 전송되고, 텔레메트리 정보는 비디오 데이터와 함께 지상으로 전송되는 추세이다. 각 나라의 주파수 정책에 따라 차이가 있지만, 일반적으로 900MHz, 1.3MHz, 2.4MHz 및 5.8GHz의 주파수대역이 드론의 통신링크로 사용된다.

1) 900MHz 및 1.3GHz 주파수 대역

900MHz 주파수 대역은 비디오 및 텔레메트리 전송을 위한 하향링크로 사용된다. 그러나 900MHz 대역은 일부 국가에서 이동통신 주파수(예 : 유럽 GSM) 혹은 가정용과 주파수 대역이 겹치므로 송신기의 출력세기를 5~10mW 이하로 엄격히 제한하고 있다.

한편 900MHz 대역은 최근 규격이 확정된 IoT(internet of things)용 WiFi 11ah 무선랜과도 주파수 대역이 겹친다. 1.3GHz 주파수 대역 역시 비디오 전송을 위한 하향링크로 사용되는데, 2005년 이후에 쏘아 올린 GPS 위성의 1.2GHz L2 주파수 대역과 가까워서 드론에 탑재된 GPS 수신기에 간섭을 줄 수 있다.

2) 2.4GHz 및 5.8GHz 주파수 대역

2.4GHz 주파수 대역은 거의 모든 드론이 원격조정 및 페이로드 제어로 사용하는 상향링크이다. 그러나 2.4GHz는 WiFi, 블루투스, 지그비 등과 주파수대역이 겹치므로 사람이 많이 모이는 공원 등의 지역에서는 드론 비행에 주의해야 한다. 일부 드론들은 2.4GHz 대역을 비디오 전송 하향링크로 사

용한다. 이 경우, 원격조정 상향링크는 5.8GHz 주파수 대역을 이용한다.

5.8GHz 주파수 대역은 최근 출시된 드론들이 비디오 및 텔레메트리 전송 하향링크로 사용하는 주파수 대역이다. 2.4GHz 및 5.8GHz 주파수 대역은 전송 거리가 짧고 장애물 등에 의한 전송장애가 심하므로 드론과 지상의 원격조정자 사이에 양호한 시야거리가 확보되어야 한다.

3) WiFi 및 4G/3G

최근 스마트폰을 이용해 드론을 원격 조정하는 것을 심심치 않게 볼 수 있다. 스마트폰에 드론 조정용 앱을 설치하고 WiFi 혹은 USB로 스마트폰을 원격조정기에 연결해 원격조정기를 통해 드론을 조정하거나, 드론에 WiFi 수신기를 설치해 스마트폰 WiFi로 직접 드론을 원격조정할 수 있다. WiFi와 마찬가지로, 드론에 LTE 혹은 WCDMA 송수신기를 설치해 이동통신 네트워크를 통해 스마트폰으로 드론을 원격조정하거나 드론의 비디오 데이터를 지상으로 전송하기도 한다.

GNSS

GPS 및 GNSS

GPS는 인공위성으로부터 수신기까지 신호가 도달하는 데 걸린 시간을 기준으로 거리를 측정한다. 즉 드론에서의 GPS는 인공위성을 이용한 범세계 위치결정시스템으로 정확한 위치를 알고 있는 위성에서 발사한 전파를 드론에서 수신하여 관측점까지 소요시간을 관측함으로써 관측점의 3차원 좌표 및 세계시를 구하는 시스템이다. GPS 신호로부터 추정한 위치(x, y)의 오차는 수 m 정도이다.

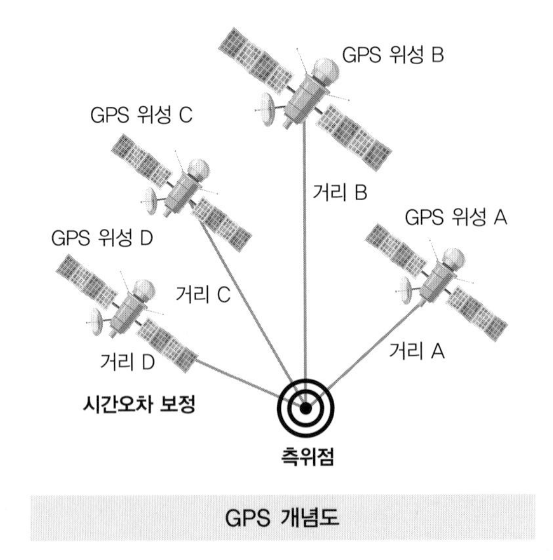

GPS 개념도

이러한 GPS 오차에도 불구하고 다른 여러 센서들에 의한 측정값들을 융합·분석함으로써 비행조정장치는 GPS 모듈을 이용하여 드론이 경로점을 따라 비행하게 하거나 제자리로 돌아오게 하는 등 이륙부터 착륙까지 지동비행이 가능하도록 한다.

지구 위에는 약 30개의 GPS 위성이 돌고 있다. 이들 위성이 지구의 6개 궤도면에 분포해 전 세계 어디에서도 최소 6개의 GPS 위성을 관측할 수 있도록 한다. GPS 위성은 태양에너지로 작동하며, 수명은 약 8~10년 정도다. 제어국은 미국 콜로라도스프링스에 있는 주제어국과 세계 곳곳에 분포된 5개의 부제어국으로 나뉜다. 각 부제어국은 상공을 지나는 GPS 위성을 추적하고 거리와 변화율을 측

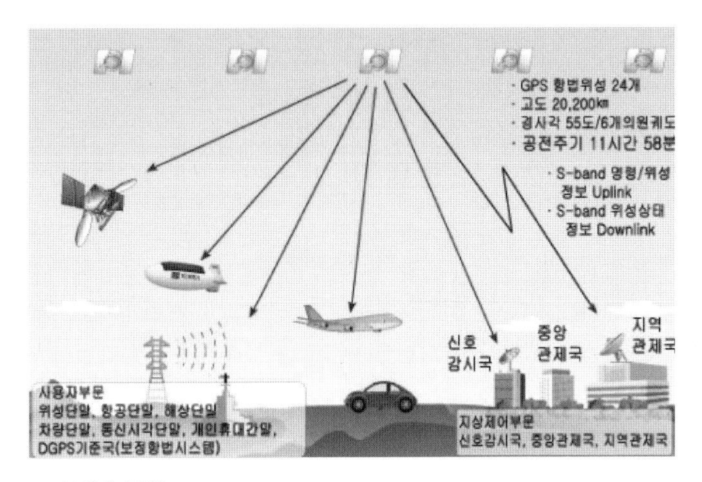

▲ GNSS 구성

정해 주제어국으로 보낸다. 주제어국은 정보를 취합해 위성이 제 궤도를 유지하도록 처리한다. GPS 수신기는 GPS 위성의 신호를 수신하는 안테나, 시계, 신호를 처리하는 소프트웨어, 이를 출력하는 출력장치 등으로 이루어져 있다.

최근 미국에서 운영하는 GPS 외에도 러시아의 글로나스(Global Navigation Satellite System, GLONASS), 유럽연합(EU)의 갈릴레오(Galileo), 중국의 베이더우(北斗, Beidou 또는 Compass), 일본의 준텐초(Quasi-zemith Satellite System, QZSS), 인도의 IRNSS(Indian Regional Navigational Satellite System, 인도국지항법위성체계) 등이 위성항법체계(GNSS)에 포함됨으로써 위성측위의 신뢰도와 성능이 향상되었다. 이러한 GNSS 모듈은 다양한 위성항법 신호를 수신할 수 있으며, 센서의 가격도 저렴한 편이다.

GNSS는 위의 그림에서처럼 크게 위성, 지상의 제어국, 사용자로 구성되어 있다. 지상 제어국의 수신장치에서 고도 약 20,000km 중궤도에 위치해 있는 인공위성에서 신호를 받아 수 m 이내의 위치정보를 알아낼 수 있는 것이 GNSS의 기본 원리이다. 또한 위성의 위치와 위성시계, 전리층모델, 위성궤도변수, 위성상태 등의 항법정보가 있다면 현재 사용자의 위치를 파악할 수 있다. 즉 위성에서 보내는 신호가 수신기에 도달하기까지 걸리는 시간을 측정해서 위성과 수신기 사이의 거리를 구하고, 사용자의 현재 위치를 계산할 수 있는 것이다.

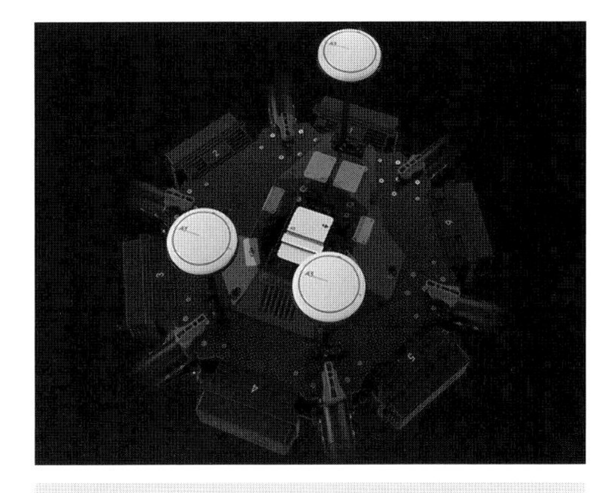

GNSS 장착 드론(DJI, Matrice 600 Pro)

GNSS 수신기는 인공위성으로부터 신호를 수신해야 하는 특성 때문에 일반적으로 드론의 윗부분에 장착한다. 멀티콥터의 경우에는 별도의 기둥(mast)을 세우고 그 위에 GNSS를 설치하기 위하여 신호를 확실히 수신하기 위한 노력을 한다.

한편, GNSS 수신기가 드론 본체에서 멀리 떨어져 설치되므로, 앞서 언급한 바와 같이 나침반 센서는 다른 전자제품의 전자기장 간섭에 민감하기 때문에 일반적으로 나침반 센서를 함께 장착한다.

GNSS의 현재와 미래

GNSS(Global Navigation Satellite System)는 우주궤도를 돌고 있는 인공위성에 발신하는 전파를 이용해 지구 전역에서 움직이는 물체의 위치 · 고도치 · 속도를 계산하는 위성항법 시스템으로, 현재 미사일 유도 같은 군사적 용도뿐 아니라 측량이나 항공기, 선박, 자동차 등의 항법장치에 많이 이용되고 있다.

GPS/갈릴레오 네트워크는 특히 복잡한 도심지역의 위치정보 향상에 큰 변화를 주고 있다. 사용자들은 기존의 위성들보다 2배나 많은 위성들로부터의 정보를 통해 정확한 위치정보를 얻을 수 있을 것이다. 미국의 GPS Industry Council은 GPS 장비의 글로벌 시장이 매년 25~30%씩 증가하고 있다고 보고 있다. 유럽위원회(EC) 전문가들은 위성항법 제품과 서비스에 대한 전 세계적 시장이 2025년경에는 4,000억 달러에 이를 것으로 예측하면서 2020년경에는 30억 개의 위성항법 수신기가 사용될 것이고 갈릴레오 프로그램은 유럽 전역에 15만 개의 일자리를 창출할 것으로 보고 있다.

영국 교통성 연구에서도 GNSS 시장 산업이 영국에 가져올 이익이 2025년에는 140억 파운드에 이를 것으로 보고 있다. GNSS 위치정보 시스템은 공학, 항공, 농업, 선박, 해양 등을 포함한 많은 시장에 새로운 적용 분야를 열어줄 것이다.

GPS와 갈릴레오 이 두 시스템을 어떻게 같이 운용할 것인지에 대해서는 아직 결정되지 않은 것들이 많다. 예를 들면 GPS로부터 신호를 받고 이를 갈릴레오를 통해 검증을 받는다거나 또는 GPS및 갈릴레오로부터 모두 신호를 받는다거나 하는 등이다. 그렇지만 공동의 GPS/갈릴레오 시그널 프로세서에 기반을 두고 다수위성으로부터 신호를 받는 수신기인 'multiconstellation receiver' 개발 1단계가 이미 시작되었다. 많은 산업체 그룹들이 GPS/갈릴레오 통합을 위한 고수준의 규격(standards) 마련에 참여하고 있다.

러시아 GLONASS는 GPS의 코드분할 다중방식(Code Division Multiple Access, CDMA)이 아닌 주파수분할 다중방식(Frequency Division Multiple Access, FDMA)을 채택하고 있다. GLONASS 프로그램 매니저들이 CDMA 방식으로 이동을 고려하고 있다고 보고되기는 하지만 GLONASS 시스템이 GPS/갈릴레오 시스템과의 통합에는 비용과 복잡성 문제가 있다. 그렇지만 multiconstellation receiver 제품들은 이미 소개되고 있다. 중국은 GLONASS, 갈릴레오, 그리고 중국의 베이더우 위성들로부터의 위치신호를 통합하는 수신기 개발을 진행 중에 있다. 지난 수년간 미국과 유럽의 워킹그룹들은 여러 위성항법 시스템 신호의 호환성 및 상호 운용성을 위해 MBOC(multiplexed binary offset carrier)에 기반을 둔 보다 향상된 공동의 민간 신호를 개발하고 있으며 그 결과도 양호하다.

GPS와 갈릴레오의 통합 개발계획과는 대조적으로 러시아, 중국 인도의 GNSS 프로그램은 서로 다른 시스템으로부터 신호를 받을 수 있는 multiconstellation receiver 같은 항공전자 컴포넌트 없이 개발되고 있다.

글로벌 위성 항법 시스템(GNSS) 운용 및 개발 현황

시스템 명칭	운용국	운용시점	비고
GPS	미국	1994년	• 시스템 유지에 최소 24개 위성 필요 • 현재 31개의 위성 운용 중
글로나스 (GLONASS)	러시아	1995년, 2011년	• 시스템 붕괴로 중단, 2009년 재개 • 2011년 10월 24개의 위성(시스템 운용)으로 시스템 구축 완료 및 서비스 시작. 24기를 제외한 4기는 예비용 • 2012~2020년 노후된 위성 교체를 위해 13기의 글로나스-M, 22기의 글로나스-K 발사 예정
갈릴레오 (Galileo)	유럽연합 (EU)	2014년	• 2005년부터 한국 참여. 2011년 10월 21일 첫 발사 • 2014년 24개의 위성 발사로 서비스 가동 • 2019년까지 30개 위성 구축 예정
베이더우(北斗, BDS)	중국	2012년	• 2012년 12월 27일부터 아시아태평양지역 서비스 가동 • 2014년 11월에 국제해사기구(IMO)로부터 첫 국제기구 인가 획득 • 현재까지 23개 위성 발사 • 2020년까지 35개 위성 구축 예정
준텐초 (準天頂, QZSS)	일본	2014년	• 2010년 9월 11일 첫 위성 발사 성공. 이후 3대의 위성으로 일본 내 우선 서비스 • 6~7기 위성으로 독자 시스템 구축 예정
IRNSS	인도	2013년	• 인도 내 우선 서비스

GPS는 처음에는 군사 목적으로 사용되었으나, 1983년 이후 민간 부분으로 확대되어 현재 여러 분야에서 활용되고 있으며, 지구상 어디에서나 24시간 이용할 수 있는 것은 물론, 기상조건 · 외부의 간섭 및 방해에 강하고 전 세계적으로 공통좌표계(WGS-84 : World Geodetic System)를 사용한다는

구분	GPS	GLONASS
위성 수	24개, 4개×6궤도	24개, 8개×3궤도
주기	11시간 58분	11시간 15분
고도	약 20,200km	약 19,300km
데이터속도	50bps	50bps
경사각	55°	64.8°
주파수	1575.42MHz	1602.5625~1615.5MHz
PN코드클럭	1.023MHz	0.511MHz
측지계	WGS-84	SGS-90

점에서 측위정보의 신뢰성 및 정확성이 우수하다. GPS는 6개의 궤도에 24개 위성을 배치하여 서비스를 제공하며, 위성으로부터의 신호는 원자발진기(세슘, 루비듐 각 2대)의 기본주파수 10.23MHz의 154배 및 120배인 2개의 반송파 L1(1575.42MHz)과 L2(1227.6MHz)로 송신하고 있다. 이 2개의 주파수는 C/A코드와 P코드로 불규칙코드로 위상변조(PSK)된다. 항법정보는 표준측위서비스(Standard Positioning System, SPS)와 고정도측위서비스(Precise Positioning System, PPS)로 구분되어 서비스를 제공하고 있다.

SPS는 측위와 시각 전송의 업무로서 민간용으로 이용되고 있고, L1주파수의 C/A코드만 사용할 수 있으며, PPS는 주로 군용으로 설계되어 측위, 타이밍, 속도 기능을 가지고 L1, L2의 P(Y)코드가 사용되고 있다. 일부 PPS는 별도 승인된 경우에 한하여 민간에게도 허용하고 있다.

GPS 구성 및 관제

GPS 구성은 크게 우주, 지상국, 사용자로 구분된다. 이 중 지상국 관제는 GPS 위성에 대한 궤도 수정 및 예비위성 작동에 대한 전반적인 지휘를 담당하는 MCS(Master Control Station) 1개소(콜로라도 스프링스 Palcon AIR ARMY)와 GPS 위성신호 점검 및 궤도 추적 · 예측과 전리층 · 대류권 지연에 대한 관찰 등의 업무를 하고 있는 MS(Monitor Station) 5개소(디에고 가르시아섬, 어센션섬, 콰절런 환초, 하와이, 콜로라도 스프링스) 및 위성에 대한 정보(시계, 보정치, 궤도 보정치, 사용자에 대한 메시지)를 전송할 수 있는 안테나 관리를 하는 GCS(Ground Control Station) 3개소(디에고 가르시아섬, 어센션섬, 콰절런 환초)로 나누어 GPS를 관제하고 있다.

GPS 측위 원리

GPS 측위 원리는 삼각측량의 원리를 사용한다. 하지만 토목 및 지적 측량에서 사용되는 측량 방법은 알려지지 않은 지점의 위치가 그 점을 제외한 두 각의 크기와 변의 길이를 측정하여 위치를 결정하는 반면 GPS 측위는 두 변의 길이를 측정하므로 미지의 점의 위치를 결정한다는 것이 삼각측량과의

Pri=ρi+c·ρΔTb
(Pri=i번째 위성과 수신기의 의사거리, ρi=실제거리 c=빛 속도, ΔTb=수신기 시계 바이어스 오차, Rj=의사거리)

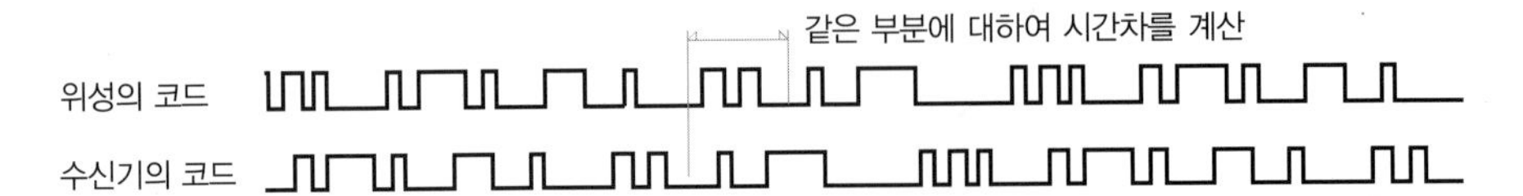

위성신호 확인 방법

차이점이라 할 수 있겠다. 즉 전형적인 측량방법은 두 변의 각과 길이로, GPS 측량은 두 변의 길이로서 측위를 할 수 있다.

측위를 위해서는 위 측량 방법을 기초로 삼각법을 이용한 GPS 위성 위치와 GPS 수신 기간의 거리를 알아야 한다. 앞 페이지의 그림(위성신호 확인 방법)과 같이 위성에서 L1(1575.42MHz) 주파수에 C/A코드를 실어 반송하고, 수신기에서도 위성의 신호와 똑같은 코드를 발생하여 수신된 위성코드와 비교 후 위성의 신호가 수신기에 도착되는 소요 시간을 측정한다. 위성신호의 속도(빛 속도)로 위성과 수신기간의 의사거리(pseudo range)를 측정하게 되면 i번째 위성과 수신기와의 거리가 계산되며, 4개의 위성을 관측하여 거리를 계산하면 수신기의 위치를 측정할 수 있다.

GPS 오차

GPS 측위오차는 다음 세 가지, 즉 거리오차, 위성의 배치상황에 따른 기하학적인 오차 증가, 그리고 미 국방성이 실시하는 선택적 이용성에 의한 오차로 구분된다.

구조적인 요인에 의한 거리오차

거리오차(Range Error)는 위성과 수신 기간의 측정된 거리의 오차를 의미하며, 약 5~10m 정도이다. 오차는 다음과 같은 요인에 의해 발생한다.

1) 위성시계의 오차

위성에 탑재된 원자시계의 오차로부터 발생하는 오차이나, 다행히 위성시계의 오차는 어느 정도 예측이 가능하므로 주관제국에서 이를 조정함으로써 최소화하고 있다.

2) 위성궤도의 오차

위성의 궤도는 모니터국이 취득한 데이터를 바탕으로 예측하여 그 파라미터를 위성이 코드정보와 함께 방송하도록 관제하고 있다. 그러나 예측된 궤도와 실궤도 사이에는 차이가 생기며, 이에 따라 거리오차가 발생한다.

3) 대기권의 전파지연

위성의 고도가 20,000km 정도가 되므로 신호가 위성을 통과하여 수신기까지 오는 동안 대기권을 이루는 전리층과 대류권을 통과하게 되는데 이때 생기는 전파지연(delay) 때문에 오차가 생긴다. 특히 전리층에서의 전파지연은 전리층의 전자활동이 활발한 경우에는 커지고, 활동이 미약한 자정 무렵에는 작아지며, 그 차가 일별, 계절별로 상당한 격차를 보인다. 주관제소에서는 상기 지연량들을 예측하여 코드정보와 함께 방송하므로, 수신기는 측위 계산 시 이를 보정하여 위치오차를 줄이고 있다.

4) 수신기에서 발생하는 오차

수신기에서 발생하는 전자파적 잡음(noise)이나, 전파의 다중경로(multipath) 등으로 인하여 거리오차가 발생한다. 이와 같은 거리오차는 위성의 배치상황에 따른 기하학적인 요인과 어울려 최종적으로 위치의 오차로 나타나게 된다.

위성의 배치상황에 따른 기하학적 오차의 증가

측위 시 이용되는 위성들의 배치상황에 따라 오차가 증가하게 되는데, 이는 육상에서 독도법으로 위치를 낼 때와 마찬가지로 적당한 간격의 물표를 선택하여 독도법을 실시하면 오차삼각형이 적어져서 위치가 정확해지고, 몰려 있는 물표를 이용하는 경우 오차삼각형이 커져서 위치가 부정확해진다. 마찬가지로 위성 역시 적당히 배치되어 있는 경우에 위치의 오차가 작아진다. 다음 그림과 같이 GPS 수신기는 관측된 데이터를 이용하여 PDOP(Position Dillution of Precision)를 계산하고, 이를 거리오차에 곱하면 측위오차가 된다. 즉 거리오차×PDOP=측위오차가 된다. 따라서 대부분의 수신기는 PDOP가 작은 위성의 조합을 선택하여 측위계산을 하고 이를 표시하도록 설계되어 있다. 최근 수신기의 성능이 좋아서 PDOP가 3인 경우 위치오차는 대략 15m CEP(Circular Error Probability), 즉 50% 오차확률의 범위에서 평면으로 약 15m 정도이다.

선택적 이용성에 의한 오차

미 국방성의 정책적 판단에 의하여 오차를 일부러 증가시킨 것으로, 미 국방성이 이를 인위적으로 늘리고 있는데, 이것이 선택적 이용성에 의한 오차이다. 즉 미 국방성이 인가한 사용자만이 선택적으로 사용할 수 있다는 의미로 선택적 이용성(selective availability, SA)인 것이다. SA 실시 시 오차는 100m 2dRMS가 된다. 미국의 연방항법플랜에 의하면 GPS 측위오차는 여하한 경우든 100m 2dRMS를 넘지 않도록 한다고 공시되어 있어, 항법에 이용하는 한 큰 문제는 없으나, GIS 데이터의 취득이

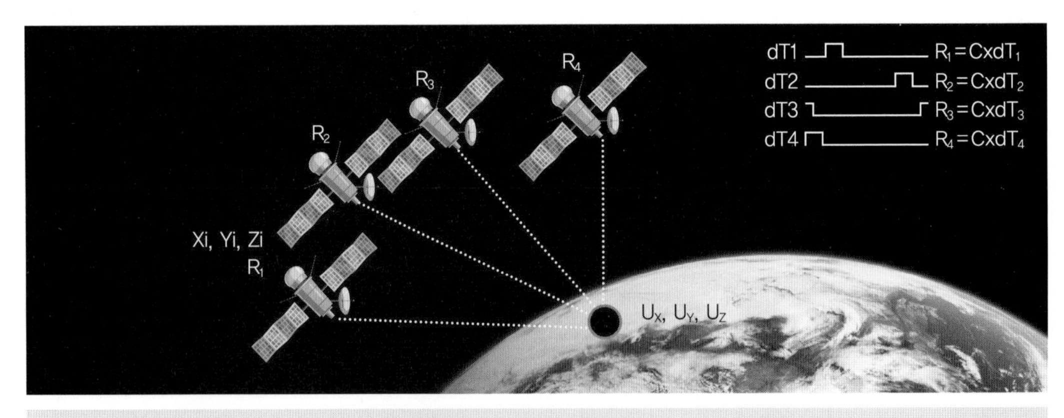

GNSS 수신 신호의 시간차

나 측량에서와 같이 수 cm에서 수 mm의 정밀도로 위치를 구해야 하는 경우에는 단독측위가 아닌 상대측위를 실시한다. 여기서 측위오차가 100m 2dRMS 이내라는 것은 '100m twice the root mean square horizontal error'의 약어로 평면에서 95% 오차확률의 범위 내에서 위치오차가 100m임을 의미한다.

GPS 오차 종류 및 크기

오차원인	크기(meters)
위성궤도오차	0.57
위성시계오차	1.43
전리층 지연	7.00
대류층 지연	0.25
수신기 잡음	0.80

구분	크기(meters)		2001년 Field test 결과
	With SA	Without SA	(보장되지 않음)
수평오차 (95%)	100 m	13 m	4 m

GPS 개요의 선택적 이용성에 의한 오차 내용 중 수평오차와 수직오차 구분 GPS 개요의 선택적 이용성에 의한 오차 내용 중 SA 제거 이후 오차

들어가면서

드론 사진측량

드론을 이용하여 촬영한 데이터를 분석하고 가공하여 필요한 기초자료를 얻기 위해서는 다양한 과정이 이루어져야 한다. 이러한 과정을 데이터를 얻기 위한 드론을 이용한 '비행촬영 과정'과 촬영한 데이터를 분석하기 위한 '처리 및 분석 과정', 그리고 분석한 데이터를 이용한 '공간정보 제작 과정'으로 나눌 수 있다. 특히 '비행촬영 과정'에서는 비행 촬영 후 현장에서 영상정합 과정을 속성으로 정합하여 보완 및 재촬영 유무를 결정하는 것이 경제적으로나 시간적으로 작업효율이 높다.

1) 비행촬영 과정

① 우선 촬영지역의 비행 가능 여부를 확인하고 촬영 및 비행 허가(항공기운항스케줄 원스톱시스템, www.onestop.go.kr)를 받아야 한다.

② 승인 후 비행계획 수립을 위해 촬영지역의 지형을 수치지형도, 항공영상, 웹 지도 등을 통하여 지형특성과 고도 등의 정보를 수집한다.

③ 수집한 정보를 바탕으로 비행할 드론의 비행계획 프로그램을 이용하여 비행노선, 해상도, 촬영

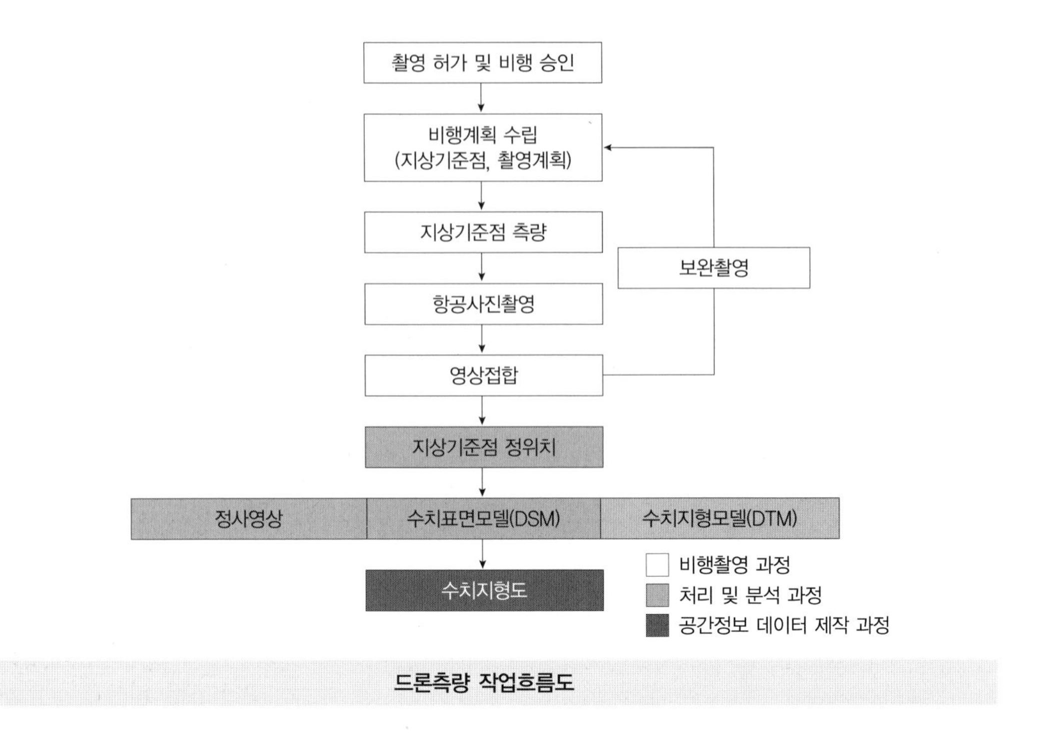

드론측량 작업흐름도

고도, 중복도, 셔터 속도, 간격 등을 고려하여 비행노선프로젝트를 작성한다. 이는 특히 촬영영상의 품질과 직결되는 중요한 요소이다.

(1) 드론 영상의 품질

촬영사진(영상)의 품질은 드론의 비행고도와 촬영기기의 품질에 좌우된다. 촬영 시 사진의 품질을 결정하는 공간 해상도(spatial resolution)와 지상 해상도(ground resolution)를 판단하는 기준으로는 지상표본거리(ground sample distance, GSD)를 구하여 판단할 수 있다.

일반적으로 지상표본거리와 픽셀(pixel) 및 렌즈의 초점거리(f), 드론의 비행고도(H)에 따른 관계를 비례식으로 표시하면 다음과 같이 나타낼 수 있다.

$$\text{GSD} : \text{Pixel} = \text{H} : \text{f}$$
$$\text{GSD} = (\text{Pixel Size} \times \text{Fligth Height})/\text{초점거리(f)}$$

비행고도는 지상표본거리와 밀접한 관계가 있다. 위 지상표본거리 식을 유도하면 다음 식과 같다.

$$\text{비행고도(Flight Height)} = \text{GSD 초점거리(f)}/\text{픽셀 크기(Pixel Size)}$$

여기서 비행고도는 설계(계획) 비행고도이다. 즉 사진측량 계획단계에서 산정하는 드론의 비행고도이다.

지상표본거리가 10cm이고, 초점거리가 4.5mm이며, 픽셀 크기가 0.00154mm인 상황에서 (설계)비행고도(Flight Height)는 0.1m(GSD) × 4.5mm(f)/0.00154mm(픽셀 크기) = 292m이다. 여기서

292m는 설계상의 비행고도이다.

국내 항공법상 드론의 최대 비행고도는 150m이므로, 150m 이하의 고도에서 사진영상을 찍으면 GSD는 10cm 이하가 되며, 드론에 탑재된 디지털카메라 기능의 향상으로 항공사진의 해상력과 품질이 비행항공영상 이상으로 높아지고 있다.

(2) 비행노선의 간격과 수

드론을 이용하여 촬영 시 항공사진과 동일한 방법으로 사진의 중복도를 주어 촬영한다.

드론은 항공기와 달리 기후와 풍향의 영향을 많이 받아 촬영의 품질이 떨어지는 경우가 많다. 특히 중복률의 경우 영상정합의 중요한 요소로, 중복률이 떨어질 경우 재촬영으로 이어지는 문제가 발생할 수 있다. 일반적으로 항공영상의 중복률(Overlap)은 종중복도(Endlap)가 60%, 횡중복도(Sidelap)가 30%이다(「항공사진측량 작업규정」 제20조). 드론은 항공기보다 기체의 흔들림이나 바람의 영향을 심하게 받기 때문에 중복도를 높이는 것이 좋다. 따라서 드론 사진측량의 경우 일반 항공측량에서의 중복도보다 높은 중복률로 계획하여 비행하는 것이 정합성과 영상품질을 높이는 데 좋다.

우리나라의 「무인비행장치 이용 공공측량 작업지침」 제13조에서는 평탄한 저지대 지역에서 종중복도 65% 이상, 횡중복도 60% 이상을 제시하고 있다. 한편, 일본은 드론 사진측량 작업규정에서 산지와 평지가 함께 있는 복합지형을 기준으로 종중복도를 80% 이상, 횡중복도를 60% 이상을 추천하고 있다.

항공 및 드론 사진측량 등 지도 제작을 위한 측량용 사진은 반드시 입체쌍(pair) 사진이어야 한다. 입체쌍 사진은 중복도가 높아질수록 항공삼각측량에 필요한 접합점(tie point) 확보가 높아지고 정밀도가 높아지는 장점이 있으나 획득(촬영)된 영상의 메모리 용량이 높아지는 단점이 있어 비행계획을 새로이 수립해야 하는 단점이 있다. 따라서 조사지역의 지리적 환경, 기상환경에 따라 적절한 중복도를 수립하는 것이 중요하다.

드론 사진측량을 위한 비행계획에 의해 조사지역의 비행노선을 계획할 때는 드론의 노선 간격과 수를 계산해야 한다. 비행노선 간격(SP)과 노선 수는 다음 식과 같다.

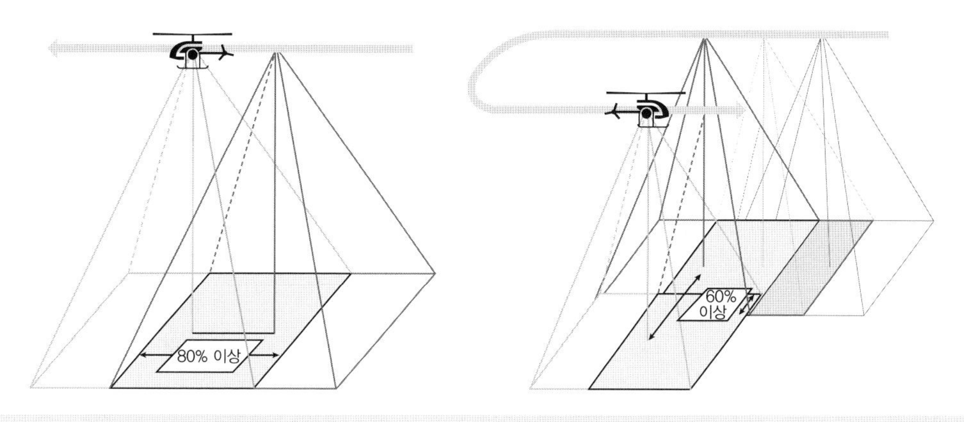

드론의 종중복도 및 횡중복도

지상기준점(GCP) 설치 및 측량

비행노선 간격(SP) = 가로 폭(W) × [(100 − 횡중복도[%])/100]

비행 노선 수(NFL) = [가로 폭(W)/비행노선 간격(SP)] + 1

만약 촬영영역의 가로길이가 400m이고 세로길이가 300m인 지역의 종중복도 80%, 횡중복도60%로 드론 노선을 계획한다면 간격(SP)는 400m × (100 − 60)/100 = 160m이다. 또한 비행노선 수(NFL) = (400m/160m) + 1 = 3.5이다. 이때 소수 값이 나오면 올림으로 계산하여 비행노선 수를 결정한다.

다음으로 촬영계획이 수립되면 지상기준점(Ground Control Point, GCP)을 설치하고 측량을 실시한다. 이때 지상기준점은 현장의 지형지물을 이용하거나 또는 정밀측정을 위해 지상기준점을 설치하여 측량한다. 항공사진측량에서는 지상기준점을 대공표지(signal for aerial survey)라 한다.

「항공사진측량 작업규정」 제2조 2호에서 '대공표지'란 항공삼각측량과 세부도화 작업에 필요한 지점의 위치를 항공사진상에 나타나게 하기 위하여 그 점에 표지를 설치하는 작업으로 정의되어 있다.

지상기준점 측량이 끝나면 계획 및 비행프로그램에서 작성한 비행프로젝트를 현장에서 지형여건, 날씨, 풍향에 따라 비행계획을 수정해야 한다. 특히 지형의 특성에 따라 무인항공기와의 통신 가능거리, 바람의 강도에 따른 비행 가능 유무 및 배터리 예상소모량 산정, 시간에 따른 태양 위치와 그늘방향 등을 고려하여 비행계획을 수립해야 한다.

드론의 비행에 있어 가장 중요한 것은 안전이다. 이를 위해 현장에서 충분한 사전 준비가 필요하며, 사용 드론의 성능을 충분히 인지하고 비행해야 한다.

특히 고정익 드론의 경우 회전익 드론과 달리 이착륙 장소의 선정과 풍속 및 풍향 등이 고려되어야 한다. 드론 비행 시 고려사항은 다음과 같다.

- 이륙 및 착륙 또는 수동착륙을 위한 위치지역을 선정한다. 특히 고정익의 경우 선회 위치지역을 선정하여 비상 또는 수동착륙 시 조종자가 조정할 수 있는 준비 시간을 주는 것이 좋다.

- 이륙 및 착륙 시 배터리 소모량과 비행 촬영시간 외에 복귀 가능한 충분한 배터리 양을 고려해야 한다. 특히 이륙 시 계획된 촬영고도로 상승할 때 가장 많은 양의 배터리가 소모되고 비행 시 풍속에 따라서도 배터리 소모량이 많은데 이를 고려하지 않을 경우 추락으로 인한 인명피해와 장비의 파손, 화재 등의 2차 사고가 발생할 수 있다.
- 풍속에 따른 비행 가능 유무를 결정해야 한다. 일반적으로 무인항공기는 풍속에 따른 비행 가능 성능이 모두 다르다. 따라서 무인항공기가 비행 가능한 풍속을 파악하고, 현장 풍속이 비행한계치를 넘을 경우 안전을 위해 비행을 취소하는 냉정한 결정이 필요하다.
- 지형 · 지물의 위치 및 고도를 고려해야 한다. 무인항공기 비행사고의 대부분이 지형 · 지물을 인지하지 못하거나 높이를 파악하지 못하여 비행 중 추락하는 경우가 많다.
- 무인항공기센서 및 통신에 영향을 줄 수 있는 주변 전파방해요소를 체크해야 한다. 특히 회전익의 경우 GPS, 자이로센서, 고도센서, 충돌방지센서 등 많은 기능의 센서들이 내장되어 있는데 다양한 주변 환경에서 나오는 전자파와 자기장 등의 영향으로 무인항공기의 이상 현상이 발생하여 조정불능, 추락으로 인한 사고가 발생할 가능성이 있다.

(3) 비행촬영

촬영은 다양한 형태의 드론에 탑재된 촬영센서를 이용하여 촬영할 수 있다. 측량에 사용되는 드론은 비행 시스템을 가지고 있는 것이 대부분이며 프로그램 상에서 계획을 작성하여 운용한다.

드론 운용 프로그램은 드론을 제작하는 회사마다 노트북 PC, 태블릿 PC, 모바일 기기 및 휴대전화 등과 같은 다양한 방법으로 지원되고 있다.

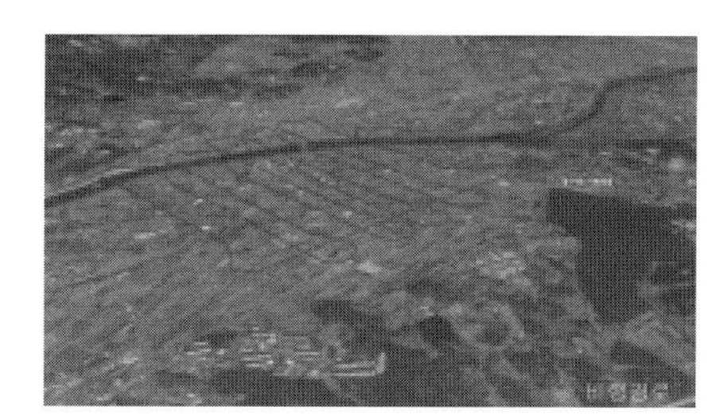

고정익 드론(좌)과 회전익 드론(우)의 비행노선

2) 처리 및 분석 과정

(1) 영상정합

드론에서 촬영된 디지털사진에서 여러 장의 사진유사점 및 동일지점에 대하여 하나의 좌표계에 동일 위치점으로 결정하여 만들어지는 영상처리 과정을 영상정합(image matching)이라고 한다. 데이터처리/가공 소프트웨어에서는 촬영된 사진자료들을 영역기준 영상정합(area-based matching), 형상기준 영상정합(feature-based matching) 등의 여러 가지 수치적 방법으로 정합을 수행한다.

영역기준 영상정합에는 밝기값 상관법(Gray Value Correlation, GVC)과 최소제곱 정합법(Least

형상기준 영상정합의 예(Pix4D Mapper)

Square Matching, LSM)을 이용하는 정합 방법이 있다.

형상기준 영상정합은 점, 선, 면 등의 형상을 각 영상에서 먼저 추출하여 인접형태들과 구분하여 분석한다. 형상 추출은 많은 양의 데이터 처리가 필요하며 형상관련 매개변수 및 정합이전에 결정되어야 하는 임계값(threshold)을 필요로 한다.

형상기준 영상정합은 크게 점을 이용하는 방법과 선을 이용하는 두 가지 방법으로 분류될 수 있

3차원 형상처리 소프트웨어

소프트웨어 명칭	관련 사이트
3D Correlator	http://www.simactive.com/en/correlator3d/photogrammetry-software/features
3DF Zephyr	https://www.3dflow.net/3df-zephyr-pro-3d-models-from-photos/
3dr Site Scan	https://3dr.com/enterprise/features/
Agisoft Photoscan	http://www.agisoft.com/
AgPixel	http://www.agpixel.com/
BladeEdge	http://edgedata.net/bladeedge/
Contextcapture	https://www.bentley.com/ko/products/brands/contextcapture
Datumate	Datumate-http://www.datumate.com/
Drone Data Management System	https://event38.com/drone-data-management-system/
Drone Mapper	https://dronemapper.com/
Drone2Map for ArcGIS	http://www.esri.com/products/drone2map

소프트웨어 명칭	관련 사이트
DroneDeploy	https://www.dronedeploy.com/
Geomatica	http://www.pcigeomatics.com/software/geomatica/professional
Global Mapper for UAV	http://blog.bluemarblegeo.com/2017/03/22/global-mapper-for-uav-operations/ Icaros
OneButton	https://www.icaros.us/onebuttonpro/
Imagestation	http://www.hexagongeospatial.com/products/power-portfolio/imagestation
Imagine UAV(ERDAS Imagine)	https://www.geosystems.de/en/products/imagine-uav/
Maps Made Easy	https://www.mapsmadeeasy.com/
OpenDroneMap	http://opendronemap.org/
Photomodeler	http://www.photomodeler.com/index.html
PhotoScan	http://www.agisoft.com/
Pix4Dmapper Pro	https://pix4d.com/
Precision Mapper	http://www.precisionhawk.com/precisionmapper
Propeller Aero	https://www.propelleraero.com/
Reality Capture	https://www.capturingreality.com
SlantView	http://www.slantrange.com/slantview/
SOCET SET	https://www.geospatialexploitationproducts.com/content/socet-set-v54/
Summit Evolution	http://www.datem.com/
Trimble Inpho UASMaster	https://geospatial.trimble.com/products-and-solutions/inpho-uasmaster
UnlimitedAerial	http://holistic-imaging.com/unlimited-aerial/

출처 : 이강원, 손호웅(2018), '드론 뉴스레터' 중에서 발췌 및 정리

다. 점을 이용하는 방법은 수치화된 영상에서 어떤 영상함수의 특성을 갖는 특정점을 추출하고, 이들 간에 영상정합을 실시하는 방법으로 특정점을 추출하는 방법으로는 Moravec, Hannah, Förstner 등이 각각 제안했는데, 이 중에서 Förstner가 제안한 추출연산자가 가장 많이 쓰인다. 이 연산자는 모퉁이(Corner), 특정점, 원형물체의 중심 등을 추출한다.

(2) 영상기준점 작업

다음 과정으로 3D 공간정보를 구축하기 위해 영상의 값에 좌표값을 등록시켜주는 지상기준점(Ground Control Point) 입력 작업을 시행한다. 영상정합 및 분석프로그램에 따라 차이는 있으나 대부분 영상과 함께 카메라의 외부표정요소 값을 이용하여 영상을 먼저 정합한다. 먼저 정합된 영상에서도 카메라의 위치를 알 수 있는 드론 자체의 GPS 값(X, Y, Z)이 있으며 고가의 드론일 경우 자이로나 IMU장비를 장착하여 개략적인 회전량(ω, ϕ, κ)을 알 수 있다. 하지만 대부분 드론의 이러한 초기

Enabled	Image	Group	Latitude [degree]	Longitude [degree]	Altitude [m]	Accuracy Horz [m]	Accuracy Vert [m]	Omega [degree]	Phi [degree]	Kappa [degree]
☑	DJI_0194.JPG	group1	35.79300708	128.48269117	401.961	5.000	10.000	0.00000	0.00000	170.19575
☑	DJI_0195.JPG	group1	35.79291550	128.48267239	402.261	5.000	10.000	0.00000	0.00000	173.99574
☑	DJI_0196.JPG	group1	35.79266661	128.48263794	402.361	5.000	10.000	-0.09950	0.00994	174.29574
☑	DJI_0197.JPG	group1	35.79239389	128.48260128	402.261	5.000	10.000	0.00000	0.00000	174.19570
☑	DJI_0198.JPG	group1	35.79212758	128.48256683	402.261	5.000	10.000	0.00000	0.00000	173.99569
☑	DJI_0199.JPG	group1	35.79186047	128.48253256	402.361	5.000	10.000	-0.09943	0.01063	173.89567
☑	DJI_0200.JPG	group1	35.79159347	128.48249833	402.361	5.000	10.000	-0.09941	0.01081	173.79566
☑	DJI_0201.JPG	group1	35.79132536	128.48246153	402.361	5.000	10.000	-0.09949	0.01011	174.19564
☑	DJI_0202.JPG	group1	35.79105869	128.48242711	402.361	5.000	10.000	0.00000	0.00000	173.79562
☑	DJI_0203.JPG	group1	35.79078936	128.48239203	402.361	5.000	10.000	0.00000	0.00000	173.79560
☑	DJI_0204.JPG	group1	35.79052311	128.48235667	402.461	5.000	10.000	0.00000	0.00000	173.69557
☑	DJI_0205.JPG	group1	35.79025628	128.48232242	402.461	5.000	10.000	-0.09947	0.01029	174.09556
☑	DJI_0206.JPG	group1	35.78998761	128.48228892	402.461	5.000	10.000	0.00000	0.00000	174.19554
☑	DJI_0207.JPG	group1	35.78971803	128.48225553	402.461	5.000	10.000	-0.09941	0.01081	173.79554

촬영사진의 속성데이터

값은 지도 제작이나 정밀한 공간정보 데이터를 만들기에는 오차가 크다. 특히 영상의 속성정보에 위치정보와 드론의 자세정보가 없을 경우 영상의 스케일에 오차가 발생하기도 하며 영상정합에 많은 시간이 걸리기도 한다.

영상에서 지상기준점 정보와 일체화시키기 위해서는 동일점의 사진에 정확한 위치점을 입력시켜야 한다. 이때 여러 영상에 정확한 위치점을 입력시키는 작업은 작업자의 숙련도와 경험, 영상의 해상도에 따라 정밀도가 차이가 있다.

아래의 그림은 Pix4D Mapper 프로그램 상에서 지상기준점의 위치값(X, Y, Z) 입력과 사진상 위치점을 선정하는 과정을 나타낸 것이다. 이때 여러 사진상의 지상기준점 간 이론적인 오차값(theoretical error)을 산정하여 오차를 판단하고 줄일 수 있다.

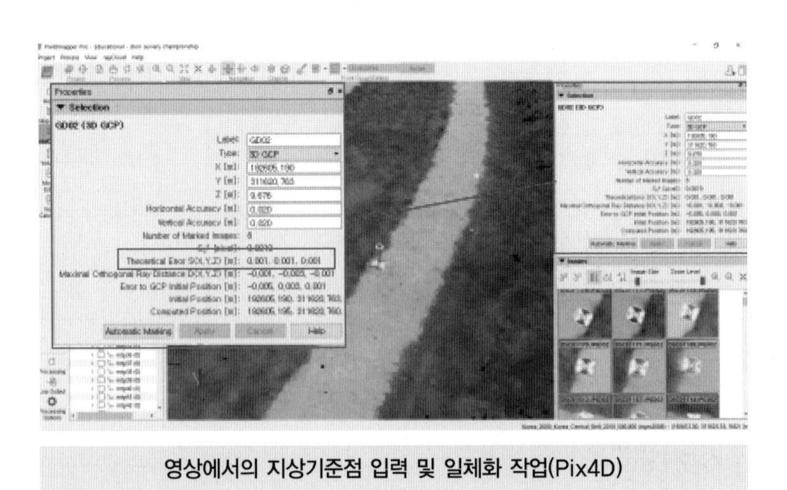

영상에서의 지상기준점 입력 및 일체화 작업(Pix4D)

(3) 3D 공간정보 구축 및 점군 생성

지상기준점 입력 작업이 완료되면 3D 공간정보 기준점들을 최적화(optimize)와 재일체화(rematch)

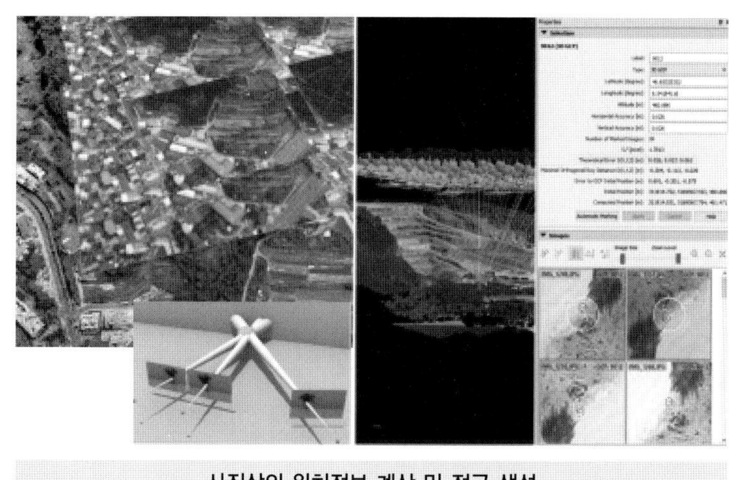

사진상의 위치정보 계산 및 점군 생성

과정을 수행하여 최종 점군(point clouds)자료를 생성하게 된다. 점군은 3D 공간정보에서 일반적으로 좌표(X, Y, Z)로 정의되며 사진상 지형지물의 외부표면을 나타낸다.

(4) 수치표면모델 및 수치지형모델

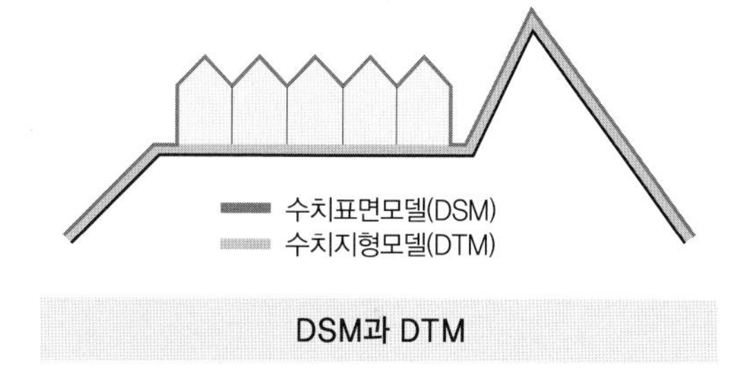

DSM과 DTM

수치표면모델(Digital Surface Model, DSM)과 수치지형모델(Digital Terrain Model, DTM)은 지형의 3차원 점군 분석을 통하여 자동 생성된다. 수치표면모델(DSM)은 인공지물(건물 등)과 지형지물(식생 등)의 표고값을 함께 나타내며 3D 시뮬레이션, 경관분석, 산림관리 등에 사용된다. 수치지형모델(DTM)은 수치표고모델(Digital Elevation Model)과 유사한 뜻으로 사용되며 수치표면모델에서 인공지물 및 식생 등과 같은 표면의 높이를 제거한 자료를 말한다.

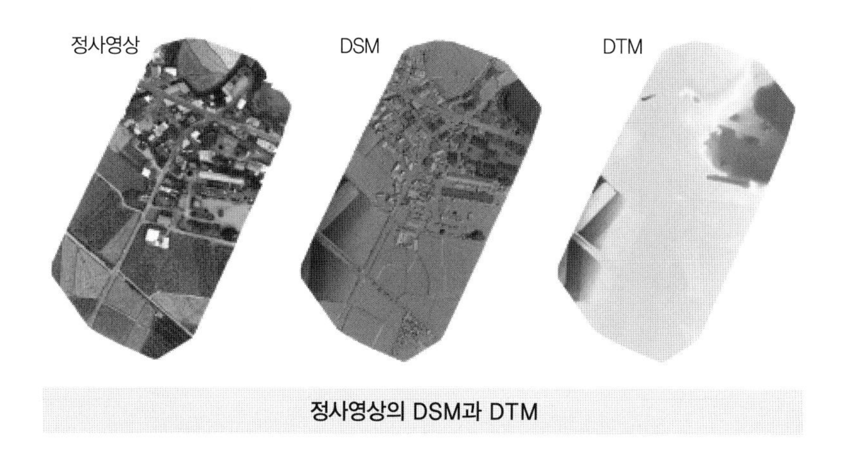

정사영상의 DSM과 DTM

(5) 수치표고모델

수치표고모델은 측량데이터에 의한 높이값을 표현하는 일반적인 용어로서 DEM(Digital Elevation Models)이라고 한다. 식생과 인공지물을 포함하지 않는 지형만의 표고값을 나타내며, 수중지형의 높이값을 제외한 물표면의 표고값까지만 표현된다.

(6) 정사영상의 제작

정사영상이란 항공영상, 인공위성영상, 드론영상 등의 영상정보에 대하여 높이차나 기울어짐 등 지형 기복에 의한 기하학적 왜곡을 보정하고 모든 물체를 수직으로 내려다보았을 때의 모습으로 변환한 영상으로 일정한 규격으로 집성하여 좌표 및 주기 등을 기입한 영상지도를 말한다.

정사영상은 드론 촬영영상, 카메라 검정 자료, 지상기준점 정위치, 수치표고모델 자료를 이용하여 제작한다. 정사영상은 촬영한 드론 사진별로 제작하게 되는데 전체 지역을 하나의 영상으로 제작하기 위해서 각 사진별 정사영상의 외곽 부분을 왜곡이 발생하지 않도록 절단한 후 전체 영상을 하나의 영상으로 만든다. 이를 모자이크(mosaic) 영상이라 한다. 모자이크 영상은 각 사진을 부분그룹으로 모자이크 작업하고 부분그룹이 하나의 정사영상으로 제작된다. 제작된 영상은 형태 및 색상에 대한 검수를 통해 왜곡이 심한 영상의 경우 모자이크 영상에 대해 수정편집 작업을 할 수 있으며 최종 정사영상을 완성할 수 있다.

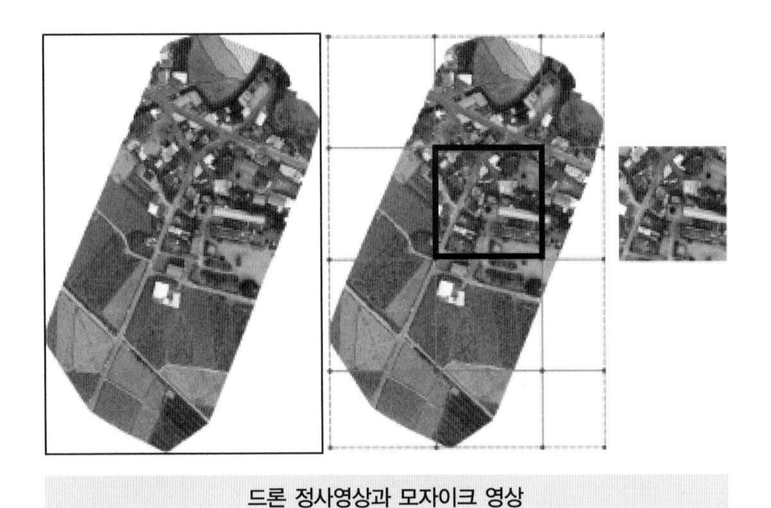

드론 정사영상과 모자이크 영상

3) 공간정보 제작 과정

항공촬영 및 영상처리 과정을 거쳐 만들어진 정사영상과 수치표면모델, 수치지형모델 데이터를 이용하여 형황평면도나 수치지형도와 같은 공간정보 기초데이터를 제작할 수 있다. 국가기본도를 만드는 지형도 및 수치지형도의 경우 시험적용 및 사용연구 사업이 진행 중에 있으며 법제화 및 검증 사업도 진행 중에 있다.

또한 다양한 분야에서 드론의 기술적 접목과 사업화 진행 중에 있다. 특히 국공유지 불법점유, 사

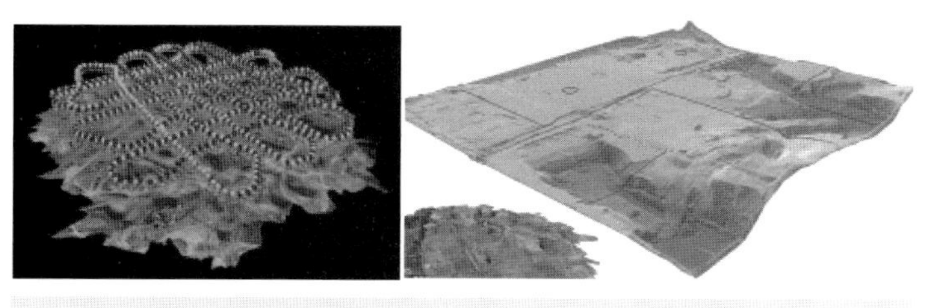

드론 측량을 이용한 산업단지 측량 및 토공량 산출의 적용

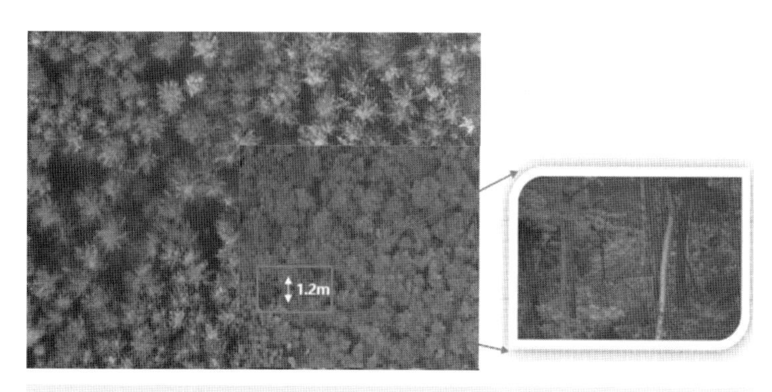

드론 정사영상을 이용한 소나무재선충병 예찰

전조사 및 측량기본계획, 하상변동조사, 지작물 조사, 토공량 산출, 산림조사, 농업, 통계 등에 사용하고 있으며 앞으로 더욱 다양한 분야로 확대될 것으로 예상된다.

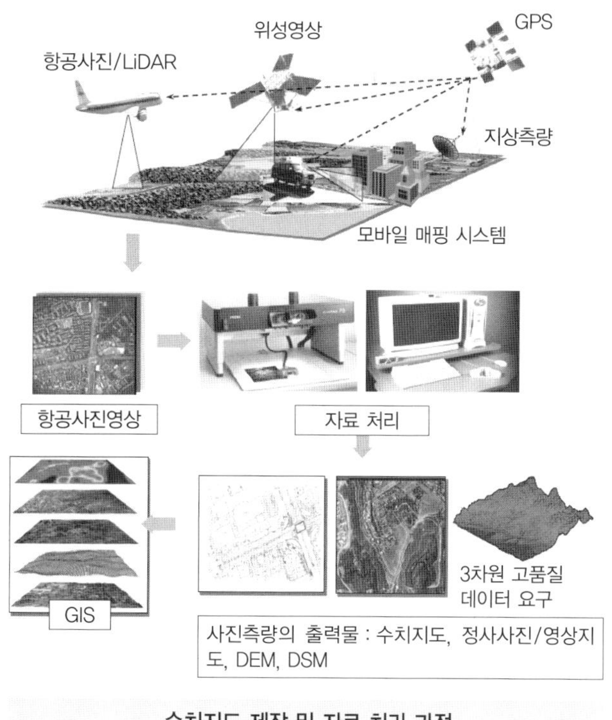

수치지도 제작 및 자료 처리 과정

수치지형도는 측량 결과에 따라 지표면 상의 위치와 지형 및 지명 등 여러 공간정보를 일정한 축척에 따라 기호나 문자, 속성 등으로 표시하여 정보시스템에서 분석, 편집 및 입력·출력할 수 있도록 제작된 지도를 말한다.

수치지도 제작 방법은 지상측량에 의한 방법, 디지타이징/벡터라이징을 통한 제작 방법, 항공사진측량을 이용한 제작 방법, 고해상도 인공위성을 이용한 제작 방법, 라이다(Lidar)

지도의 종류

종류	설명
지도	「측량 · 수로조사 및 지적에 관한 법률」 지도는 측량 결과에 따라 공간상의 위치와 지형 및 지명 등 여러 공간정보를 일정한 축척에 따라 기호나 문자 등으로 표시한 것을 말하며, 정보처리시스템을 이용하여 분석, 편집 및 입력 · 출력할 수 있도록 제작된 수치지형도(항공기나 인공위성 등을 통하여 얻은 영상정보를 이용하여 제작하는 정사영상지도 포함)와 이를 이용하여 특정한 주제에 관하여 제작된 지하시설물도 · 토지이용현황도 등 수치주제도를 포함한다.
수치지도	지표면 · 지하 · 수중 및 공간의 위치와 지형 · 지물 및 지명 등의 각종 지형공간정보를 전산 시스템을 이용하여 일정한 축척에 의하여 디지털 형태로 나타낸 것을 말한다.
수치지형도	「수치지형도 작성 작업규정」 측량 결과에 따라 지표면 상의 위치와 지형 및 지명 등 여러 공간정보를 일정한 축척에 따라 기호나 문자, 속성 등으로 표시하여 정보시스템에서 분석, 편집 및 입력 · 출력할 수 있도록 제작된 것(정사영상지도는 제외)을 말한다.

에 의한 방법, GPS-VAN에 의한 방법, 그리고 드론을 이용한 방법 등이 있다.

4) 공간정보의 활용

지금까지 드론을 이용한 공간정보의 생성과 제작 과정에 대해 알아보았다. 드론 데이터는 3차원 고품질 데이터이다. 이러한 고품질 데이터를 이용하여 활용 가능한 분야는 다양하며 앞으로 더욱 늘어날 것으로 예상된다. 특히 사회기반시설의 자산관리에 있어 기존 관리방식과 융합 적용된다면 효율성은 더욱 높아질 것으로 예상된다.

최근 2016년부터 국가에서는 드론을 이용한 도로시설물 관리의 효과적인 관리를 위해 연구가 시작되었으며 연구 고도화가 진행 중에 있다. 연구 및 대상시설물로는 교량관리를 위한 3D 모델링, 비탈면 및 도로사면 유실측정, 국공유지 및 도로점용 조사 등이 있다.

3D 모델링 및 교량상태 모니터링

도로사면의 경우 접근하기 힘든 비탈면의 다수에 대해 드론촬영사진으로 생성된 3차원 모델링 데이터를 이용하여 비탈면의 제원(입단면, 경사도 등) 산정 및 3차원 뷰어에서 단일사진의 위치를 확인할 수 있다.

또한 도로와 접한 인접계곡 및 산지의 경우 집중호우 시 산사태가 일어나 토석이 물과 함께 밀려 내려오는 계곡형 토석류와 사면형 토석류 등의 문제가 발생하고 있다.

이러한 토석류는 파괴력이 엄청나 도로파손의 원인이 되며 심각한 피해를 미치기 때문에 사전 예방이 필요하다. 하지만 사람의 접근이 힘든 계곡이사 산지에 위치하고 있어 관측이나 예상이 힘들다.

토석류 발생지역

드론영상을 이용한 토석류 분석

이러한 예상지역 및 피해지역을 드론을 이용하면 면적 대비 시간과 비용이 절감되고 기존 방법에 비해 안전하고 정밀하다는 장점이 있다.

또한 사면의 경우 사람의 접근이 힘들고 붕괴 위험 지역을 드론이 촬영 및 분석하여 더욱 세밀한 현황 및 단면 정보를 얻을 수 있으며, 사면 파괴에 의한 피해규모 산정 등에 활발히 사용되고 있다.

이밖에 산업 분야에서도 드론을 이용한 응용 솔루션 기술이 점차 확대되고 있다. 그 예로 화력발전소의 석탄연료장 물량관리와 제철소의 고철물량 파악을 위한 비중 산정 등에도 사용되고 있다.

농업 분야에서는 인력을 대체할 수 있는 수단으로 농작물병충해 모니터링, 작물제배현황통계조

사면조사 방법

드론을 이용한 사면조사 및 분석

사, 농약살포 등 관리와 방재수단으로 사용되고 있다.

향후 드론산업은 탑재 센서의 발전과 인공지능, 드론자율주행기술 등의 발전과 융복합으로 다양한 곳에 접목되고 활용될 것으로 판단되며 산업성장에 주도적인 역할을 할 것으로 보인다.

드론을 이용한 고철체적 산정 분석

드론 사진측량자료 처리

드론을 이용한 사진측량 작업과정은 흐름도[1]로 간략히 정리할 수 있다. 아래의 흐름도는 '드론 사진측량'의 영상 취득에서 활용에 이르기까지의 과정을 나타낸 것이다. 드론 사진측량은 촬영계획 수립, 지상기준점 측량, 드론 사진촬영, 데이터 보정 등의 과정을 통하여 수치표고모델, 수치지도, 정사영상 등을 제작함으로써 '공간정보'를 구축할 수 있다.

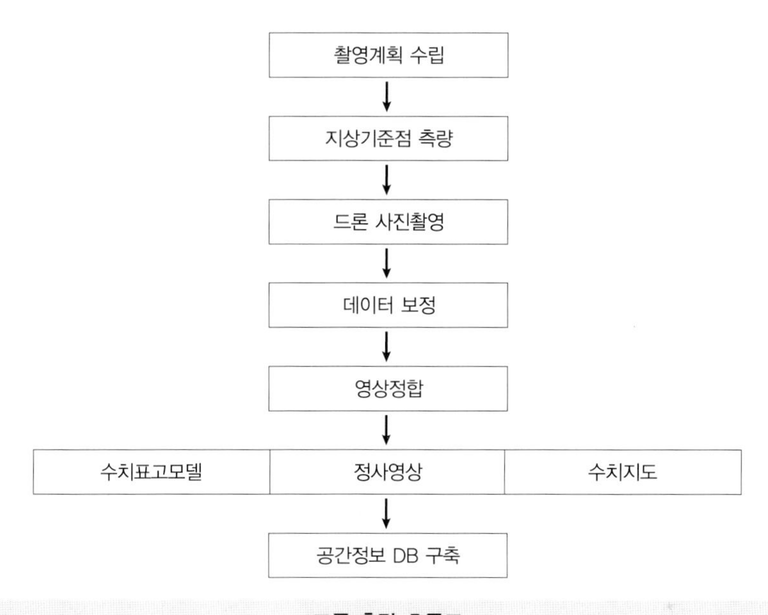

드론 측량 흐름도

우선 드론촬영을 위해서 촬영계획을 수립하게 되는데, 이때 촬영지역, GSD, 촬영 고도, 중복도, 셔터 속도, 비행노선 간격 설정 등을 한다. 드론 사진촬영 시에는 바람의 영향을 고려한 이륙 및 착륙 절차 수립, 촬영 실시간 모니터링, 착륙 후 메모리 수거 및 촬영한 자료에 대한 백업을 실시한다.

다음으로 촬영 영상에 대한 후처리 작업을 수행하게 되는데, 우선 드론 카메라에 대한 왜곡량 보정을 수행한다. 왜곡량 보정 시 카메라 초점거리, 주점좌표도 필요시 보정해준다. 드론에 사용되는 카메라는 비항측용 카메라이기 때문에 위와 같은 카메라 내부표정요소에 대한 정확한 데이터를 확보해야 후속 영상처리 작업의 정확도를 확보할 수 있다. 카메라 보정이 끝나면 드론으로 획득한 영상, 카메라 검정자료, 비행일지기록 자료, 지상기준점 등을 이용하여 항공삼각측량(Aerial Triangulation, AT) 및 데이터 보정을 수행한다. 항공삼각측량을 수행하게 되면 카메라의 외부표정요소값(X, Y, Z, ω, φ, K)이 추출되고, 이 값은 정사영상 제작, 영상정합, 수치지형도 제작을 위한 입력값으로 사용된다. 영상정합은 항공삼각측량의 사진기준점을 자동으로 추출할 때도 사용하지

1. 무인항공기(드론)를 활용한 도로관리 · 운영 효율화 방안

만 가장 많이 사용되는 것은 수치표고모델 제작에 사용된다. 수치표고모델은 SIFT 영상정합(image matching)을 이용한 자동생성과 기존의 수치지도, Lidar 자료를 이용한 정밀생성 방법 등이 있다. 위의 처리 과정이 모두 끝나게 되면 카메라 검정, 드론 영상, 항공삼각측량, 수치표고모델자료를 이용하여 정사영상 제작이 가능하다. 그 뒤 카메라 검정자료, 드론 영상, 항공삼각측량 성과를 이용하여 수치지도를 제작할 수 있다. 수치지도를 제작하기 위해서는 수치사진측량 시스템(DPW) 장비를 이용하게 되는데, 중복도를 가진 2장의 스테레오(Stereo) 드론 영상을 이용하여 3차원 지형 · 지물을 추출할 수 있다.

계획 수립

촬영계획 수립 단계에서는 드론 촬영을 위한 촬영계획을 수립하며, 촬영지역, GSD, 촬영고도, 중복도 설정 등을 계획한다. 촬영지역은 드론을 이용하여 우선 촬영지역을 선정하고 해당 지역에 대한 배경지도를 다운로드한다.

촬영 대상지가 선정되었으면 영상을 통하여 촬영영역과 이륙 및 착륙지를 설정하고 사전답사를 통하여 촬영영역을 확정한다. 다음으로 촬영 영상의 '지상표본거리(Ground Sample Distance, GSD)'를 결정하고 이를 통하여 최적의 촬영고도를 설정한다.

항공사진에서는 입체시(stereo viewing)를 만들기 위하여 항공사진들 간에 영상이 서로 중첩되도록 하는 중복도를 준다. 비행기를 이용한 항공사진측량에서는 일반적으로 종중복 60%, 횡중복 30%를 표준으로 한다.

하지만 드론 사진측량의 경우에는 비행기보다 낮은 고도로 인한 바람 등의 영향으로 기체의 불안정성이 발생하기 쉽기 때문에 사진과 사진 사이의 중복이 충분히 될 수 있도록 70~90%의 종중복과

60% 횡중복을 촬영 중복도로 주는 것이 일반적이다. 또한 촬영 방향에 따른 촬영기선(Air Base)을 설정한다. 촬영기선은 한 장의 사진촬영점과 다음 사진의 촬영점 사이의 거리로서, 촬영점의 종횡방향에 따라 종기선과 횡기선으로 구분할 수 있다. 촬영 종기선은 촬영 코스 방향에서 전 촬영의 투영중심과 다음 사진의 투영중심 간 거리이며, 촬영 횡기선은 비행노선(스트립) 간 인접사진의 투영중심 간격 또는 촬영경로 간격이다. 촬영기선은 촬영 간격 및 사진 매수 등을 계산할 때 중요한 요소가 된다. 한편, 정밀한 지도 제작을 위해서 필요시 추가로 지상기준점의 수와 위치를 설정하도록 한다.

1) 드론의 비행속도와 셔터속도

드론의 비행속도를 제어 · 통제하는 것은 영상정합에 필요한 종 · 횡 중복도를 유지하는 데 중요하다. 드론이 너무 빨리 비행하면 계획한 종중복도보다 낮은 중복도의 영상들을 얻게 되며, 매우 느리게 비행하면 과도한 중복도의 영상들을 얻게 된다. 두 경우 모두 계획된 품질과 예산에 영향을 주게 된다. 매우 낮은 중복도의 영상으로는 좋은 품질의 입체시를 만들 수 없게 되며 매우 높은 중복도는 과도하게 많은 영상을 획득하게 되므로 드론에 탑재된 영상 저장매체에 저장용량을 예상보다 빨리 채우게 되므로 드론을 귀환시켜 저장매체를 바꾸거나 다른 저장매체에 저장한 후에 다시 사진측량을 이어나가야 하며, 자료 처리에 부하가 걸리게 되므로 시간적으로나 경제적으로 부정적인 영향을 주게 된다.

드론의 비행속도는 카메라의 셔터속도에 영향을 주어 영상 번짐(Image Blurring, 블러링) 등의 영상 왜곡을 가져올 수 있다. 영상의 블러링을 제거하거나 최소화하기 위한 최선의 '경험에 의한 법칙(Rule of Thumb)'은 'GSD의 $\frac{1}{2}$ 거리를 비행하는 드론의 비행시간보다 셔터속도를 빠르게 하는 것'이다. 예를 들어 드론의 비행속도가 10m/s이고 설계(계획) GSD가 10cm인 경우에 GSD의 $\frac{1}{2}$은 $\frac{0.1m}{2} = 0.05m$가 되며, 이로부터 셔터속도를 구하기 위해 10m/s 속도로 나누면, $t = \frac{s}{v} = \frac{0.05m}{10\text{m/s}} = 0.05\text{sec} = 1/200$이 된다. 따라서 영상의 블러링을 제거하거나 최소화하기 위한 적절한 셔터 속도는 1/200초이다.

$$\text{셔터속도} = \frac{\frac{1}{2}GSD}{\text{드론 비행속도}}(s)$$

2) 지상표본거리

72페이지의 그림은 지상표본거리(Ground Sample Distance, GSD)와 이에 대응하는 픽셀 및 렌즈의 초점거리(f)와 드론의 비행고도(H)를 간략히 도시한 것이다. 이들 관계를 비례식으로 표시하면 다음과 같다.

$$H : f = GSD : IIxel$$

따라서 다음 관계식을 유도할 수 있다.

지상표본거리(GSD) = 픽셀 크기 × 비행고도/초점거리(f)

여기서 GSD는 설계 지상표본거리이다.

이상에서 살펴본 지상표본거리(GSD)는 비행계획 단계에서 계획한 설계 GSD이다. 즉 추구하고자 하는 GSD를 얻고자 비행고도 등을 계획한 것이다. 실제 사진촬영을 통하여 획득한 영상에서의 시각적 해상도(l)는 설계 GSD와 차이가 날 수 있다. 따라서 드론으로 촬영한 영상에서의 시각적 해상도(l), 즉 '실제 GSD'를 측정함으로써 계획 단계에서의 '설계 GSD'와 검정할 필요가 있다.

「항공사진측량 작업규정」 제19조에서는 다음과 같이 규정하고 있다.

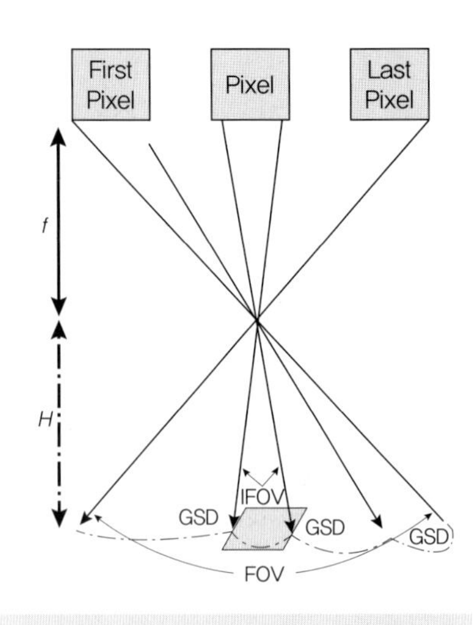

지상표본거리, 픽셀, 초점거리, 드론의 비행고도의 관계도

「항공사진측량 작업규정」 제19조(검정)

① 검정은 검정장을 이용하여 항공카메라의 위치정확도와 공간해상도의 평가 및 이상 유무를 검사하는 것을 말한다.

② 위치정확도 검정은 검정장의 기준점과 검사점에 대한 항공삼각측량 후 위치정확도를 검정하는 것을 말한다. 검사점의 위치정확도는 제56조 2호를 준용한다.

③ 공간해상도 검정은 항공사진에 촬영된 분속도형의 시각적 해상도(l)와 영상의 선명도(c)를 검정하는 것을 말하며 각각 아래의 식으로 계산한다.

시각적 해상도(l)는 $\dfrac{\pi \times \text{직경비}(=\dfrac{\text{내부 직경}(d)}{\text{외부 직경}(D)})}{\text{흑백선수}}$ 으로 계산하고

영상의 선명도(c)는 $\dfrac{\text{시각적 해상도}(l)}{\text{지상표본거리}(GSD)}$ 로 계산한다.

영상의 시각적 해상도, 즉 '실제 GSD' 측정하기 위해서는 일반적으로 시멘스 스타(siemens star) 도형을 이용한다. 시멘스 스타 도형은 외부 직경이 2m인 원에 원의 중심을 기준으로 하여 32개의 흑백선을 부채꼴로 배열한 도형이다.

$$\text{시각적 해상도(실제 GSD) } l = \frac{\pi \times \text{직경비}(=\dfrac{\text{내부 직경}(d)}{\text{외부 직경}(D)})}{\text{흑백선 수}}$$

식에서 볼 수 있듯이 중심부의 흐릿해지는(blurring) 원의 내부 직경(d)에 비례하며, 시멘스 스타의 흑백선 개수(n)에 반비례한다.

다음은 120m의 고도에서 드론으로 찍은 시멘스 스타의 실제 모습이다.

항공에서 촬영된 시멘스 스타

시멘스 스타 도형

예를 들어 시멘스 스타의 내부가 다음과 같이 블러링된 경우

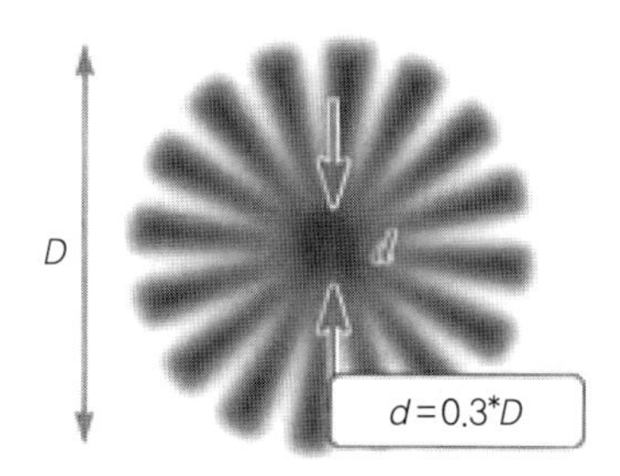

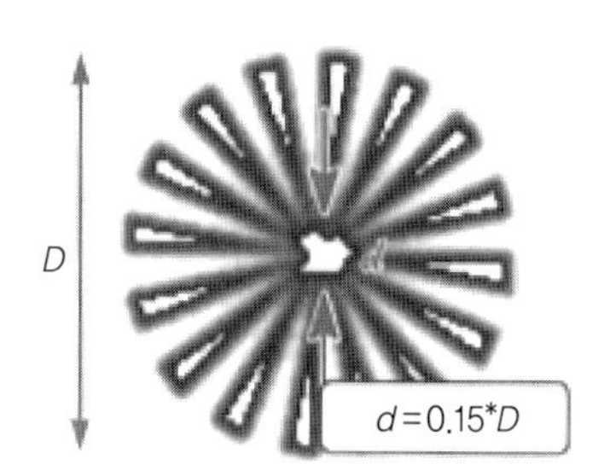

왼쪽은 $l_1 = \frac{\pi \times 0.3D}{32} = 0.03D = 0.03 \times 200\text{cm} = 6\text{cm}$, 즉 시각적 해상도(실제 GSD)가 6cm이며, 오른쪽은 $l_2 = \frac{\pi \times 0.15D}{32} = 0.015D = 0.015 \times 200\text{cm} = 3\text{cm}$로서, 시각적 해상도가 3cm이다. 만약 설계 지상표본거리(GSD)가 3.5m이면, 왼쪽의 선명도[(실제GSD)/(설계GSD)] $c_1 = \frac{6\text{cm}}{3.5\text{cm}} = 1.71$인 반면, 오른쪽의 선명도 $c_2 = \frac{3\text{cm}}{3.5\text{cm}} = 0.86$이다. 즉 왼쪽은 설계 GSD와 시각적 해상도(실제 GSD)의 차이가 약 71%인 반면, 오른쪽은 14% 이내에 들어 왼쪽보다 영상품질이 우수하다고 판단할 수 있다.

촬영되는 카메라 GSD의 물리적 크기와 촬영고도에 따라 지상표본거리는 달라지게 된다. 일반적으로 영상의 한 화소가 나타내고 있는 지상거리의 크기가 작을수록 영상이 선명하게 보이고 영상의 해상도가 좋다고 말한다.

사진영상에서 각 화소(픽셀)가 나타내는 X, Y는 지상거리를 말한다.[「항공사진측량 작업규정」 제2조12호 및 「항공초분광측량 작업규정」 제2조6호]. GSD는 공간 해상도(spatial resolution)의 하나로서, 사진영상의 실제 픽셀의 사이즈, 즉 영상 내의 두 픽셀 사이의 실제 지구상에서의 거리를 뜻한다. 물체를 구분할 수 있는 거리이므로 간단히 분해능 또는 지상해상력이라고도 한다.

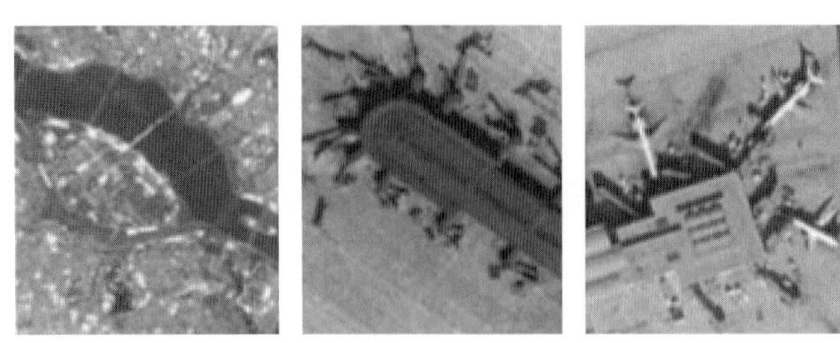

영상의 해상도가 좋아지면 영상상의 지형지물 식별 능력이 향상된다.
Landsat TM(30cm) IKONOS Pan(1m) Quickbird(61cm)

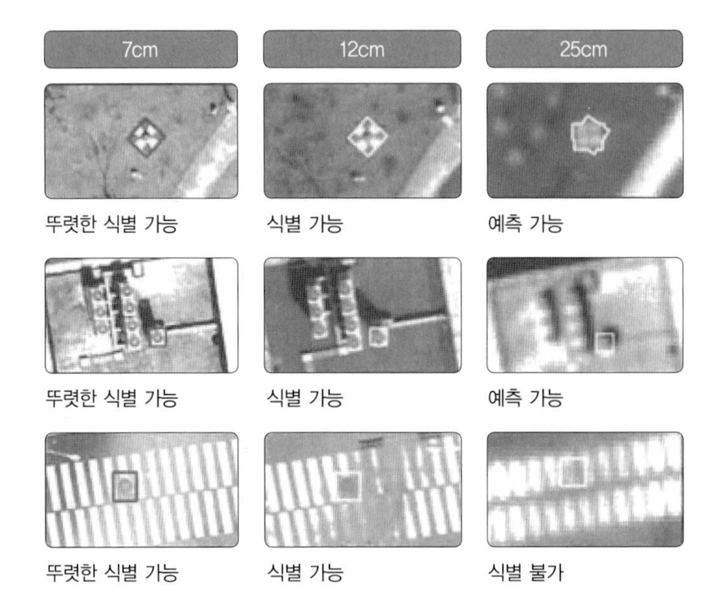

「항공사진측량 작업규정」 제13조 제3항에서는 도화축척, 항공사진축척 및 지상표본거리의 관계를 다음과 같이 정리하고 있다.

도화축척, 항공사진축척, 지상표본거리와의 관계

도화축척	항공사진축척	지상표본거리
1/500~1/600	1/3,000~1/4,000	8cm 이내
1/1,000~1/1,200	1/5,000~1/8,000	12cm 이내
1/2,500~1/3,000	1/10,000~1/15,000	25cm 이내
1/5,000	1/18,000~1/20,000	42cm 이내
1/10,000	1/25,000~1/30,000	65cm 이내
1/25,000	1/37,500	80cm 이내

3) 드론의 비행고도

위의 지상표본거리(GSD) 식으로부터 다음의 식을 유도할 수 있다.

비행고도 = GSD × 초점거리(f)/픽셀 크기

여기서 비행고도는 설계(계획) 비행고도이다. 즉 드론 사진측량 계획단계에서 산정하는 드론의 비행고도이다.

지상표본거리가 10cm이고, 초점거리가 4.5mm이며, 픽셀 크기가 0.00154mm인 상황에서 (설계) 비행고도는 0.1m(GSD) × 4.5mm(f)/0.00154mm(픽셀 크기) = 292m이다. 여기서 292m는 설계상의 비행고도이다. 국내 항공법상 드론의 최대 비행고도는 150m이므로, 150m 이하의 고도에서 사진영상을 찍으면 GSD는 10cm 이하가 됨을 가늠해볼 수 있다.

4) 사진영상의 지상면적 계산

지상 폭(W) = 렌즈의 폭 픽셀 수 × 지상표본거리(GSD)
지상 세로거리(H) = 렌즈의 높이 픽셀 수 × 지상표본거리(GSD)
지상면적(A) = 지상 폭(W) × 지상 세로거리(L)

위 드론의 비행고도 산정 과정에서 렌즈의 폭 픽셀 수가 4,000픽셀, 렌즈의 높이 픽셀 수가 3,000픽셀이라면, 지상 폭(W)은 4,000픽셀 × 10cm(GSD, cm/픽셀) = 400m가 되며, 1개의 영상에 해당하는 지상의 높이(세로 길이 H)는 3,000픽셀 × 10cm/픽셀 = 300m가 된다. 즉 1개의 영상에 해당하는

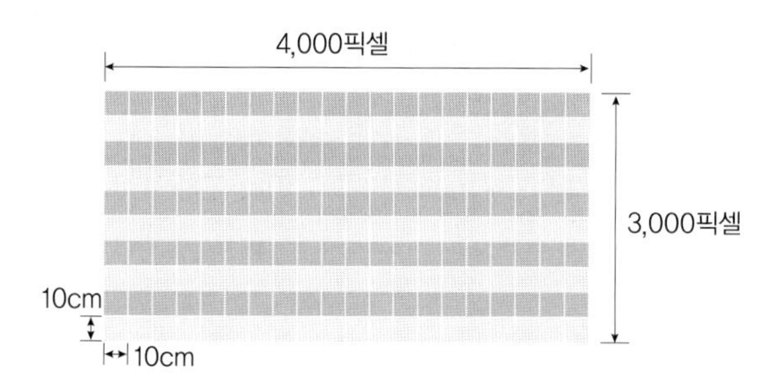

획득 영상의 구성 및 지상표본거리(GSD)의 예

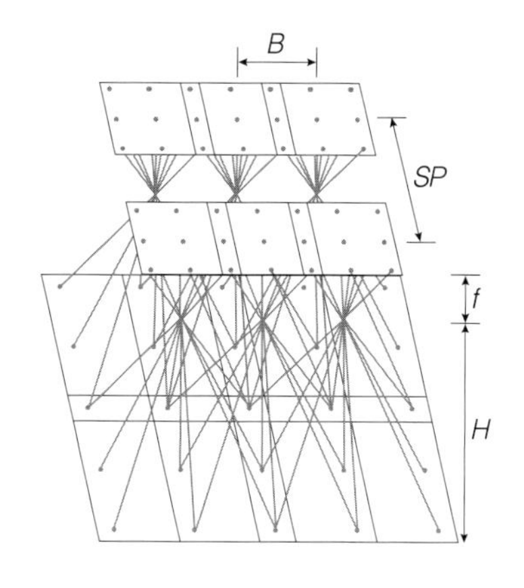

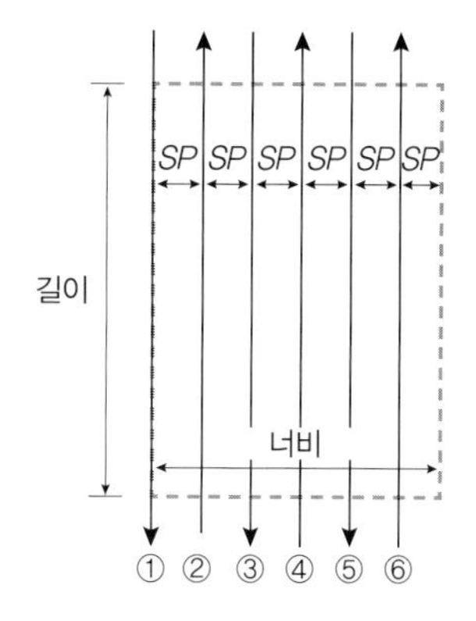

드론 사진측량에서 획득한 영상의 구성

※ B : 촬영기선, SP : 비행노선 간격, f : 초점거리, H : 비행고도

지상면적은 $A = 12 \times 10^4 m^2 = 0.12 km^2$로, 이는 드론 사진측량 계획(설계) 단계에서 예상되는 값이다.

5) 비행노선 간격

$$\text{비행노선 간격(SP)} = \text{가로 폭(W)} \times [(100 - \text{횡중복도}[\%])/100]$$

조사지역의 가로 폭은 400m, 세로 길이는 300m인 상황에서 만약 종중복도 75%, 횡중복도 50%의 중복도로 사진측량을 계획한 경우, 비행노선(Strip) 간격(SP)은 = 400m × (100 − 50 [%])/100 = 200m 이다.

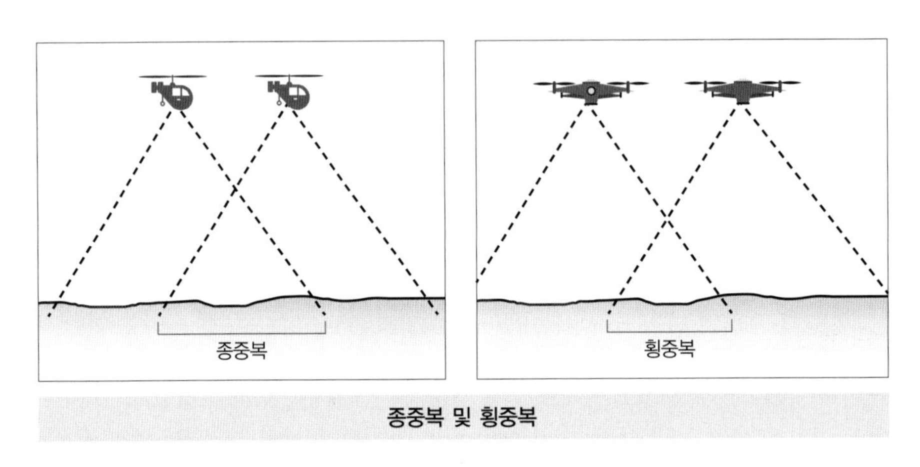

종중복 및 횡중복

6) 비행노선 수

$$\text{비행노선 수(NFL)} = [\text{가로 폭(W)}/\text{비행노선 간격(SP)}] + 1$$

※ 소수값으로 나오면 0.5를 더하고 반올림한 정수값으로 한다. 예를 들어 6.2가 나오면 7로 한다.

위의 상황에서 비행노선 간격이 200m인 경우 비행노선 수(NFL) = (400m/200m) + 1 = 3이다.

7) 촬영기선

$$\text{촬영기선(B)} = \text{지상의 세로거리(H)} \times [(100 - \text{종중복도}[\%])/100]$$

위의 상황에서 지상의 세로거리는 300m이며, 종중복도는 75%이므로 촬영기선(B) = 300m × (100 − 75[%])/100 = 75m이다.

8) 비행노선당 사진 매수

$$\text{비행노선당 사진 매수(NIM)} = [\text{지상의 세로거리(H)}/\text{촬영기선(B)}] + 1$$

※ 소수값으로 나오면 0.5를 더하고 반올림한 정수값으로 한다. 예를 들어 6.2가 나오면 7로 한다.

위의 상황에서 비행노선당 사진 매수(NIM) = (300/75) + 1 = 5이다.

9) 총 사진 매수

사진 매수는 작업시간, 비용은 물론 비행계획, 저장매체 용량 등을 결정하는 데 영향을 주는 중요한 요소이다.

$$총\ 사진\ 매수(TNIM) = 비행노선\ 수(NFL) \times 비행노선당\ 사진\ 매수(NIM)$$

위의 상황에서 총 사진 매수(TNIM) = 35

10) 셔터 간격

셔터 간격은 비행노선을 비행하면서 사진촬영을 하는 시간간격을 말한다. 비행기가 사진촬영 노선을 지그재그로 비행하므로 선회하는 과정도 있으므로 여기서의 셔터간격은 계획상의 사진촬영 시간간격이며, 가능하면 계산 수치보다 낮추는 것이 유리하고 이렇게 함으로써 계획보다 조금 많은 사진을 촬영할 수 있다. 위의 '예제'에서 셔터 간격(SI) = (400m/10m/s)/5 = 8, 즉 최대 8초 간격으로 사진을 찍는 것을 추천할 수 있다.

지상기준점 측량

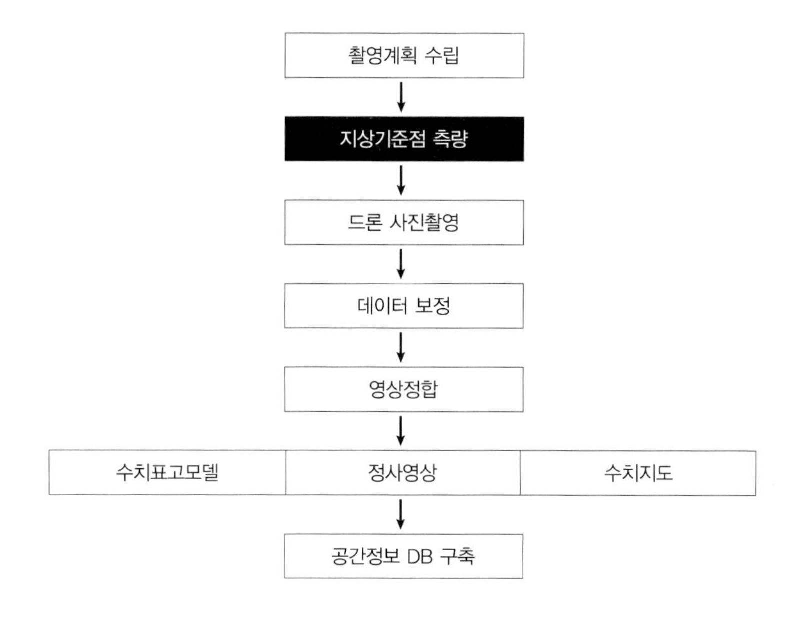

1) 대공표지의 설치[2]

대공 표지의 설치는 표정점 및 검사점의 사진좌표를 측정하기 위해 표정점 및 검사점에 임시 표지판을 설치하는 작업을 말한다.

2. 이강원 · 손호웅 · 김덕인(2016), 드론 원격탐사 · 사진측량, 구미서관

우리나라의「항공사진측량 작업규정」제2조제2호 '대공표지'라 함은 항공삼각측량과 세부도화 작업에 필요한 지점의 위치를 항공사진상에 나타나게 하기 위하여 그 점에 묘지를 설치하는 작업을 말한다. 대공표지는 합판, 알루미늄, 합성수지, 직물 등으로 내구성이 강하여 후속작업이 완료될 때까지 보존될 수 있어야 한다(「항공사진측량 작업규정」제7조) 또한 대공표지는 확대된 항공사진에서 볼 수 있도록 형상, 치수, 색상 등을 선정한다. 대공표지의 모서리 길이 또는 원형의 직경은 5GSD(지상 화소크기, 지상표본거리) 이상으로 하며, 흑백을 표준으로 하고, 상황에 따라 변경될 수 있다.

참고 ▶ 대공표지 관련 규정

「항공사진측량 작업규정」제9조(설치방법) 대공표지의 설치는 다음 각 호의 방법에 의한다.

1. 대공표지는 사전에 토지소유자와 협의하여 설치하는 것을 원칙으로 한다.
2. 설치장소는 전정으로부터 45도 이상의 시계를 확보할 수 있어야 하며, 식별이 용이한 배경을 선택하여야 한다.
3. 지상에 적당한 장소가 없을 때에는 수목 또는 지붕 위에 설치할 수 있으며 수목에 설치할 때는 직접 페인트로 그릴 수도 있다.
4. 표석이 없는 지점에 설치할 때는 중심말뚝을 설치하여 그 중심을 표시한다.
5. 대공표지의 보존을 위해 표지판 상 1/3을 이용하여 다음 각 목을 표시한다.
   가. 계획기관명
   나. 작업기관영
   다. 파손엄금
   라. 보존기간(연월일)
6. 대공표지 설치를 완료하면 지상사진을 촬영하고, 대공표지점의 조서를 작성하여야 한다.

대공표지 관련 규정

2) 지상현황측량

지상현황측량이란 평판, 토털스테이션, GNSS 측량기 등을 사용하여 지형 · 지물의 좌표를 관측하여 그 값을 도시하거나 컴퓨터 등 정보기기를 이용하여 수치데이터 형태로 제작하는 것을 말한다.

사진촬영

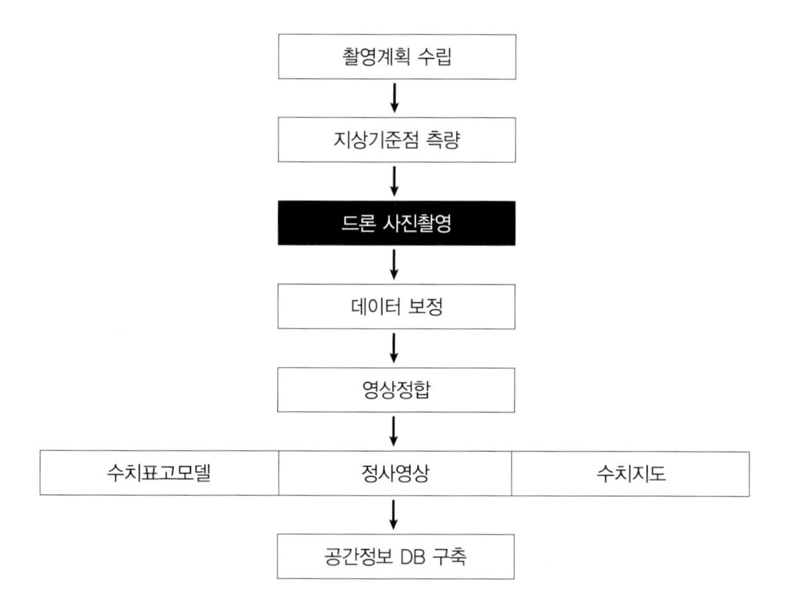

촬영을 할 때는 맞바람의 영향을 고려하여 방향에 따른 이륙절차를 수립하여 수행하고 자동항법에 의한 촬영을 수행한다. 작업자는 실시간 모니터링 시스템을 통하여 드론의 상태와 촬영 진행 상황을 확인한다. 촬영이 끝나면 이륙절차와 마찬가지로 방향에 따른 착륙절차를 수행하고 착륙이 완료되면 메모리 점검 및 촬영 항공영상과 촬영 로그데이터를 확보한다.

드론 촬영을 위해서는 촬영계획을 세우게 되는데, 촬영하고자 하는 지역에 대하여 촬영고도, 촬영방향, 코스, 촬영 중복률 및 지상해상도 등을 설계에 반영하여 촬영계획을 세운다.

1) 사진촬영

사진촬영 시 고려할 사항	① 높은 고도에서 촬영할 경우는 고속기를 이용하는 것이 좋다. ② 낮은 고도에서의 촬영에서는 노출 중의 편류에 의한 촬영에 주의할 필요가 있다. ③ 촬영은 지정된 촬영경로에서 촬영경로 간격의 10% 이상 차이가 없도록 한다. ④ 고도는 지정고도에서 5% 이상 낮게 혹은 10% 이상 높게 진동하지 않도록 직선상에서 일정한 거리를 유지하면서 촬영한다. ⑤ 앞뒤 사진 간의 회전각(편류각)은 5° 이내, 촬영 시의 사진기 경사(tilt)는 3° 이내로 한다.
노출시간	(1) $T_l = \frac{\Delta S \cdot m}{V}$ (2) $T_s = \frac{B}{V}$ T_l : 최장노출시간(sec) T_s : 최소노출시간(sec) ΔS : 흔들림의 양(mm) V : 항공기의 초속 B : 촬영기선 길이$(B) = ma(1 - \frac{p}{100})$ m : 축척분모수

항공사진이 사진측정학용으로 적당한지 여부를 판정하는 데는 중복도 이외에 사진의 경사, 편류, 축척, 구름의 유무 등에 대하여 검사하고 부적당하다고 판단되면 전부 또는 일부를 재촬영해야 한다.

재촬영해야 할 경우	양호한 사진이 갖추어야 하는 조건
① 촬영 대상 구역의 일부분이라도 촬영범위 외에 있는 경우 ② 종중복도가 50% 이하인 경우 ③ 횡중복도가 5% 이하인 경우 ④ 스모그, 수증기 등으로 사진 상이 선명하지 못한 경우 ⑤ 구름 또는 구름의 그림자, 산의 그림자 등으로 지표면이 밝게 찍히지 않은 부분이 상당히 많은 경우 ⑥ 적설 등으로 지표면의 상태가 명료하지 않은 경우	① 촬영사진기가 조정검사되어 있을 것 ② 사진기 렌즈는 왜곡이 작을 것 ③ 노출시간이 짧을 것 ④ 필름은 신축, 변질의 위험성이 없을 것 ⑤ 도화하는 부분이 공백부가 없고 사진의 입체 부분으로 찍혀 있을 것 ⑥ 구름이나 구름의 그림자가 찍혀 있지 않을 것 ⑦ 적설, 홍수 등의 이상상태일 때의 사진이 아닐 것 ⑧ 촬영고도가 거의 일정할 것 ⑨ 중복도가 지정된 값에 가깝고 촬영경로 사이에 공백부가 없을 것 ⑩ 헐레이션이 없을 것

2) 사진의 특성

(1) 중심투영과 정사투영

항공사진과 지도는 지표면이 평탄한 곳에서는 지도와 사진은 같으나 지표면의 높낮이가 있는 경우에는 사진의 형상이 틀린다. 항공사진은 중심투영이고 지도는 정사투영이다.

구분	내용	그림
중심투영 (Central Projection)	사진의 상은 피사체로부터 반사된 광이 렌즈 중심을 직진하여 평면인 필름면에 투영되어 나타나는 것을 말하며 사진을 제작할 때 사용한다.(사진측량의 원리)	사진 원판면, O, P, P′, 투영양화면, A, P, P′, a, a′, 투영양화의 확대 정사투영과 중심투영의 비교
정사투영 (Orthoprojetcion)	항공사진과 지형도를 비교하면 같으나, 지표면의 높낮이가 있는 경우에는 평탄한 곳은 같으나 평탄치 않은 곳은 사진의 형상이 다르다. 정사투영은 지도를 제작할 때 사용한다.	
왜곡수차 (Distorion)	이론적인 중심투영에 의하여 만들어진 점과 실제점의 변위를 말하며 왜곡수차의 보정방법은 다음과 같다 ① 포로-코페(Porro-Koppe)의 방법 ② 보정판을 사용하는 방법 ③ 화면거리를 변화시키는 방법	

(2) 항공사진의 특수 3점

주점 (Principal Point)	주점은 사진의 중심점이라고도 한다. 주점은 렌즈 중심으로부터 화면(사진면)에 내린 수선의 발을 말하며 렌즈의 광축과 화면이 교차하는 점이다.
연직점 (Nadir Point)	① 렌즈 중심으로부터 지표면에 내린 수선의 발을 말하고 지상연직점(피사체 연직점), 그 선을 연장하여 화면(사진면)과 만나는 점을 화면 연직점(n)이라 한다. ② 주점에서 연직점까지의 거리(mn) = $f \tan i$
등각점 (Isocenter)	주점과 연직점이 이루는 각을 2등분한 점으로 또한 사진면과 지표면에서 교차되는 점을 말한다.

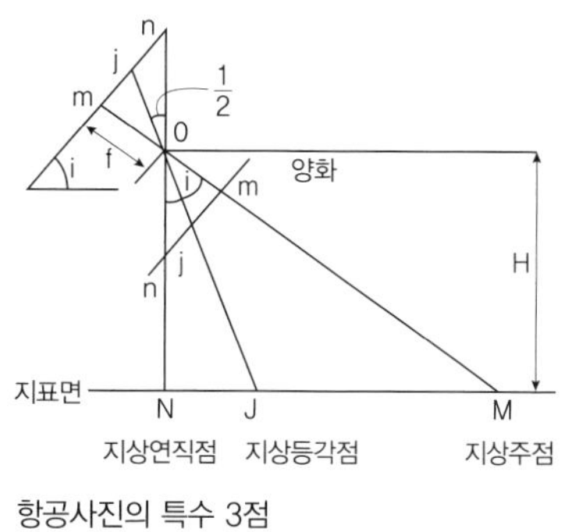

항공사진의 특수 3점

(3) 기복변위

대상물에 기복이 있는 경우 연직으로 촬영하여도 축척은 동일하지 않되, 사진면에서 연직점을 중심으로 방사상의 변위가 발생하는데 이를 기복변위라 한다.

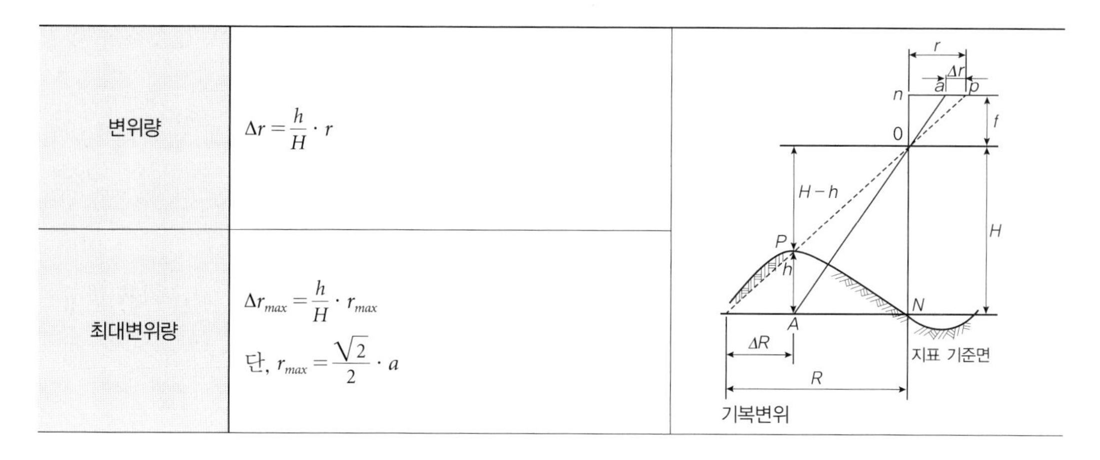

변위량	$\Delta r = \frac{h}{H} \cdot r$
최대변위량	$\Delta r_{max} = \frac{h}{H} \cdot r_{max}$ 단, $r_{max} = \frac{\sqrt{2}}{2} \cdot a$

기복변위

3) 사진축척

기준면에 대한 축척	$M = \frac{1}{m} = \frac{f}{H} = \frac{l}{L}$ M : 축척분모수 H : 촬영고도 f : 초점거리
비고가 있을 경우 축척	$M = \frac{1}{m} = \left(\frac{f}{H \pm h}\right)$

기준면에 대한 축척

4) 중복도

종중복도	촬영진행방향에 따라 중복시키는 것으로 보통 60%, 최소한 50% 이상 중복을 주어야 한다. 종중복도$(p) = \frac{p_1m_1 + m_1m_2 + m_1p_2}{a} \times 100(\%)$ $p_1m_1 = p_1m_2 - m_1m_2$ m_1, m_2 : 주점기선길이(b_0) a : 화면크기(사진크기)	중복도
횡중복도	① 촬영진행방향에 직각으로 중복시키며 보통 30%, 최소한 5% 이상 중복을 주어 촬영한다. ② 산악지역(사진상에 고저차가 촬영고도의 10% 이상인 지역)이나 고층빌딩이 밀접한 시가지는 10~20% 이상 중복도를 높여서 촬영하거나 2단 촬영을 한다(사각 부분을 없애기 위함).	

5) 촬영기선장

하나의 촬영코스 중 하나의 촬영점(셔터를 누른 점)으로부터 다음 촬영점까지의 거리를 촬영기선장이라 한다.

주점기선장(b_0)	$b_0 = a\left(1 - \frac{p}{100}\right)$
촬영횡기선길이	$B = m \cdot b_0 = m \cdot a\left(1 - \frac{p}{100}\right)$
촬영종기선길이	$C = m \cdot a\left(1 - \frac{q}{100}\right)$ a : 화면 크기, p : 종중복도 q : 횡중복도, m : 축척분모수

6) 유효 면적

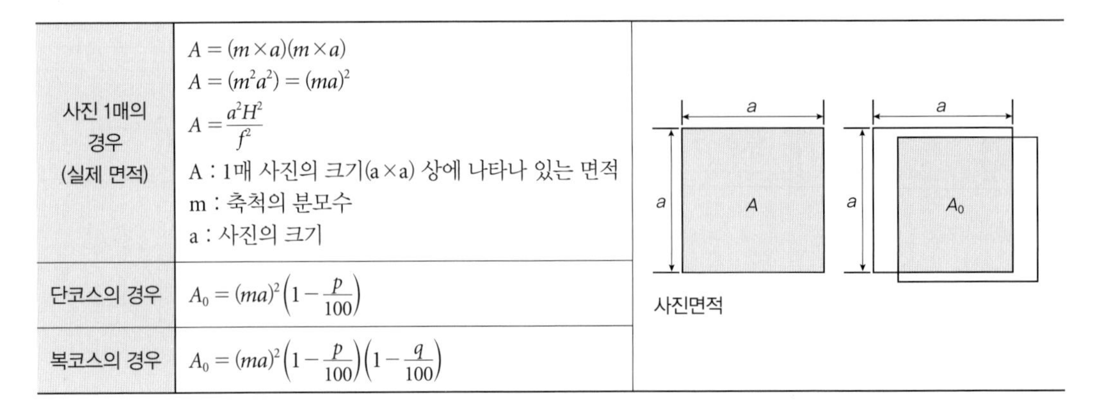

사진 1매의 경우 (실제 면적)	$A = (m \times a)(m \times a)$ $A = (m^2a^2) = (ma)^2$ $A = \frac{a^2H^2}{f^2}$ A : 1매 사진의 크기(a×a) 상에 나타나 있는 면적 m : 축척의 분모수 a : 사진의 크기	사진면적
단코스의 경우	$A_0 = (ma)^2\left(1 - \frac{p}{100}\right)$	
복코스의 경우	$A_0 = (ma)^2\left(1 - \frac{p}{100}\right)\left(1 - \frac{q}{100}\right)$	

7) 촬영고도 및 촬영코스 등

촬영고도	$H = C \times \Delta h$ H : 촬영고도 C : C계수(도화기의 성능과 정도를 표시하는 상수) Δh : 최소 등고선의 간격
촬영코스	① 촬영코스는 촬영지역을 완전히 덮고 코스 사이의 중복도를 고려하여 결정한다. ② 일반적으로 넓은 지역을 촬영할 경우에는 동서방향으로 직선코스를 취하여 계획한다. ③ 도로, 하천과 같은 선형 물체를 촬영할 때는 이것에 따른 직선코스를 조합하여 촬영한다. ④ 지역이 남북으로 긴 경우는 남북방향으로 촬영코스를 계획하며 일반적으로 코스 길이의 연장은 보통 30km를 한도로 한다.
표정점 배치 (Distribntion of Points)	일반적으로 대지표정(절대표정)에 필요로 하는 최소 표정점은 삼각점(x, y) 2점과 수준점(z) 3점이며, 스트립 항공삼각측량인 경우 표정점은 각 코스 최초의 모델(중복부)에 4점, 최후의 모델이 최소한 2점, 중간에 4~5모델째마다 1점을 둔다.
촬영일시	촬영은 구름이 없는 쾌청일의 오전 10시부터 오후 2시경까지의 태양각이 45° 이상인 경우에 최적이며 계절별로는 늦가을부터 초봄까지가 최적기이다. 우리나라의 연평균 쾌청일수는 약 50일이다.
촬영카메라 선정	동일촬영고도의 경우 광각 사진기 쪽이 축척은 작지만 촬영면적이 넓고 또한 일정한 구역을 촬영하기 위한 코스 수나 사진 매수가 적게 되어 경제적이다.
촬영계획도 작성	기존의 소축척지도(일반적으로 $\frac{1}{50,000}$ 지형도)상에 촬영계획도를 작성하고 축척은 촬영 축척의 $\frac{1}{2}$ 정도 지형도로 택하는 것이 적당하다.

다음 그림은 배경 맵을 바탕으로 드론 촬영 계획을 세운 그림을 나타낸 것이다. 촬영 방향, 촬영 고도 등이 화면에 3차원으로 표시된다. Pix4D Capture를 바탕으로 드론 촬영 계획을 세운 그림을 나타냈다.

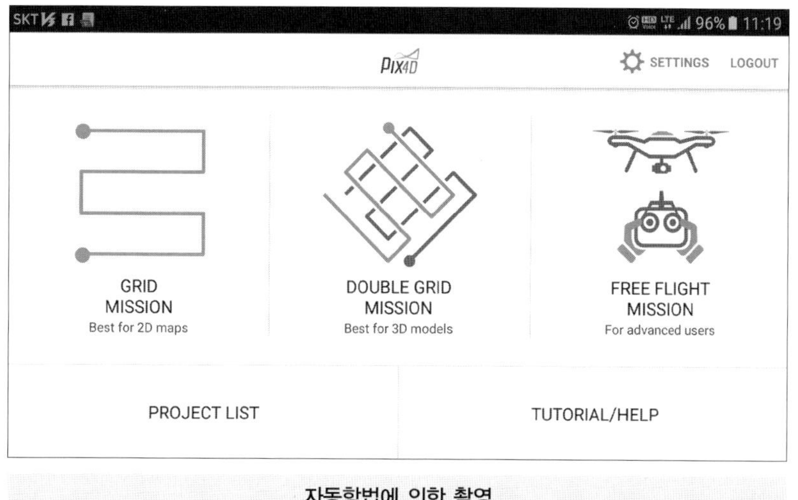

자동항법에 의한 촬영

촬영범위, 촬영고도, 소요시간 등 촬영계획

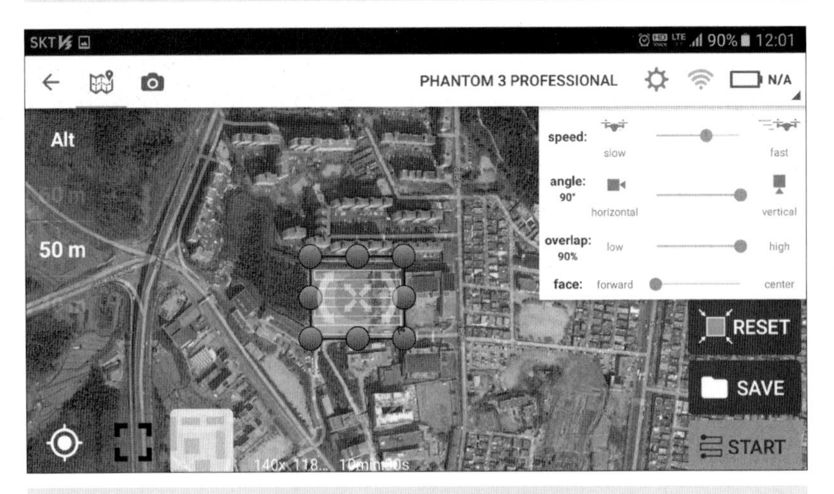

비행속도, 사진 중복률 등 촬영계획

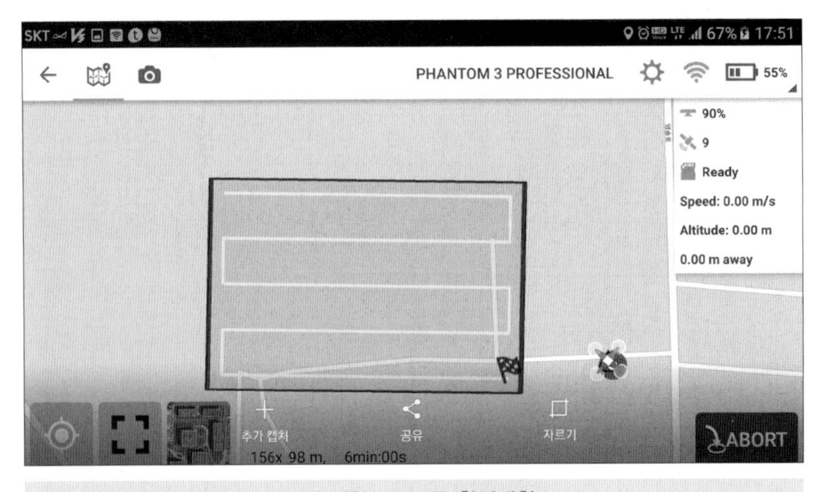

2영 방향, 코스 등 촬영계획

다음은 회전익 드론과 고정익 드론의 이륙 모습이다. 일반적으로 회전익 드론은 좁은 공간에서 조종기(컨트롤러)를 이용한 이륙이 가능하고, 고정익 드론은 넓은 개활지에서 발사대 또는 사람이 손으로 날려서 이륙시킨다. 고정익 드론은 비행기의 비행원리에 의해 비행하기 때문에 회전익 드론에 비해 1.5배 이상의 긴 비행시간을 갖는다. 또한 고정익 드론은 회전익 드론에 비해 일반적으로 높은 고도로 비행하며 빠른 속도로 비행할 수 있다. 따라서 드론 사진측량을 위해서는 고정익 드론을 대부분 활용한다. 그러나 고정익 드론은 빠른 속도로 비행하기 때문에 구조물에 근접하면 충돌할 우려가 있어 구조물의 근접 사진측량 및 원격탐사에는 적용하기가 어렵다. 근접 사진측량 및 원격탐사에는 일반적으로 회전익 드론이 이용된다.

고정익 드론의 이륙 모습

회전익 드론의 이륙 모습

데이터 보정

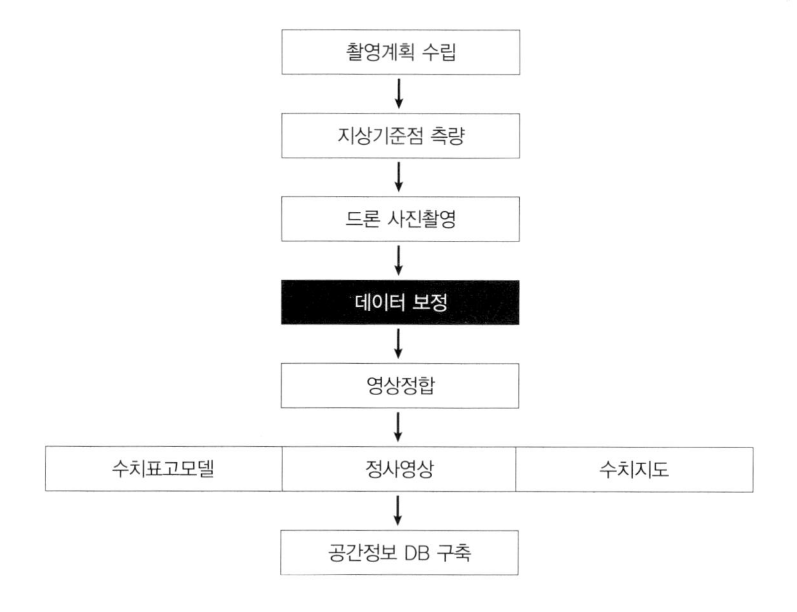

1) 카메라 검정

드론 사진측량에서 사용하는 카메라는 항공측량 전용 카메라가 아닌 일반인들이 사용하는 카메라거나 사양이 좋은 전문가용 가메리를 사용한다. 항공측량 전용 카메라의 경우는 카메라의 초첨거리나 렌즈 왜곡량, 주점의 위치 등이 매우 정밀하게 제공되고 이러한 카메라 자료를 기반으로 영상처리를 수행할 경우 정밀한 좌표를 취득할 수 있는 모델링을 수행할 수 있다.

그러나 드론 사진측량에서 주로 사용하는 카메라는 일반인, 비전문가 등이 사용하는 카메라로 카메라의 초점거리나 렌즈 왜곡량 등이 제공되지 않거나, 실제 값하고 다른 경우가 많다. 따라서 드론을 활용하여 사진 촬영을 할 경우에는 반드시 카메라에 대한 왜곡량을 보정하여 정확한 카메라 캘리브레이션값을 도출해야 한다. 카메라 렌즈 왜곡에는 대표적으로 방사왜곡, 접선왜곡이 있으며 이러한 왜곡을 보정한 값을 산출해야 한다.

일반적으로 카메라 영상 센서의 가장자리 부근에서 픽셀의 위치가 왜곡되는 현상이 발생하는데, 이를 방사왜곡이라 한다. 이는 렌즈의 중심에서 먼 곳을 지나가는 광선이 좀 더 가까운 곳을 지나가는 광선보다 많이 휘어지기 때문에 발생한다. 정사각형 객체의 경우 렌즈를 거쳐 영상 평면에 투영되면 모서리가 둥그렇게 나타난다.

2) 항공삼각측량

항공삼각측량은 드론 사진측량뿐만 아니라 영상을 이용한 공간정보자료를 작성하기 위하여 반드시 필요한 공정으로서, 카메라 외부표정요소(exterior orientation)라 불리는 6개의 인자값을 얻는 과정으로 카메라 촬영 시 영상 중심의 자세(X, Y, Z)와 회전요소(ω, ϕ, κ)값을 계산할 수 있다.

드론 영상을 이용하여 3D 공간정보를 구축하기 위해서는 영상의 값에 좌표값을 등록시켜주는 작업을 하게 되는데(Geo-Referencing) 이러한 작업을 위해서는 영상과 함께 카메라의 외부표정요소 값이 반드시 필요하다. 기본적으로 '드론'에는 카메라의 위치를 알 수 있는 GPS가 장착되어 있고 자이로나 IMU 장비를 통해서 개략적인 회전량을 알 수 있어 촬영을 마치게 되면 촬영한 영상에 대한 카메라 외부표정요소값을 알 수 있다. 그러나 이러한 초기값은 지도 제작이나 정밀한 공간정보 데이터

Pix4Dmapper 항공영상 보정 전 이미지

Pix4Dmapper 항공영상 보정 후 이미지

를 만들기에는 오차가 많이 발생하기 때문에 지상기준점과 영상상의 관측점을 이용하여 정확한 카메라 외부표정요소를 다시 산출해야 하며, 이러한 작업을 항공삼각측량이라고 한다.

영상정합

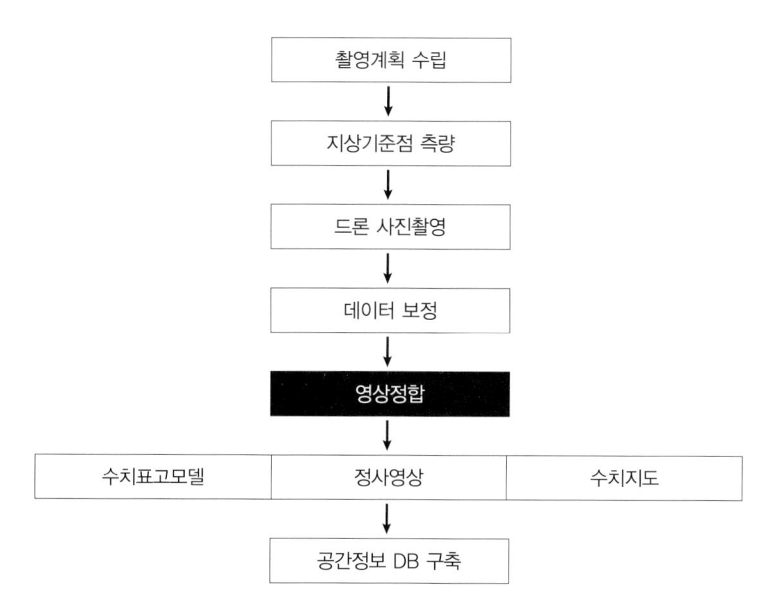

수치화된 사진에서 한쪽 사진 상의 점에 대하여 이렇게 공액관계에 놓여 있는 다른 쪽 사진 상의 점들을 결정하는 것을 영상정합(image matching)이라고 한다. 수치사진측량에서는 기존에 육안으로 직접 수행하던 공액점 관측을 여러 가지 수치적 방법으로 수행한다. 영상정합된 점들을 이용하여 상호표정, 절대표정을 하거나 항공삼각측량의 사진기준점으로 시용하고, 수치표고모델 자료를 제작하는데 활용할 수 있다. 영상정합은 크게 영역기준 영상정합(Area-Based Matching), 형상기준 영상정합(Feature-Based matching), 관계기준 영상정합(Relational Matching) 등으로 분류할 수 있으나 영역기준 영상정합과 형상기준 영상정합에 대해서만 연구가 주로 진행되고 있다. 일반적으로 영상정합 시 적용하는 가정은 다음과 같다. 첫째, 여러 영상의 화소가 가지는 밝기값은 동일하다. 둘째, 영상을 얻는 시간 동안 조도(illumination) 특성이나 대기영향은 일정하다. 셋째, 영상 안의 지형지물은 움직이거나 변형되지 않는다. 넷째, 영상의 중복도, 촬영고도 및 초기치에 해당하는 개략적인 외부표정요소를 알고 있다. 이러한 가정들 외에도 각각의 실질적인 상황에 따라 추가적인 가정을 도입할 수 있다.

정사영상 제작

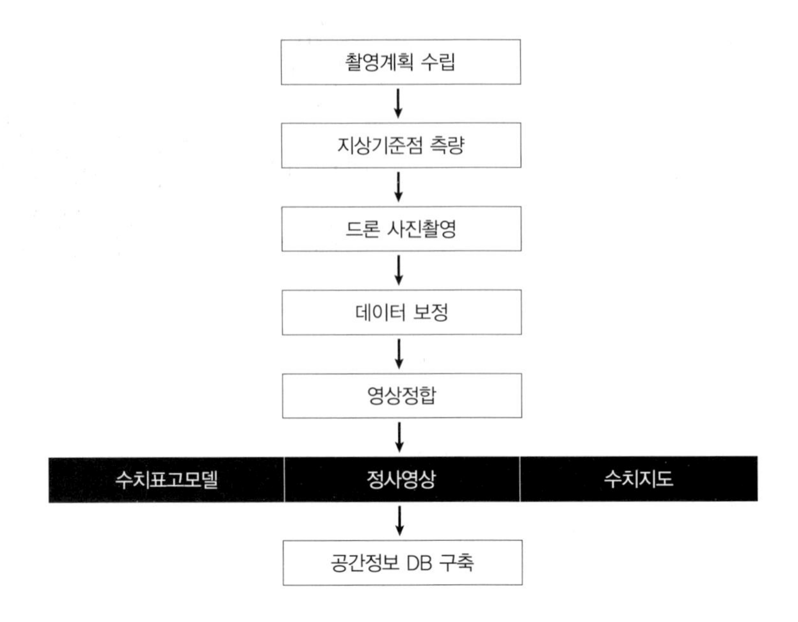

1) 수치표고모델 생성

항공삼각측량이 끝나면 수치표고모델 자료 생성이 가능하다. 수치표고모델(Digital Elevation Model, DEM)은 SIFT 영상정합과 SfM을 적용한 자동 점군 생성 방법, 기존의 수치지도 및 Lidar 자료를 이용한 정밀생성 방법 등이 있다. 수치표고모델은 다양한 지상의 형상을 분석하거나 정사영상을 제작하는 입력 데이터로 활용된다.

수치표고모델은, 지형의 고도값을 수치로 저장함으로써 지형의 형상을 나타내는 자료이다. 수치표고모델은 자료 자체로서 경사도(slope), 경사방향(aspect), 음영기복(hillshade), 가시권(viewshed) 분석 등이 가능하다. 또한 위성영상과 같은 래스터 이미지의 조감도 작성, 3차원 동영상 제작, 배수구역 분석 및 적지분석, 지형의 고도차로 인해 발생하는 영상자료의 기하학적 왜곡 보정 등과 같은 여러 가지 목적으로 사용된다. 수치표고모델이 만들어지고 저장되는 방식은 일정 크기의 격자로서 저장되는 DEM, 높이가 같은 지점을 연속적으로 연결하여 만든 등고선에 의한 방식, 그리고 불규칙한 삼각형에 의한 TIN(Triangular Irregular Network) 방식 등이 있다. 기존「수치표고자료 구축에 관한 작업규정」은 2009년 8월에 폐지되었으며「공공측량 작업규정」,「항공레이저측량 작업규정」,「3차원 국토공간정보구축 작업규정」에 반영되어 있다.

수치표고모델은 지형의 형세나 음영 등의 파악이 가능하고, 또한 정사영상 제작 시 기복변위를 제거하기 위하여 필요한 데이터이기 때문에 공간정보를 제작하는 기본 데이터로서 중요한 요소라 할 수 있다.

GIS 관련 카페나 커뮤니티를 보면 GIS 분야에서 등고선을 이용하여 TIN을 구축하고 DEM을 추출하여 여러 분석에 활용하고 있다.

(1) 수치표고자료의 개념

■ 수치표고모델 : 수치표고모델은 수치지형 또는 수심측량 데이터에 관한 일반적인 용어로서 DEM (Digital Elevation Models)이라고도 한다. 일반적으로 DEM은 식생과 인공지물을 포함하지 않는 지형만의 표고값을 의미하며, 강/호수의 DEM 높이값은 수표면을 나타낸다.

■ 수치표면모델(Digital Surface Model, DSM) : DSM은 DEM, DTM과 유사한 뜻으로 사용되지만, 지표면의 표고값이 아니라 인공지물(건물 등)과 지형지물(식생 등)의 표고값을 나타내며 원거리통신 관리, 산림관리, 3D 시뮬레이션 등에 이용된다.

2) 정사영상 제작

드론으로 촬영한 영상 원본의 경우 카메라 중심으로부터 외곽으로 갈수록 건물이 누워 있는 형태의 왜곡이 발생하는데 이를 기복변위라 한다. 영상을 이용하여 지도를 제작하기 위해서는 이러한 기복변위를 제거한 정사투영 상태로 제작해야 한다. 이러한 기복변위를 제거하기 위해서 공선조건식(collinearity equation)을 이용하여 기복변위에 대한 편위수정을 하게 되고, 편위수정을 한 영상을 정사영상(Ortho Photo) 또는 정사투영영상이라 한다.

정사영상은 드론 촬영영상, 카메라 검정 자료, 항공삼각측량 결과, 수치표고모형 자료를 이용하여 제작한다. 정사영상은 촬영한 드론 사진별로 제작하게 되며 전체 지역을 하나의 영상으로 제작하기 위해서 각 사진별 정사영상의 외곽부분을 왜곡이 발생하지 않도록 절단한 후 전체 영상을 하나의 영상으로 만든다. 이를 모자이크 영상이라 하는데 각 사진을 모자이크 작업하여 하나의 영상으로 만들었다는 의미이다. 이렇게 제작된 영상은 형태 및 색상에 대한 검수를 통하여 문제가 있을시 보정하게 된다. 왜곡이 심한 영상의 경우 수정편집 작업을 통하여 모자이크 영상을 수정하여 완성한다.

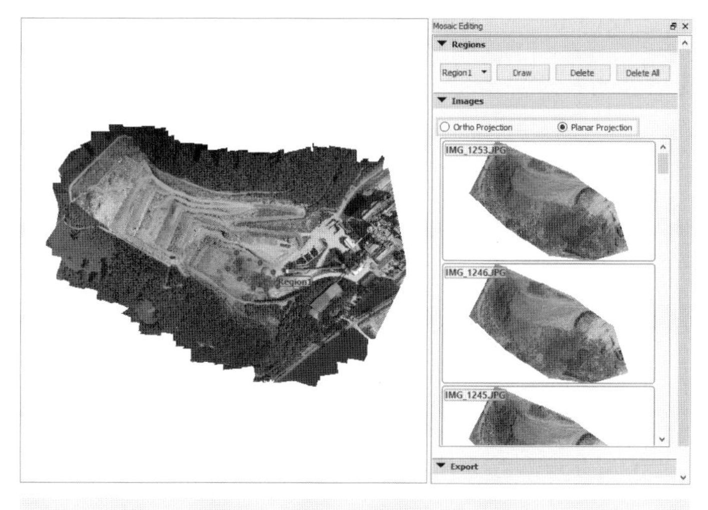

Pix4Dmapper를 활용한 정사영상

3) 수치지도

수치지도란 지형지물에 대한 위치와 형상을 좌표 데이터로 나타내어 전산처리가 가능한 형태로 표현한 시도를 말하며, 일반적으로 자동화된 시스템에 의하여 중, 대축척인 지형도나 현황도를 작성하여 수치화한 지도이다.

수치지도는 일반적으로 도형을 X, Y좌표계에서의 좌표값(x, y)의 조합과 두 좌표를 연결한 선분을 사용하여 지도의 모든 도형을 표현한 것으로 컴퓨터의 기록 형태는 래스터와 백터 형태로 구분하여 저장된다.

래스터 데이터	

벡터 데이터		
	도형	필요한 수치
직선	(x1, y1) —— (x2, y2)	시종점의 좌푯값
다각형		시종점 및 중간점의 좌푯값
원 · 원호	r1, (x, y), r2	중심점의 좌푯값과 반경 또는 원주상 3점의 좌푯값
타원	(x, y), (x2, y2), (x3, y3), (x1, y1)	중심점의 좌푯값, 장경, 단경 및 회전각

(1) 수치지도의 분류

수치지도의 분류

구분	수치지도 1.0	수치지도 2.0
분류체계	1/1,000인 경우는 360여 개, 1/5,000인 경우는 560여 개의 지형지물로 분류	축척에 관계없이 104개의 지형지물로 분류
속성항목	없음	다양한 속성정보
UFID	없음	있음
위상정보	없음	있음
데이터 구조	도형구조(의미 없음)	도형+위상구조
데이터 형식	DXF	NGI
GIS 정보 구축	별도의 작업공정 필요	GIS 정보 구축의 기반이 되는 데이터
비고	도면 제작 형식의 데이터	사용자의 최소한 가공에 의한 다양한 데이터 활용

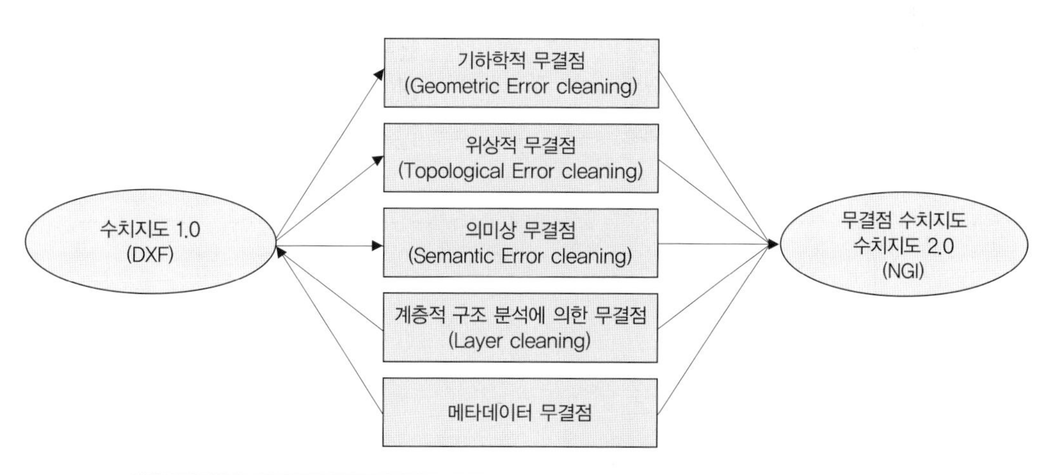

수치지도 1.0

수치지도 2.0

■ 수치지도 1.0

수치지도 1.0은 지형지물의 표현에 중점을 두고 제작되어 위상구조의 표현이 어렵고, 별도의 속성정보가 없는 도형정보로 이루어져 있다. 지형지물의 표현은 도형, 기호, 주기 레이어로만 이루어져 정보의 분석과 확인이 어려우며, 1:5,000 수치지도의 지형지물 분류체계는 8개의 대분류, 28개의 중분류, 92개의 소분류, 567개 레이어로 나뉜다. 1:1,000 수치지도의 지형지물 분류체계는 6개의 대분류, 25개의 중 · 소분류, 400개 레이어로 나뉜다.

1:1,000 지형지물 분류 체계

분류코드	대분류명	분류내용
A	시설물	시설물 등에 관련한 종류별 분류 포함
B	수계	물과 관련된 정보로 해양정보와 하천 및 호수정보 포함
C	지형지질	지질, 지형, 표고 등의 정보 포함
D	식생	논, 축지, 산림지 등의 정보 포함
E	행정경계	인위적, 자연적, 용도 등에 의하여 구분된 지역, 구역 등의 정보 포함
F	일반	기준점, 편차, 주기 등의 내용 포함
Z	지형지물 개수	186개(속성코드 : 578개)

1:1,000 레이어 체계

대분류	중분류	소분류	지형지물명	구조
A			시설물	
…	AA		건물 및 관련 지물	
		AA001	건물	면
		AA002	기호건물	–
		AA002	집단가옥경계	–
		AA100	담장	선
	…	…	…	…
	AA		문화 및 오락	
		AB001	공동묘지	면
		AB002	묘지	점
		AB003	유적지	점
	…	…	…	…

■ 수치지도 2.0

수치지도 2.0은 수치지도 1.0의 논리, 기하오류를 수정, 보완하고 지리조사를 통해 획득된 속성정보를 입력한 DB 형태의 수치지도이며, 지형지물 표현은 도형 및 속성정보로 표현되어 있어 정보의 분석과 확인에 용이하다. 수치지도 2.0의 지형지물의 분류체계는 8개 대분류와 105개 레이어로 나뉘어 있다(1:5,000과 1:1,000은 동일).

수치지도 지형지물 분류표

대분류	소분류	지형지물명	레이어	지형지물명	CD	구조	비교
교통	A001	도로경계	3110	(기존도로)미분류			
			3111	고속국도	적	선	
			3112	일반도로	적	선	
			3113	지방도	적	선	
			3114	특별시도, 광역시도	적	선	
			3115	시도	적	선	
			3116	군도	적	선	
			3117	면리간도로	적	선	
			3118	부지안도로	적	선	
			3119	소로(기호)	적	선	
	A002	도로중심선	3210	(도로중심선)미분류			
			3211	고속국도	먹	선	
			3212	일반국도	먹	선	
			3213	지방도	먹	선	
			3214	특별시도	먹	선	
			3215	시도	먹	선	
			3216	군도	먹	선	
			3217	면리간도로	먹	선	
	A003	인도	3324	인도	적	선	
	A004	횡단보도	3325	횡단보도	갈	면	
	A005	안전지대	3326	안전지대	갈	면	
	A006	육교	3321	육교	먹	면	
	A007	교량	1210	(철교)미분류			
			1211	철교	면	면	
			1212	고가부	면	면	
			3340	(다리)미분류			
			3341	콘트리트교	먹	면	
			3342	강교	먹	면	
			3343	목교	먹	면	
	A008	교차로					추가
	A009	입체교차부	3350	(입체교차부)미분류			
			3351	고가차고	먹	선	
			3352	지하차도	먹	선	
	A010	인터체인지					추가
	A011	터널	1213	철도터널	먹	면	
	A012	터널입구	3373	터널입구	먹	선	
	A013	정거장	1122	정거장	먹	2점	
…	…	…	…	…	…	…	…

04

무인비행장치 측량 자료 처리

DRONE

Pix4D mapper Pro 프로그램 소개

Pix4D mapper Pro는 드론 또는 항공기로 촬영한 수천 개의 영상 이미지를 자동으로 변환하여 높은 정확도의 지도, 모자이크 및 3D 모델 등으로 변환, 제공하는 소프트웨어로서 다양한 분야에서 활용이 가능하다.

Pix4D mapper Pro 개요

1) Pix4D mapper Pro 시스템 요구사항[1]

Pix4D mapper Pro는 기본적으로 드론 또는 항공기에서 디지털카메라로 촬영한 영상을 처리한다. 최근 디지털카메라 기술이 발전함에 따라 영상의 화소수도 급격히 증가하고 있는 추세이다. 예를 들어 소니(SONY)의 렌즈 일체형 디지털 카메라인 RX1은 35mm 풀프레임의 2,430만 화소(24.3MP) '엑스모어(Exmor) TM CMOS 이미지 센서'를 탑재하여, 일반 보급형 DSLR 카메라에 들어가는 APS-C

1. http://i4dmapper.com

센서보다 2배 이상의 크기여서 보다 선명하고 정교한 고해상도의 이미지 구현이 가능하다. 그리고 소니 알파 7R II는 풀프레임의 4,240만 화소(42.4MP) Exmor R CMOS 센서를 탑재했다. 한편, 중형 카메라로 유명한 페이즈 원(Phase One)이 세계 최초로 'IQ3 100MP 아크로매틱(Achromatic)'을 2017년 5월 발표했다. 1억 100만 화소 CMOS 중형 이미지 센서(53.4×40.1mm)를 탑재했고 최대 ISO 51,200으로 현존하는 중형 디지털 백 가운데 가장 빛에 민감한 제품이다. 그리고 드론 전문업체 DJI는 M600 Pro 모델에 핫셀블라드(Hasselblad) H6D-100c 촬영 시스템을 탑재한 제품을 출시했는데, H6D-100c에는 53.4×40mm의 1억 화소(100MP) 중형 이미지 센서가 장착되어 있어 고화질 촬영이 가능하다.

드론에 장착된 디지털카메라로 2,000만 화소(20MP) 이상의 영상 이미지를 촬영하기 때문에 이러한 영상을 컴퓨터로 원활하게 자료 처리 작업을 하기 위해서는 어느 정도 수준 이상의 컴퓨터 시스템 사양이 요구된다. 다음은 드론으로 촬영한 영상을 Pix4D mapper Pro로 처리하기 위해 컴퓨터 시스템이 갖춰야 하는 최소 및 권장사양이다.

최소사양
• Windows 7, 8 Server 2008, Server 2012, 64 bits • CPU 제한 없음(Intel i5/i7/Zeon 권장) • OpenGL 3.2가 호환되는 GPU(인텔 HD4000 혹은 그 이상의 그래픽카드 내장) • 소형 프로젝트(14MP의 100개 미만 이미지) 4GB RAM, 10GB 이상의 HDD 여유공간 • 중형 프로젝트(14MP의 100~500개 이미지) 8GB RAM, 20GB 이상의 HDD 여유공간 • 대형 프로젝트(14MP의 500~2,000개 이미지) 16GB RAM, 40GB 이상의 HDD 여유공간 • 특대형 프로젝트(14MP의 2,000개 이상 이미지) 16GB RAM, 80GB 이상의 HDD 여유공간
권장사양
• Windows 7, 8 64 bits • CPU 제한 없음(Intel i5/i7/Zeon 권장) • OpenGL 3.2가 호환되는 GPU(인텔 HD4000 혹은 그 이상의 그래픽카드 내장) • 소형 프로젝트(14MP의 100개 미만 이미지) 8GB RAM, 15GB 이상의 SSD 여유공간 • 중형 프로젝트(14MP의 100~500개 이미지) 16GB RAM, 30GB 이상의 SSD 여유공간 • 대형 프로젝트(14MP의 500~2,000개 이미지) 32GB RAM, 60GB 이상의 SSD 여유공간 • 특대형 프로젝트(14MP의 2,000개 이상 이미지) 32GB RAM, 120GB 이상의 SSD 여유공간

2) Pix4D mapper Pro 설명

Pix4D mapper Pro Ver 3.2.23의 경우 통합된 편집 도구를 사용하여 프로젝트를 완벽하게 처리할 수 있도록 작업환경이 구성되어 있는데, 다음과 같은 세 가지 형태의 편집 및 계산기 도구를 통하여 간편하게 작업할 수 있다.

RayCloud* 편집기	• 원본 이미지와 3D 포인트 클라우드를 결합하여 완전히 새로운 화면 및 경험을 제공한다. • 측정, 편집 및 GIS와 CAD 통합물의 고품질 자동분류 작업을 통하여 높은 정확도의 결과물을 얻을 수 있다.
모자이크 편집기	• 구축된 데이터를 활용하여 단지 몇 번의 클릭만으로 높은 품질의 ortho 모자이크를 자동 생성한다.
지수계산기	• 방사성 동위원소 정확도와 멀티 스펙트럼 이미지를 사용하여 NDVI와 같은 초목 지도 생성도 가능하다. • 지도를 통합 등의 작업을 통하여 각종 기계 및 소프트웨어에 바로 적용 가능(출력)하다.

* RayCloud는 3D 모델 및 결과물(점군 등)을 입력자료(사진영상, 카메라 위치, GCP 등)와 연결해줌으로써 정확도를 평가해준다.

3) 소프트웨어 설치

- 인터넷에서 http://pix4d.com/download 주소로 이동한다.
- Download Pix4dmapper Discovery 클릭하여 프로그램을 다운로드한다.

1 다운로드 파일을 더블클릭한 후, Pix4Dmapper 설치 마법사를 시작한다.

2 (프로그램 선택 후) 파일을 연 후에 경고 팝업이 나타나면, Run을 클릭, 설치한다.

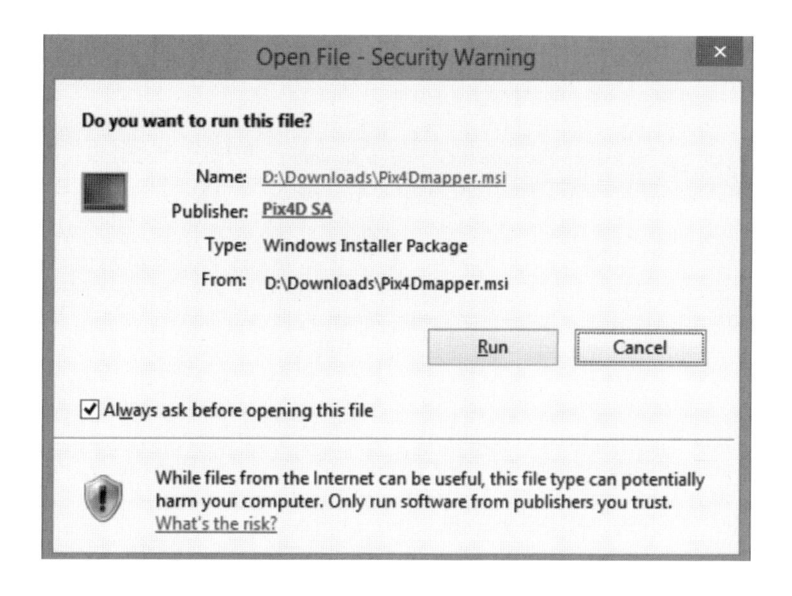

3 Pix4Dmapper 설치 환영 팝업이 나타나면, Next를 클릭한다.

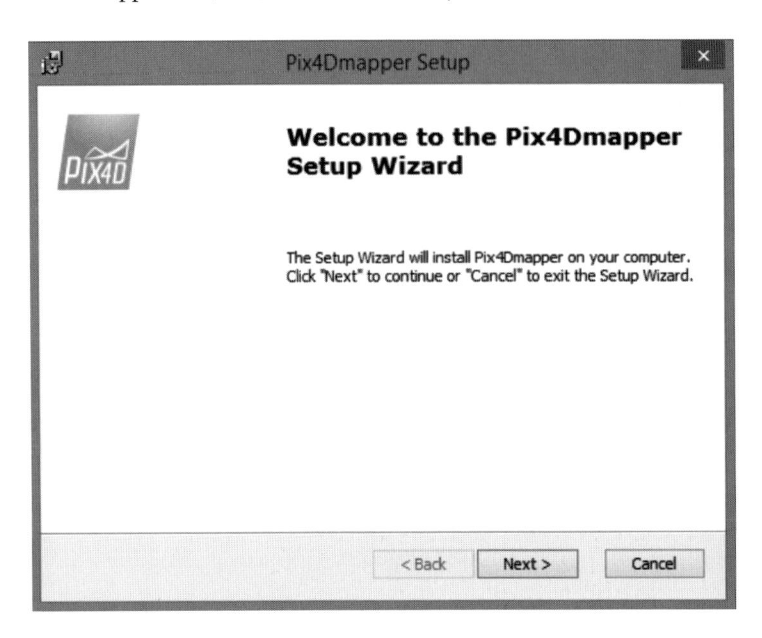

4 화면의 최종 사용자 라이선스를 읽은 후, “I accept the terms in the License Agreement” 선택 후 Next를 클릭한다.

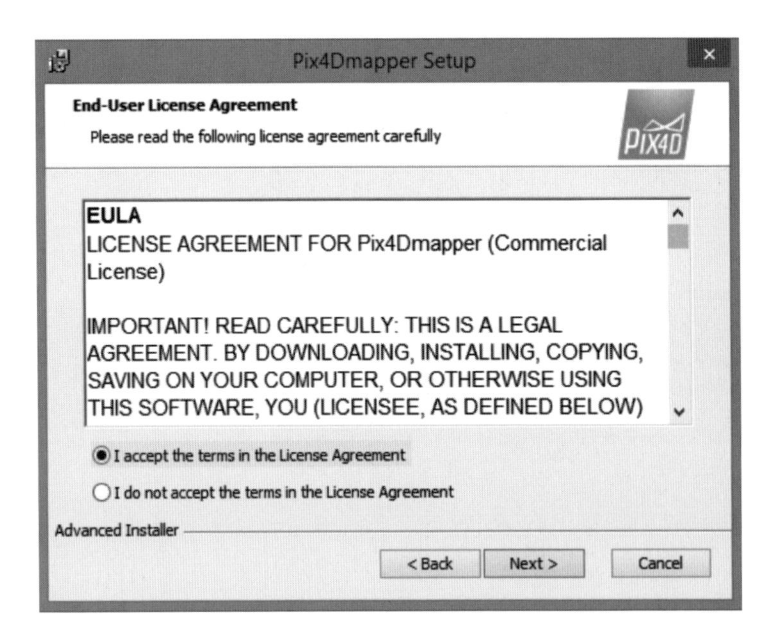

5 Browse를 클릭하여 설치할 경로를 변경할 수 있으나, 일반적으로 디폴트(Default)를 선택하는 것이 바람직하다.

6 Next를 클릭한다.

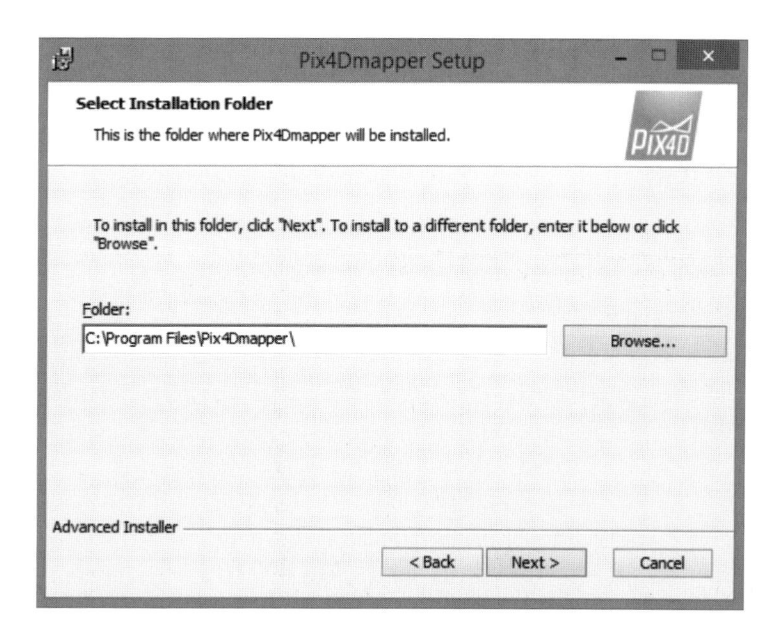

7 설치화면에서 Install을 클릭한다.

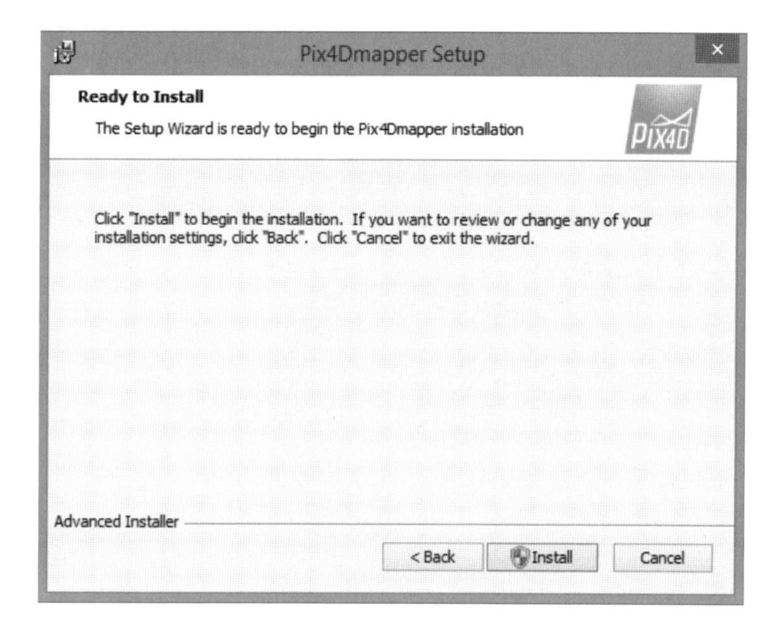

8 소프트웨어 정보가 나타나며, "Do you want to allow the following program to install software on this computer?"라는 문구가 나타나면 "Yes"를 클릭한다.

9 설치가 완료되면 Finish를 클릭한다.

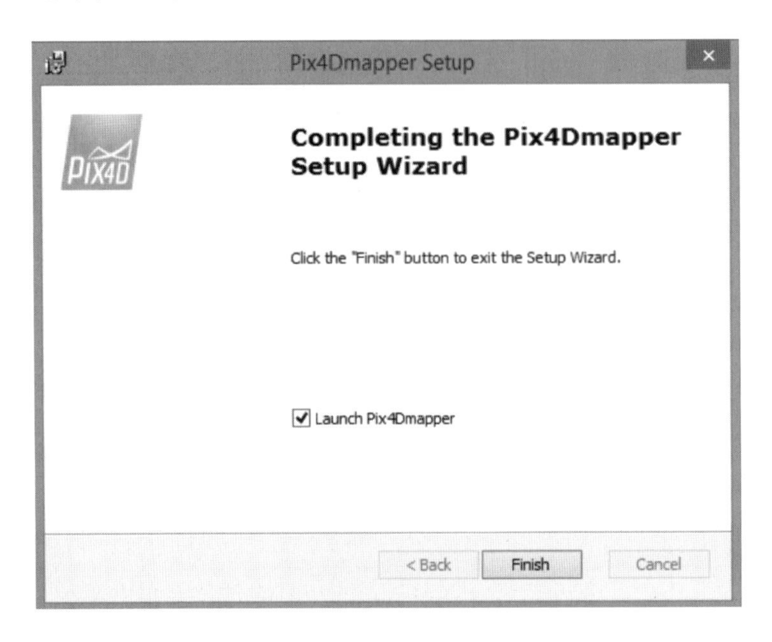

10 바탕화면에 'Pix4D 바로가기'가 생성되며, 설치가 완료되면 자동으로 소프트웨어가 실행된다.

11 소프트웨어를 처음 실행하면, Pix4Dmapper 로그인 화면이 나타난다.

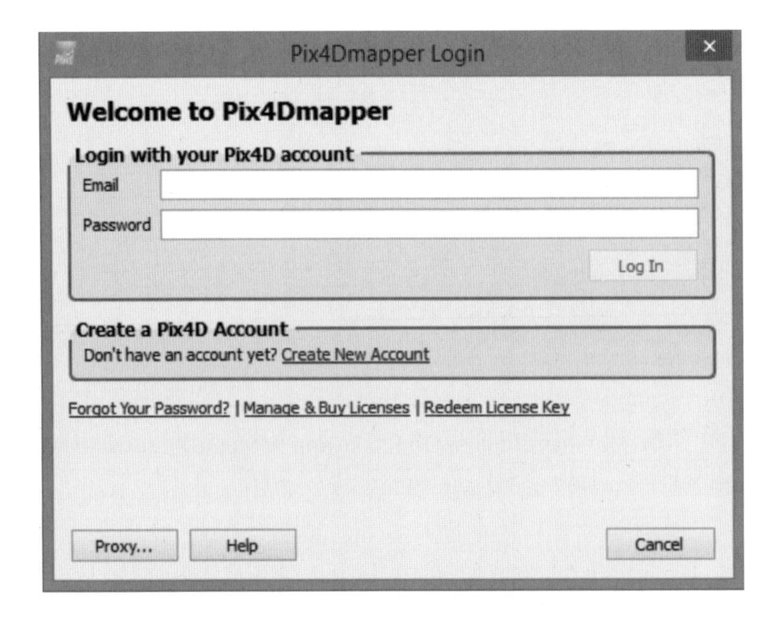

※ 만약 프록시(Proxy) 서버를 사용할 경우, 좌측 하단의 프록시[2]를 클릭한 후 다음과 같이 설정한다.

1. Proxy 설정창을 연다.
   - 소프트웨어 설정 시 : 좌측 하단의 Proxy를 클릭한다.
   - 이미 사용하고 있는 경우 : 메뉴바 Help > Setting을 클릭한다.
2. 드롭다운 박스 리스트에서 No Proxy를 클릭한다.
3. 선택옵션이 나오고 시스템 관리자는 환경에 맞추어 선택하여 완료한다.

12 계정이 이미 있을 경우, email과 암호(password)를 입력 후, 로그인을 클릭한다.

※ 만약 계정을 가지고 있지 않다면

1. Create New Account를 클릭한다.
2. 온라인 가입 양식서를 작성한다.
3. 계정 활성화를 위해 email을 확인한다. 입력한 email 주소로 메일이 발송되며, 수신 메일을 열어 confirm을 클릭한다.
4. Pix4Dmapper 로그인 화면으로 돌아간 후 email과 암호를 입력한 뒤로 Log in을 클릭한다.

13 Pix4Dmapper가 활성화되며 소프트웨어가 시작된다.

Pix4D mapper Pro 실행

1) Pix4D mapper Pro 인터페이스

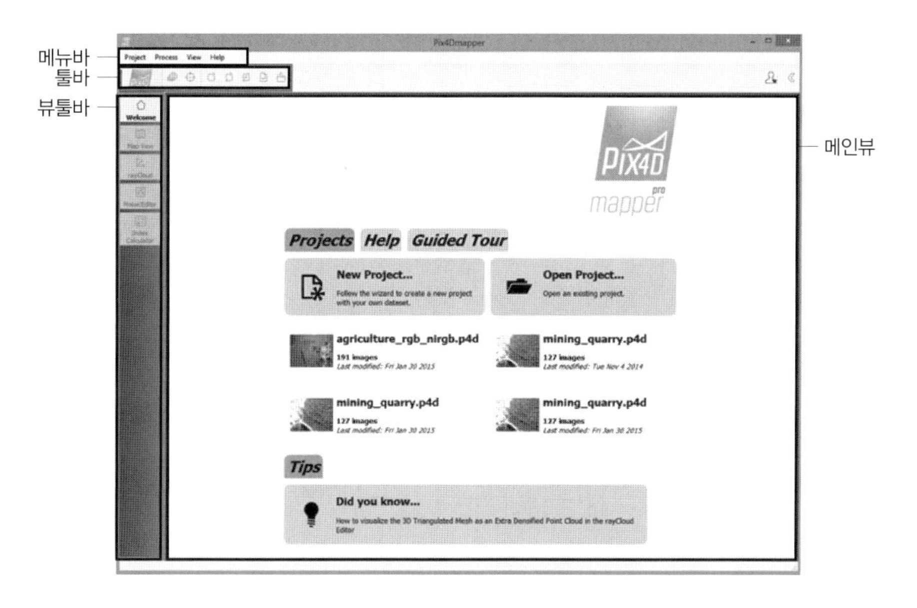

2. Proxy(프록시) : 네트워크 중간에서 캐시저장장치에 데이터를 저장하여 즉시 보여주는 기능을 수행한다.

(1) 메뉴바(네 가지 항목)

- Project : 프로젝트를 만들거나, 열기 혹은 저장할 수 있다.
- Process : 프로그램의 모든 과정에 대한 옵션과 작업수행을 액세스 한다.
- View : 다른 형태의 뷰(view)를 액세스한다. 선택한 뷰에 따라 새로운 항목의 메뉴바가 나타난다 (지도, 레이 클라우드, 모자이크, 지수계산기 등).

※ 좌측의 뷰(view)툴바와 같이 전환되며 선택한 뷰에 대한 특정 옵션이 포함되어 있다.

- Help : 소프트웨어 설정(프록시, 카메라 모델 데이터베이스 등)을 위한 수동 액세스를 제공하고, 설치정보 및 도움말을 제공한다.

(2) 툴바

툴바 내에 있는 다른 버튼들은 프로젝트와 선택된 옵션의 상태에 따라 활성 혹은 비활성화된다. 예) 어떠한 프로젝트도 열려 있지 않은 상태에서 줌인과 줌아웃은 표시되지 않는다. 각 버튼의 동작은 메뉴바를 통해 액세스할 수 있다.

	이미지 설정 에디터		GCP/수동 타이 포인트(tie point) 관리
	결과보고서		결과 폴더 열기
	재최적화		재구성 및 최적화
	사용자 옵션 • 사용자 이름으로 로그인 • 클라우드 프로젝트 • 관리 라이선스 • 로그아웃	《 》	슬라이드 바 표시/숨기기

툴바 : 이미지 설정 에디터

- 이미지의 지리적 위치가 참조하는 좌표계를 설정한다.
- 좌표 및 선택적으로 이미지의 방향 및 좌표의 정확도를 가져오거나 내보낸다.
- 이미지의 위치정보 정확도를 설정한다.

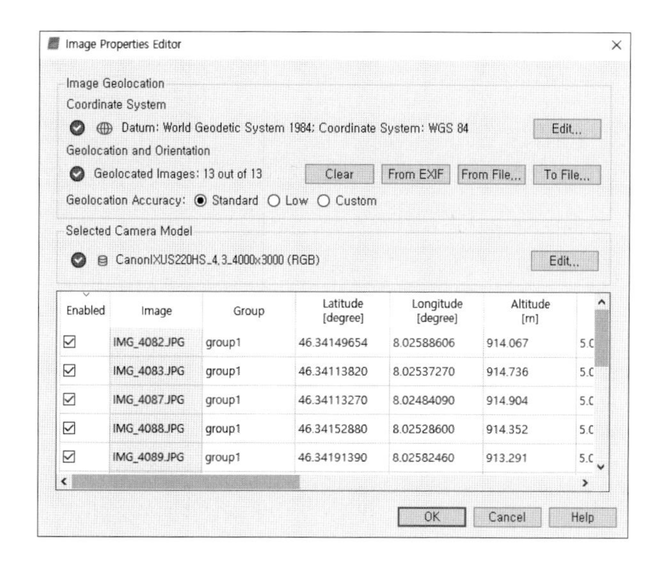

- Image Geolocation(이미지 지구좌표) : 선택한 이미지의 데이텀(좌표계)을 나타낸다. 기본적으로 선택된 데이텀은 WGS84(World Geodetic System 1984, 세계측지계 1984)이다.
- 좌표 시스템 : 선택된 이미지의 좌표 시스템이 나타난다. 기본적으로 선택된 좌표 시스템은 WGS84이다.
- Edit(편집)를 누르면 아래와 같은 창이 생성된다.

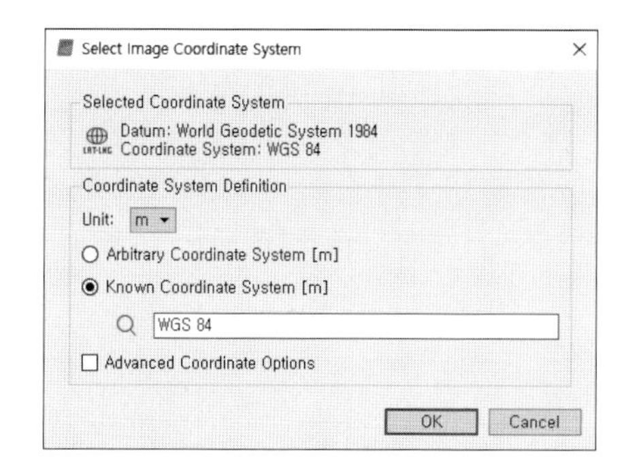

- Coordinate System Definition(좌표 시스템 정의)를 통하여 좌표계 설정을 바꿀 수 있다.
  ※ GCP, Image 출력 부분에서 더욱 상세하게 다루게 된다.

▸ Geolocation and Orientation(위치 결정 및 정위)
  - Clear : 이미 가져온 좌표를 삭제
  - From EXIF : EXIF(이미지 파일 메타데이터)에서 이미지 위치정보를 가져옴
  - 이미지 위치정보 및 방향 파일 가져오기
  - 이미지의 위치와 방향을 파일로 저장

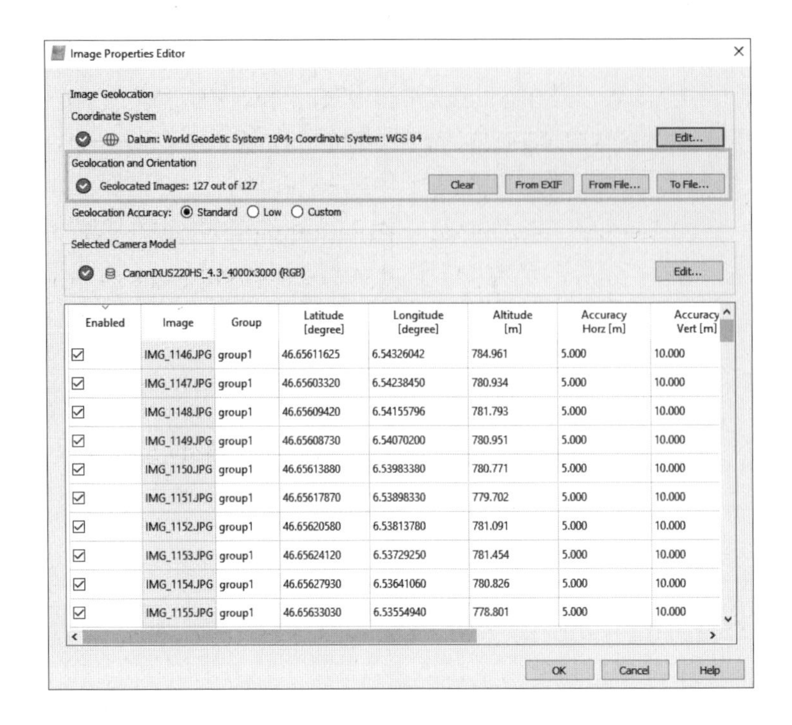

▶ EXIF(이미지 파일 메타데이터)에서 이미지 위치정보 가져오기

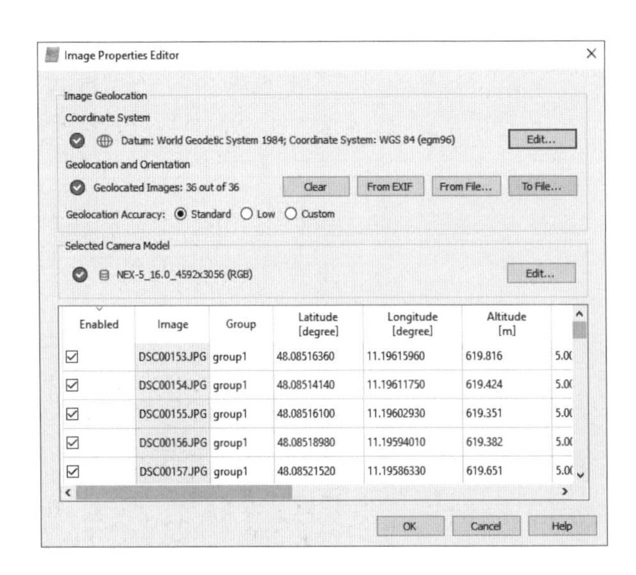

- 이미지 지오로케이션(Geolocation)이 이미지 파일의 EXIF 데이터에 기록되면 이미지를 가져올 때 Pix4Dmapper가 자동으로 로드한다.
- EXIF 데이터에서 이미지 Geolocation을 다시 로드하려면 Geolocation and Orientation 아래의 Image Geolocation 섹션에서 EXIF를 클릭
- Coordinate System Definition(좌표 시스템 정의)을 통하여 좌표계에 대한 설정을 바꿀 수 있다.

▸ From File(이미지 위치 정보 및 방향 파일 가져오기)
- 일반 이미지 Geolocation 파일
- 3D Robotics 비행 기록, 3D Robotics UAV에 의해 전달됨
- CropCam UAV가 제공하는 CropCam 비행 기록
- QuestUAV UAV가 제공하는 QuestUAV 비행 기록
- Tetracam이 배달한 Tetracam 비행 기록

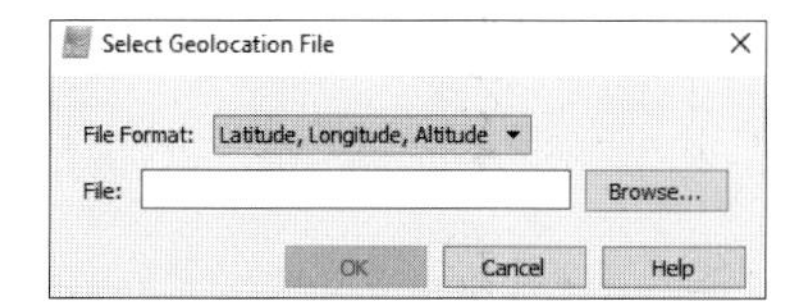

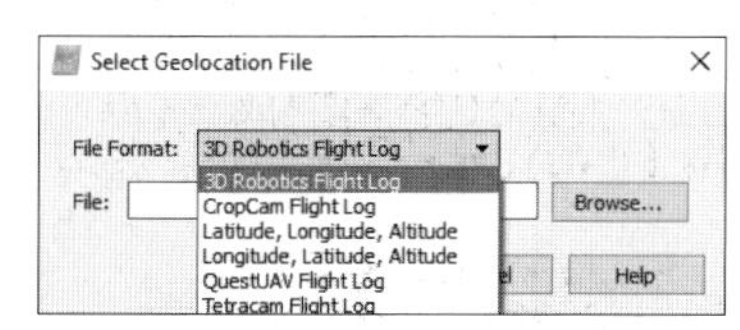

▸ To File(이미지의 위치와 방향을 파일로 저장)

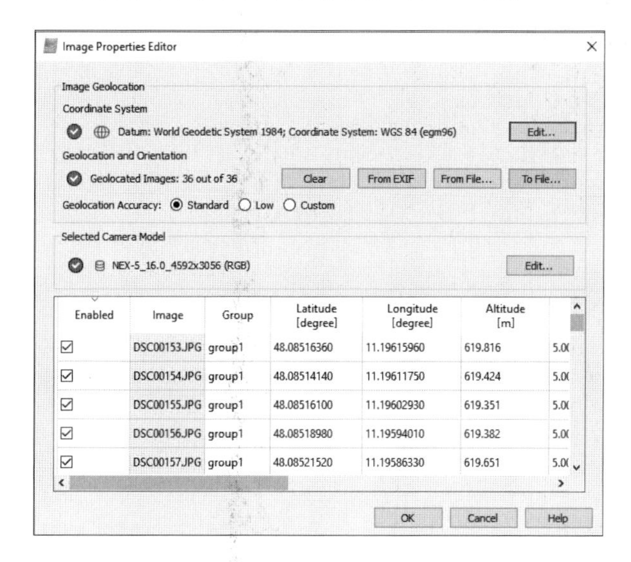

▸ 이미지 내보내기 지오메트리 팝업

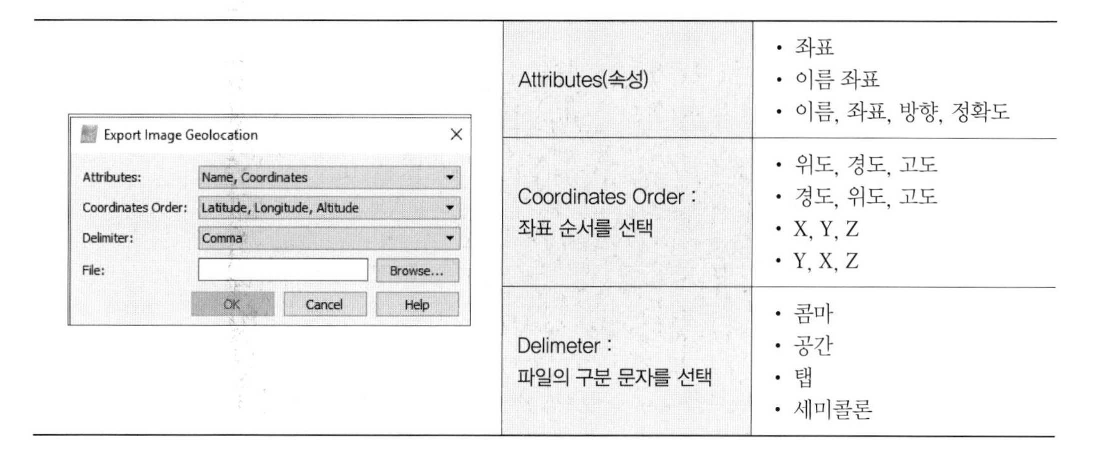

Export Image Geolocation	Attributes(속성)	• 좌표 • 이름 좌표 • 이름, 좌표, 방향, 정확도
	Coordinates Order : 좌표 순서를 선택	• 위도, 경도, 고도 • 경도, 위도, 고도 • X, Y, Z • Y, X, Z
	Delimeter : 파일의 구분 문자를 선택	• 콤마 • 공간 • 탭 • 세미콜론

▸ Selected Camera Model(카메라 모델 선택)

- 카메라 모델은 다음 방법으로 편집할 수 있다.
    - 기존 카메라 모델 목록에서 다른 카메라 모델 선택
    - 기존 카메라 모델 편집
    - 새 카메라 모델 만들기
    - 편집된 카메라 모델을 데이터베이스에서 카메라 모델로 재설정하기

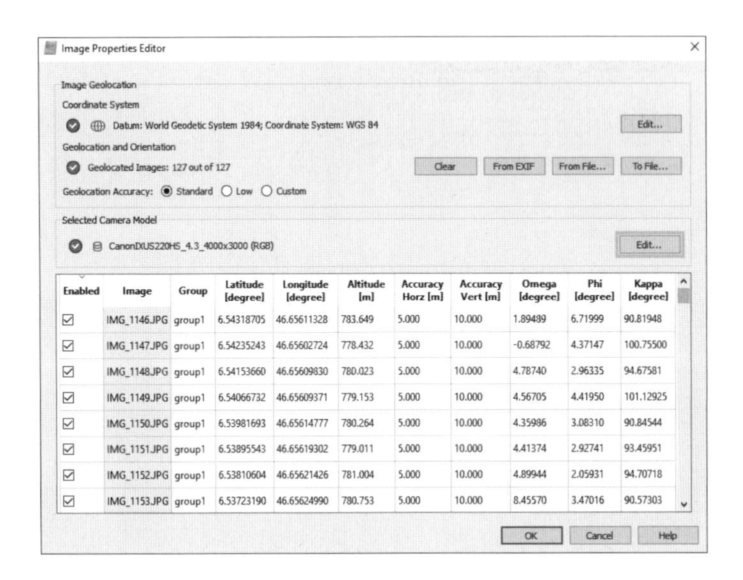

- 카메라에 처음 할당된 카메라 모델과 다른 카메라 모델을 선택한 경우, 현재 선택된 카메라 모델에 동일한 EXIF ID를 할당할지 여부를 묻는 팝업창이 나타난다.

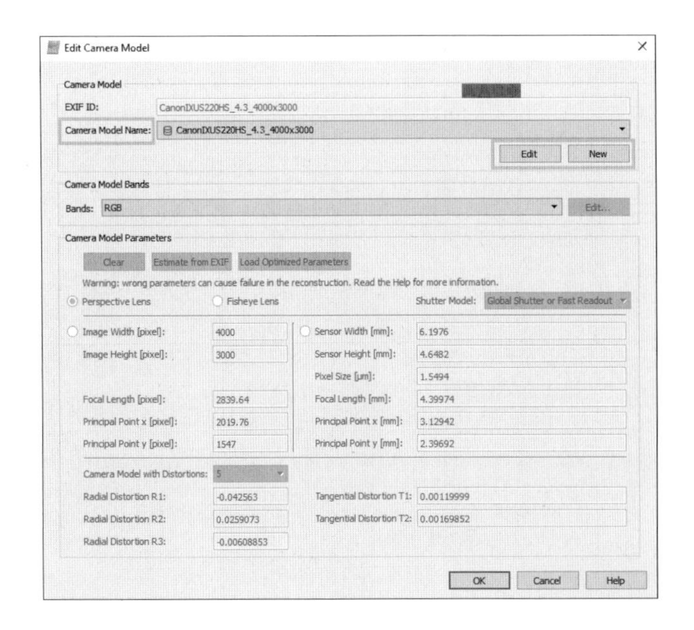

▸ 카메라 모델을 다른 기존 카메라 모델로 변경
- 카메라 모델 섹션에서 카메라 모델 이름 드롭다운(drop-down) 메뉴 클릭
- 오른쪽 스크롤 막대를 사용하여 원하는 카메라 모델을 클릭

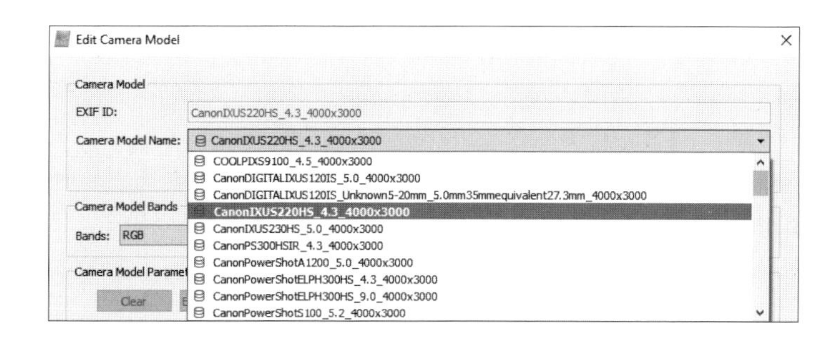

▸ 기존 카메라 모델 편집
- 카메라 모델 섹션에서 편집을 클릭
- Perspective Lens 또는 Fisheye Lens 사이의 렌즈 유형을 선택

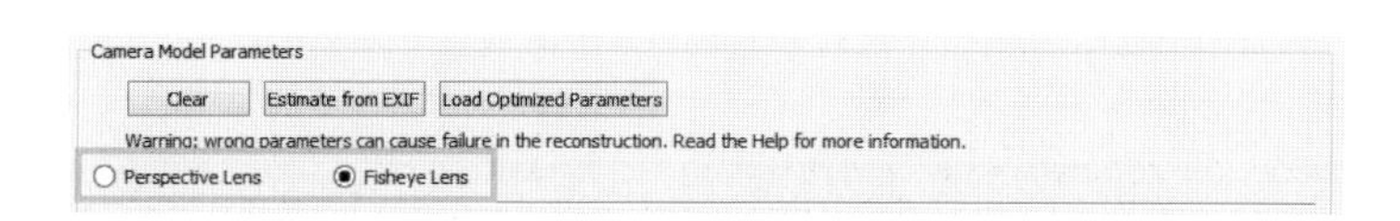

- 매개변수값을 변경하여 매개변수를 편집

카메라 모델명	카메라 모델의 이름을 입력하는 데 사용되는 입력란. 다음과 같이 입력하는 것이 좋다. camera_name_focal_length_sensor width×sensor_height
이미지 너비[픽셀]	이미지 폭(픽셀 단위)
이미지 높이[픽셀]	이미지 높이(픽셀 단위)
초점거리[픽셀]	초점길이(픽셀 단위로 정의된 경우 mm값이 자동으로 계산되어 해당 필드에 추가됨)
주요 포인트 x[픽셀]	원점 x좌표(픽셀 단위로 정의된 경우 mm값이 자동으로 계산되어 해당 필드에 추가됨)
주 포인트 y[픽셀]	주점 y좌표(픽셀 단위로 정의된 경우 mm값이 자동으로 계산되어 해당 필드에 추가됨)
센서 너비[mm]	센서 폭(mm)
센서 높이[mm]	센서 높이(mm)
픽셀 크기[μm]	픽셀 크기(μm)
초점거리[mm]	초점길이(mm)(mm로 정의된 경우 픽셀값이 자동으로 계산되어 해당 필드에 추가됨)
주요 포인트 x[mm]	원점 x좌표(픽셀 단위로 정의된 경우 mm값이 자동으로 계산되어 해당 필드에 추가됨)
주 포인트 y[mm]	주점 y좌표(픽셀 단위로 정의된 경우 mm값이 자동으로 계산되어 해당 필드에 추가됨)
방사형 왜곡 R1	렌즈의 방사형 왜곡 R1 매개변수(선택사항, 왜곡매개변수를 0으로 두는 것이 좋다)

(계속)

방사형 왜곡 R2	렌즈의 방사형 왜곡 R2 매개변수(선택사항, 왜곡매개변수를 0으로 두는 것이 좋다)
방사형 왜곡 R3	렌즈의 방사형 왜곡 R3 매개변수(선택사항, 왜곡매개변수를 0으로 두는 것이 좋다)
접선 왜곡 T1	렌즈의 접선왜곡 T1 매개변수(선택사항, 왜곡매개변수를 0으로 두는 것이 좋다)
접선 왜곡 T2	렌즈의 접선왜곡 T2 매개변수(선택사항, 왜곡매개변수를 0으로 두는 것이 좋다)

- 지우개를 클릭하여 매개변수를 재설정할 수 있다.
  - 이미지에 EXIF 데이터의 카메라 모델에 대한 충분한 정보가 있는 경우 EXIF에서 Estimate from EXIF 데이터를 클릭하여 매개변수를 추정할 수 있다.
  - 편집된 정보를 저장하는 두 가지 방법이 있으며, 카메라 모델을 카메라 데이터베이스에 저장하려면 DB에 저장을 클릭하고 확인을 클릭, 두 번째로 프로젝트의 카메라 모델을 저장하려면 확인을 클릭
- 카메라 모델 섹션에서 새로 만들기를 클릭하여 새 카메라 모델을 만들 수 있다.
- 편집된 카메라 모델을 데이터베이스 카메라 모드로 재설정
  - 카메라 모델 섹션에서 카메라 모델 이름 드롭다운 목록을 클릭하여 재설정해야 할 카메라 모델을 선택하고 복원을 클릭한다.

참고 ▶ 초점과 초점거리

렌즈는 빛을 굴절시킨다. 볼록렌즈의 경우 렌즈에 평행하게 입사한 빛은 하나의 점(point)에 모이게 된다. 이렇게 모이는 점을 초점(focal point)이라고 한다. 렌즈로 입사한 빛이 렌즈의 중심축에서 꺾이기 시작하는데 이러한 꺾이는 점들을 이은 면을 제1주요면(principal 1 plane), 그 면과 렌즈의 광축(렌즈의 중심선 축)이 만나는 점을 주점(principal point)이라고 한다. 그리고 주점과 초점사이의 거리를 초점거리(focal length)라고 한다.

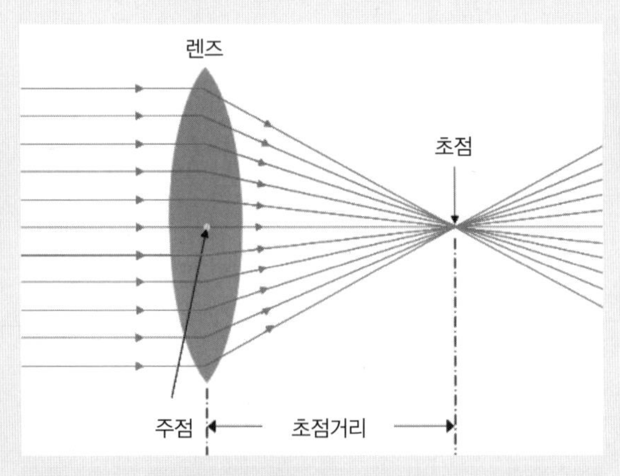

초점, 주점, 초점거리의 관계

툴바 : GCP/매뉴얼 타이 포인트 관리

- GCP Coordinate System
  - GCP/MTP/CP 위치의 기반이 되는 좌표계를 선택
- GCP/MTP table
  - GCP/MTP/CP 가져오기, 편집, 추가 및 제거
  - GCP/CP 내보내기 좌표 및 GCP의 경우 선택적으로 좌표의 정확도
  - GCP/MTP/CP의 이미지 좌표와 이미지가 표시된 이미지의 위치와 줌 레벨을 가져오거나 내보낸다.
- GCP/MTP editor : 이미지의 GCP/MTP/CP를 표시

※ 참고

GCP(Ground Control Point) 지상기준점

CP(Check Point) 검사점

MTP(Manual Tie Point) 연결점

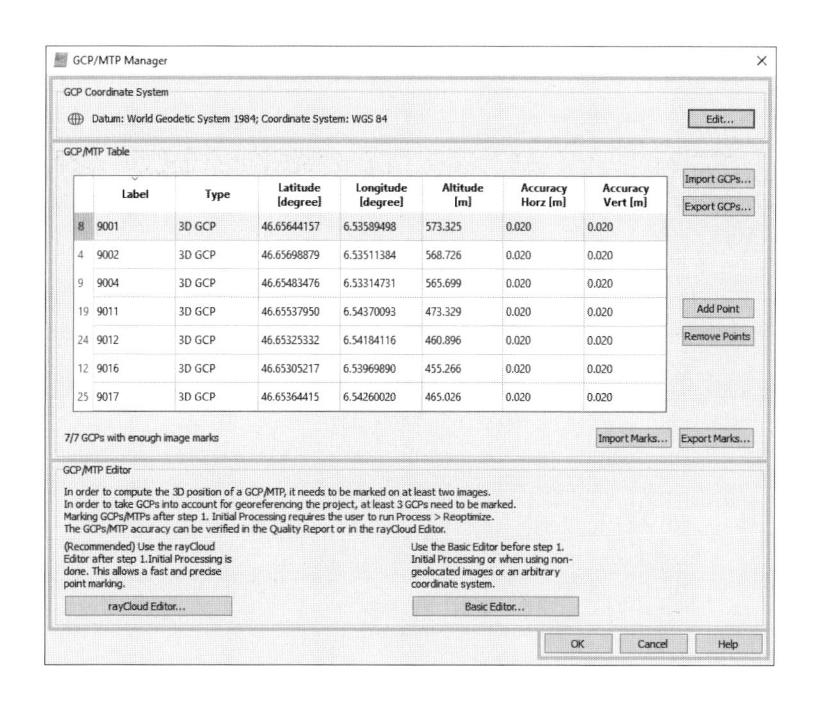

	Label	Type	Latitude [degree]	Longitude [degree]	Altitude [m]	Accuracy Horz [m]	Accuracy Vert [m]
8	9001	3D GCP	46.65644157	6.53589498	573.325	0.020	0.020
4	9002	3D GCP	46.65698879	6.53511384	568.726	0.020	0.020
9	9004	3D GCP	46.65483476	6.53314731	565.699	0.020	0.020
19	9011	3D GCP	46.65537950	6.54370093	473.329	0.020	0.020
24	9012	3D GCP	46.65325332	6.54184116	460.896	0.020	0.020
12	9016	3D GCP	46.65305217	6.53969890	455.266	0.020	0.020
25	9017	3D GCP	46.65364415	6.54260020	465.026	0.020	0.020

- GCP Coordinate System
  - Datum : 선택한 이미지의 데이터, 기본적으로 World Geodetic System 1984로 되어 있다.
  - 좌표계 : 촬영 사진이 좌표 정보를 포함하고 있는 경우 지리적 좌표계가 기본적으로 적용되며, GCP/MTP Manager 기능을 이용하여 별도 투영 좌표계를 선택하여 적용할 수 있다.
  - 편집 : 선택한 좌표계를 변경할 수 있는 GCP 좌표계 선택 팝업창이 열린다.

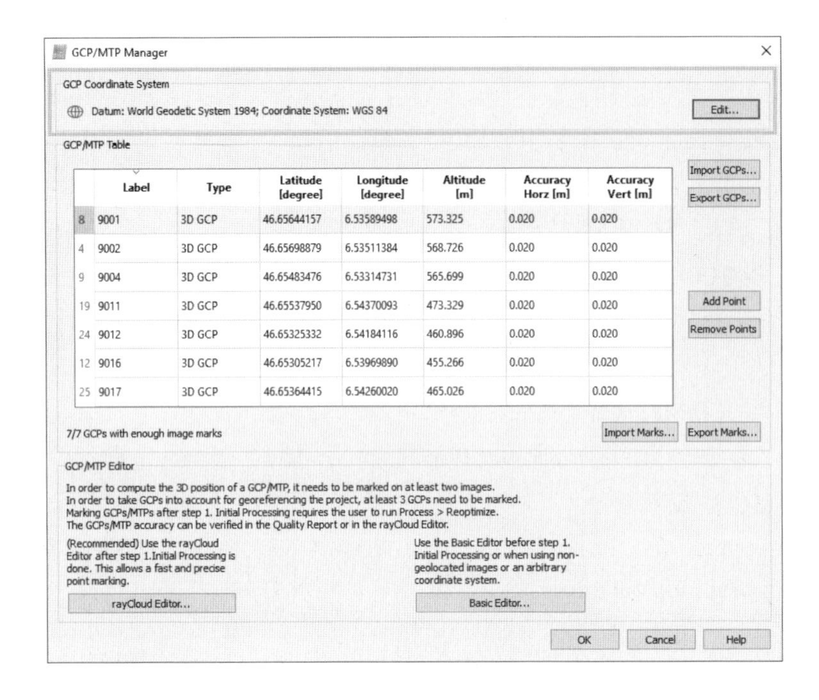

- GCP/MTP table
  - Import GCPs from file : 사용자가 GCP(지상기준점)/CP(검사점)가 있는 파일을 가져올 수 있다.
  - Export GCPs position to file : 사용자가 GCP/CP 좌표를 내보낼 수 있게 하고 GCP의 경우 선택적으로 좌표의 정확도를 내보낼 수 있다.
  - Add Point : 사용자가 수동으로 하나씩 GCP/MTP(연결점)/CP를 추가할 수 있다.

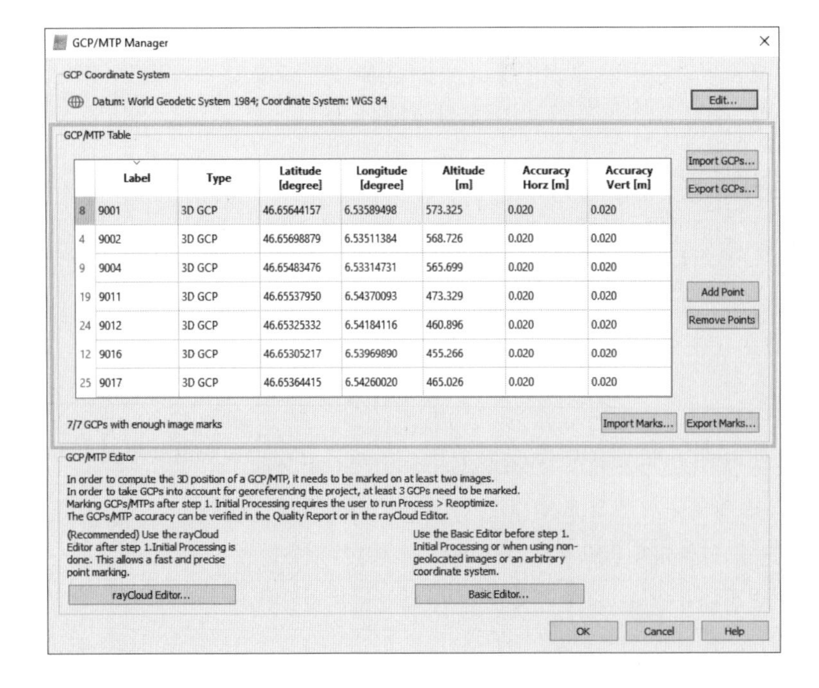

- Remove Points : 사용자가 선택한 GCP/MTP/체크 포인트를 제거할 수 있다.
- Import image Marks from file : 사용자는 표시된 이미지의 각 GCP/MTP/CP 목록과 각 이미지에 대해 좌표 및 확대/축소 수준이 포함된 파일을 가져올 수 있다.
- Export image Marks to file : 사용자는 표시된 이미지의 각 GCP/MTP/CP 목록과 각 이미지에 대해 좌표 및 확대/축소 수준이 포함된 파일을 내보낼 수 있다.
- 왼쪽 하단에는 프로젝트에 구현된 GCP 수와 최소 2개의 이미지로 표시된 GCP를 나타내는 상태 텍스트가 표시된다.

- GCP/MTP Editor
  - 사용자가 초기 이미지의 GCP/MTP/체크 포인트를 표시/편집할 수 있다.
  - rayCloud Editor(use the raycloud editor to edit the selected point) : 화면이 raycloud 작업창으로 전환되며, 편집을 실행할 수 있다.
  - Basic Editor(use the basic editor to edit the selected point) : 기본 GCP/MTP 편집기 팝업을 활용하여 포인트 표시/편집을 실행할 수 있다.

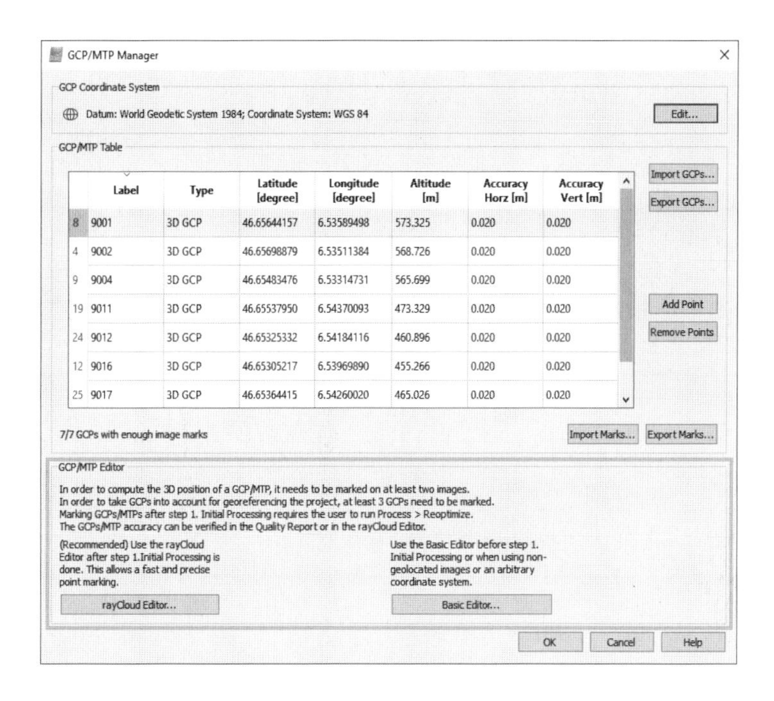

- Basic Editor
  - GCP/MTP Table : 사용자가 GCP/MTP/CP 값과 상태를 편집할 수 있게 해주는 섹션
  - Images : 모든 이미지가 포함된 목록
  - Preview : GCP/MTP/CP가 이미지에 표시
  - GCP/MTP Manager : Basic GCP/MTP Editor를 닫고 GCP/MTP Manager로 돌아감

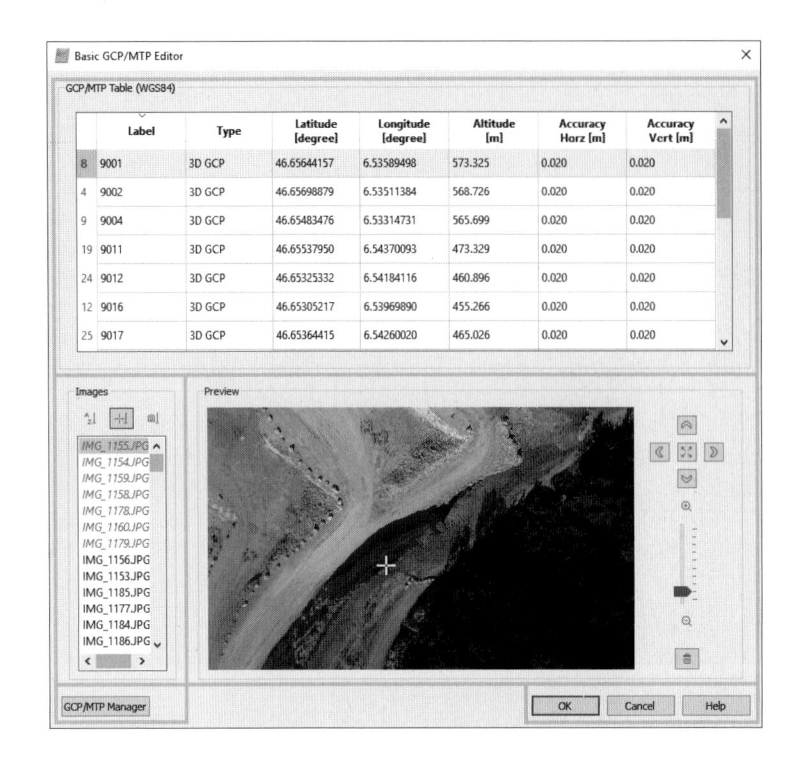

(3) 뷰 툴바

- 프로젝트의 상태 및 프로젝트와 선택된 옵션의 상태에 따라 선택적으로 보기가 나타난다.
- 소프트웨어를 시작할 때 Welcome 보기만 활성화 되고, 다른 옵션은 활성화 혹은 비활성화된다.

※ 메뉴바의 View > Show View 툴바를 클릭하여 툴바 보기를 숨길 수 있다.

	시작		지도 보기
	레이 클라우드		모자이크 편집기
	지수 계산기		재구성 및 최적화

- 프로젝트를 열 때 메뉴바, 툴바, 뷰 툴바 및 메인 보기

- 지도 보기 선택 시 메뉴바, 툴바, 뷰 툴바 및 메인 보기

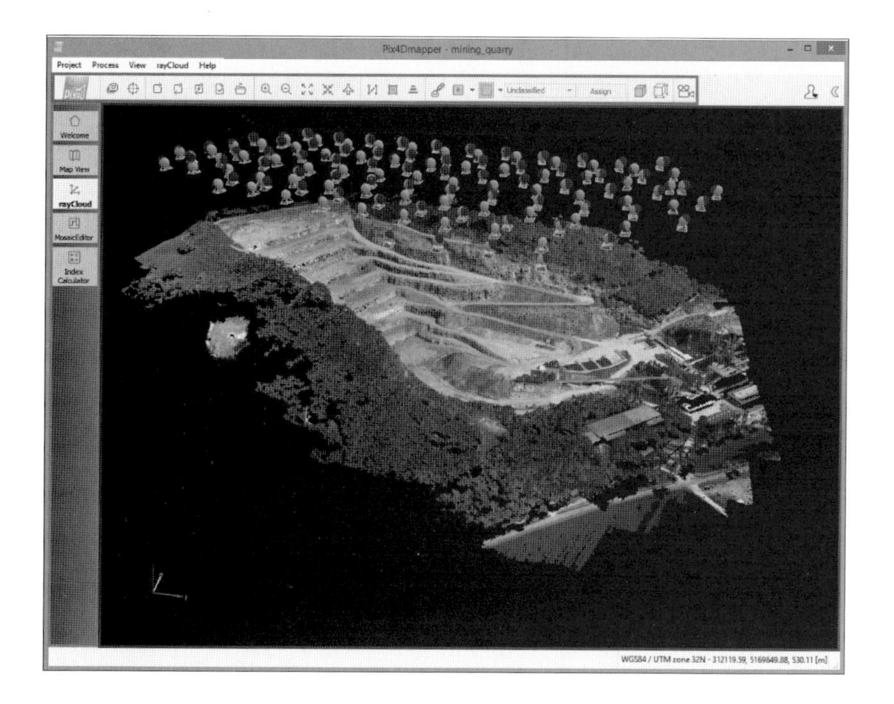

- 레이 클라우드가 생성되어 선택되어 있을 때 메뉴바, 툴바, 뷰 툴바 및 메인 보기

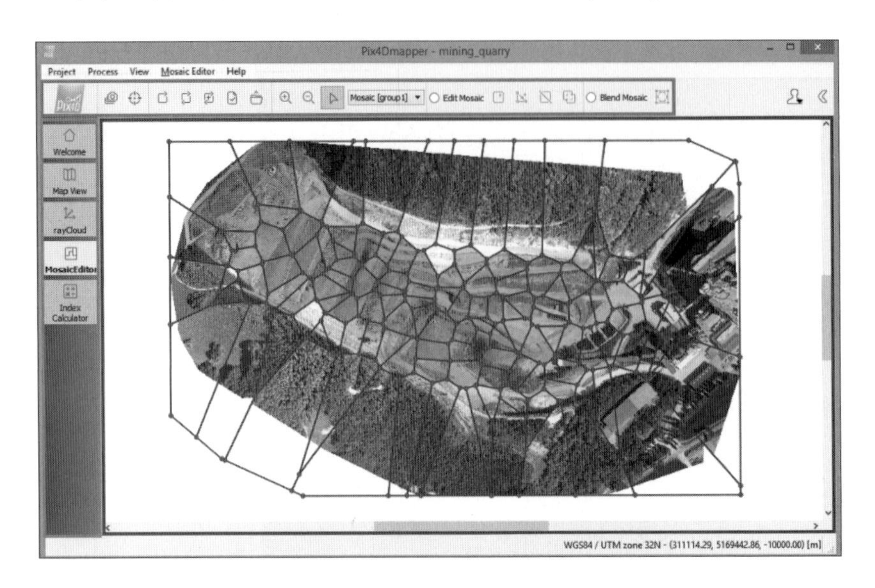

- 모자이크 에디터가 선택되어 있을 때 메뉴바, 툴바, 뷰 툴바 및 메인 보기

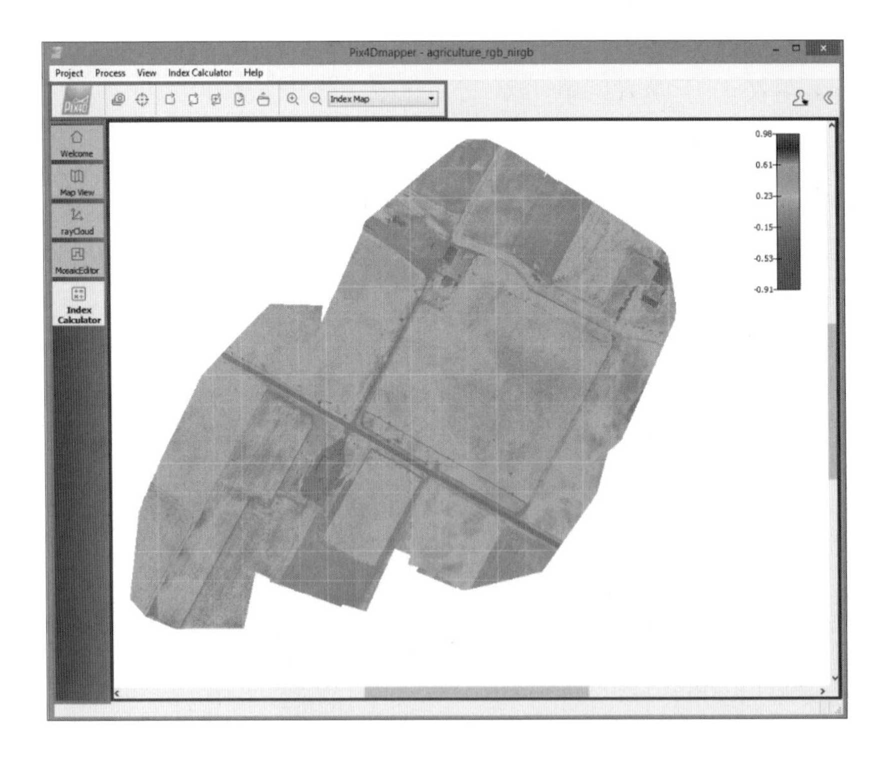

2) Pix4D mapper Pro 인터페이스 변화

(1) 뷰 툴바 ⌂ Welcome

- Projects
  - New Project... : 새 프로젝트 생성을 안내
  - Open Project... : 존재하는 프로젝트를 가져온다. 탐색할 팝업창이 열리며 .p4d 프로젝트 파일(Pix4dmapper 프로젝트 파일 형식)을 선택
  - Recent Project... : 최근 열었던 4개의 프로젝트를 표시, 클릭하면 프로젝트 열림
  - Tips : 소프트웨어 사용를 위한 자세한 설명을 포함한 기술 자료 문서 열림

- Help
  - Getting Started : 서포트 사이트를 열어 Getting Start index를 표시한다. 이 가이드에는 Pix4Dmapper를 시작하는 방법에 대해 설명한다. Pix4D를 사용하기 전에 최상의 결과를 성취하기 위한 좋은 데이터를 얻는 방법, 프로젝트 생성 방법 및 프로세싱을 시작하는 방법에 대해 단계별로 보여주며, 그라운드 컨트롤 포인트를 사용하는 것과 같은 고급 기능을 시작하는 방법에 대해서도 보여준다.
  - Pix4Dmapper manual : 서포트 사이트를 열어 Manual index를 표시
  - Quick Links : 서포트 사이트를 열어 Video Tutorial index를 표시
  - Webinars : 서포트 사이트를 열어 Webinars index를 표시
  - Support Website : 서포트 사이트를 염
  - Tips : 소프트웨어 사용를 위한 자세한 설명을 포함한 기술자료 문서 열림

(2) 뷰 툴바 Map View

- 뷰 툴바 혹은 메뉴 View에서 Map View를 클릭하면 다음 옵션이 표시
- 툴바 추가 버튼

  확대 : 선택한 보기를 확대한다.

  축소 : 선택한 보기를 축소한다.

  배경지도 변경 : 기본 창에 표시된 2D보기 배경을 변경하는 드롭다운 목록

  - Satellite(위성)(기본값) : 프로젝트 위치의 위성보기를 표시. 지오코딩된 이미지가 없고 프로젝트에 GCP가 없는 경우 전체 지구가 표시
  - 지도 : 프로젝트 위치의 지도보기를 표시. 지오코딩된 이미지가 없고 프로젝트에 GCP가 없는 경우 전체 지구가 표시. 배경지도는 Mapbox에서 제공함

- 현재 마우스 위치의 좌표가 맵 보기의 오른쪽 하단에 두 가지 유형의 좌표로 표시
  - 지리적 WGS84 좌표
  - 선택된 좌표계

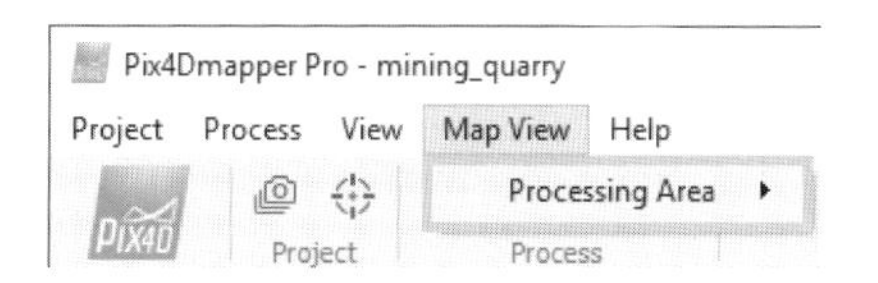

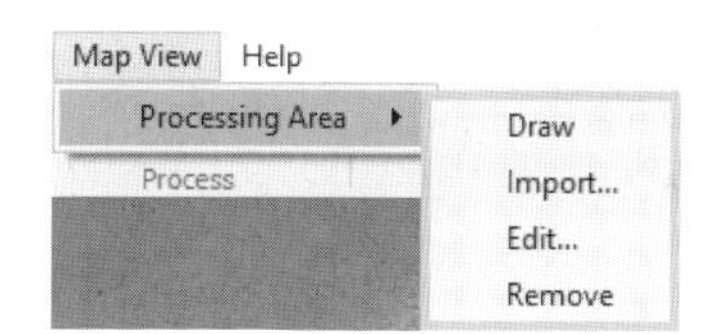

- 메뉴바에는 Map View 항목이 추가되고, 마우스를 가져가면 Processing Area가 활성화된다. Processing Area(처리 영역)은 가공의 여러 단계가 적용될 프로젝트의 면적을 나타내며, 프로젝트가 알려진 좌표계에서 지리 참조 연산을 수행하는 경우 맵 보기에서 영역을 정의할 수 있다.
  - Draw : 가공 영역을 직접 그려 정의한다.
  - Import... : 파일을 선택하여 영역을 가져온다.
  - Edit... : 편집
  - Remove : 제거

(3) 뷰 툴바 rayCloud

- 메뉴에 rayCloud 항목이 추가
- 툴바에 rayCloud와 관련된 항목 추가
- 왼쪽 사이드 바가 생성되어 Create 섹션과 Layers 섹션이 구성된다.
  - Create 섹션을 통해 사용자는 Processing Area, Objects, Scale, Orientation Constraints 및

Orthoplanes 를 생성할 수 있다.

- 레이어 섹션은 3D 뷰에 표시되는 레이어와 하위 레이어 (요소)의 목록을 표시한다. 기존 요소의 표시 옵션을 편십하고 요소를 3D 보기에 삽입하거나 가져오고 요소를 파일로 내보낼 수 있다.

- 기본 보기가 3D 보기 표시된다.
- Properties(속성들) 오른쪽 사이드 바에 Seclection에 선택한 요소에 대한 정보, Images에서 관련 사진들을 표시한다.
- 오른쪽 하단에 3D 뷰에 표시된 요소 위로 마우스를 가져갈 때 좌표를 표시한다.

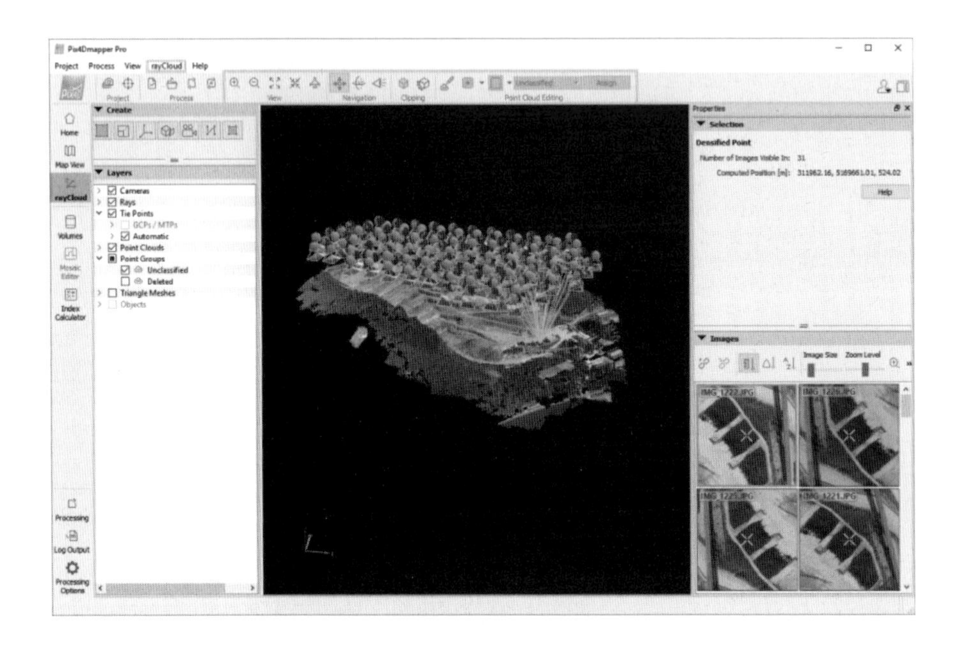

- rayCloud는 선택 사항을 통하여 다음과 같은 용도로 사용할 수 있다.
  - 재구성[카메라 위치, 재투영(광선), GCP, 수동/자동 타이 포인트, 프로세싱 영역, 클리핑 박스, 밀도가 높은 포인트 클라우드, 지형/객체/다른 클래스의 클래스, 3D 텍스처 메쉬, 객체, 비디오]를 시각화한다. 애니메이션 궤도 및 해당 속성
  - 다른 프로젝트 또는 다른 소프트웨어로 만든 점 Cloud를 사용하여 점 Cloud/삼각형 메쉬를 시각화
  - GCP 또는 축척 및 정위 제약 조건을 사용하여 프로젝트에 지리참조(Georeference)를 한다.
  - 선택한 평면의 모자이크를 얻기 위해 직각도를 작성(예 : 건물 정면)
  - 재구성의 정확성을 검증/개선
  - 포인트 Cloud의 포인트를 다른 클래스에 지정
  - 재구성의 시각적 측면을 향상
  - 객체 생성, 거리 측정(폴리 라인) 및 서페이스
  - 3D Fly-trought 애니메이션 제작(Video Animation Trajectories)

- 다양한 요소 내보내기(GCP, 수동/자동 타이 포인트, 객체, 비디오 애니메이션 궤적)
- 하나 또는 여러 클래스에 속한 점을 사용하여 점 Cloud 파일을 만든다.

뷰 툴바 rayCloud/메뉴바 Viewpoint

- Viewpoint

메뉴 막대 사용 rayCloud > Viewpoint 또는 메뉴 막대 Volumes > Viewpoint	
View all(전체 보기)	3D 보기에서 모든 레이어를 맞추기 위해 관측점을 이동
Focus on Selection(초점 선택)	선택한 요소(점, 카메라)를 자세하게 표시하기 위해 시점을 이동
Top(위쪽)	3D 보기에서 모든 레이어에 맞춰 레이어를 맨 위에서 보는 방식으로 관측점을 이동
Front(앞면)	레이어가 정면에서 보이고 3D 뷰의 모든 레이어에 맞춰지도록 뷰포인트를 이동
Back(뒷면)	레이어를 뒤에서 볼 수 있고 3D보기의 모든 레이어에 맞춰 지도록 뷰포인트를 이동
Left(왼쪽)	뷰가 레이어의 왼쪽 부분을 바라보고 3D 뷰의 모든 레이어에 맞춰 지도록 뷰포인트를 이동
Right(오른쪽)	뷰가 레이어 오른쪽을 향하게 하고 3D 뷰의 모든 레이어에 맞춰 지도록 뷰포인트를 이동
Home	rayCloud를 열 때 기본 관측점으로 이동하고 모든 레이어에 맞춤
키보드 사용	
View all(전체 보기)	"C"키를 누른다.
Focus on Selection(초점 선택)	"F"를 눌러 시점을 이동
Top(위쪽)	"7"
Front(앞면)	"1"
Back(뒷면)	"Ctrl"+"1"
Left(왼쪽)	"3"
Right(오른쪽)	"Ctrl"+"3"
Home	"0"

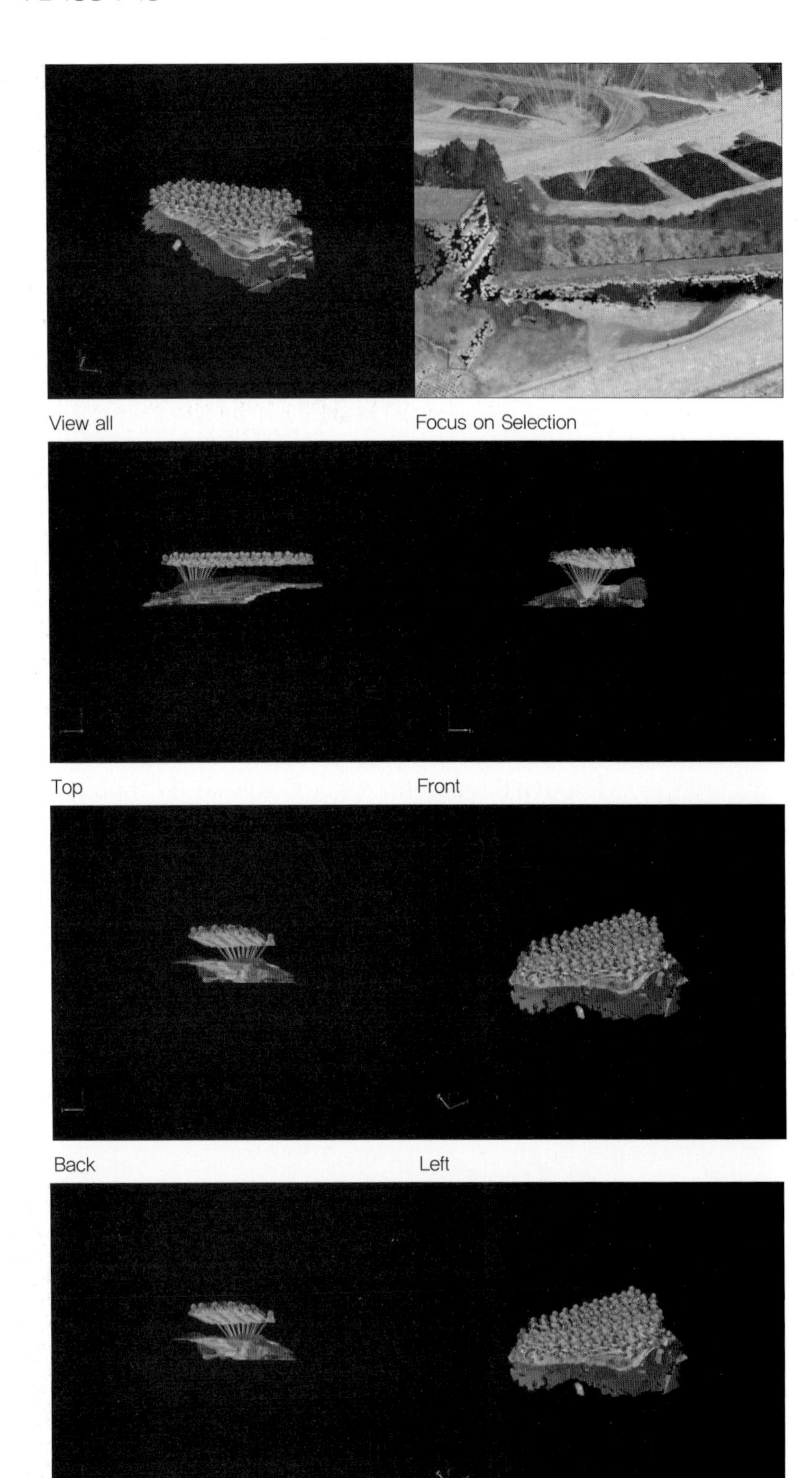

View all
Focus on Selection
Top
Front
Back
Left
Right
Home

뷰 툴바 rayCloud/메뉴바 Navigation Modes

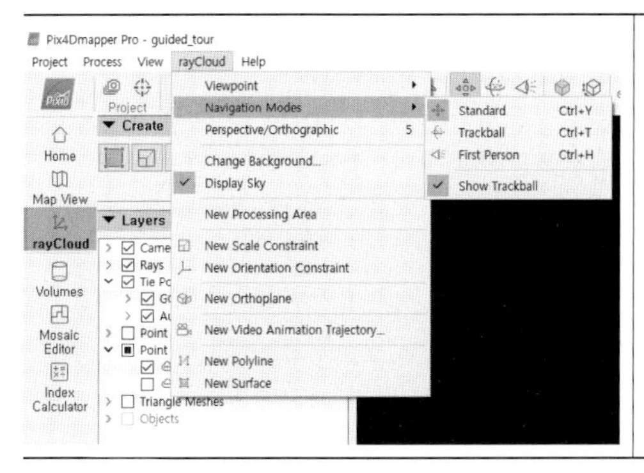

- Standard : Pix4D 표준 탐색 모드
- Trackball : 볼 중심에 조사 영역을 배치 볼에 상대적으로 정의, 단일 중심 객체를 효율적으로 탐색
- First Person : 사용자가 모델 조작을 통해 카메라 조종을 시뮬레이션하여 뷰와 상호작용, 정밀 검사 및 복잡한 자유형이 필요한 모델에 적합

※ 자세한 내용은 실습을 통해 경험

뷰 툴바 rayCloud/메뉴바 Perspective/Orthographic

- 3D 뷰에서 레이어를 표시하는 데 사용되는 투영을 정의, 기본적으로 원근 투영이 사용
- rayCloud 메뉴 막대 또는 Volumes 메뉴 막대의 Perspective/Orthographic 옵션을 클릭하여 원근 투영과 정사영 투영을 전환할 수 있다.
- "5"를 눌러 키보드를 사용하여 뷰 유형을 원근법에서 투시도로 변경

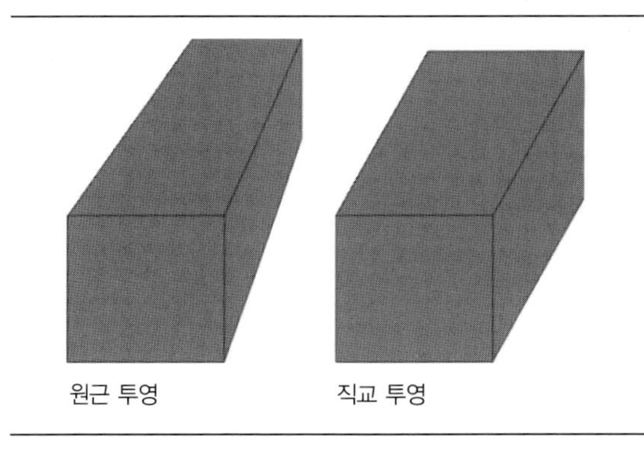

- 원근 투영 : 평행선이 평행하게 보이지 않으며 추가 개체가 더 작게 보이는 인간의 눈이 보는 것과 같음
- 직교 투영 : 평행선은 평행을 유지한다. 따라서 물체의 크기는 거리에 의존하지 않으므로 기술 도면에 권장

뷰 툴바 rayCloud/메뉴바 Change Background

- 사용자가 3D 보기 배경색을 변경할 수 있다.

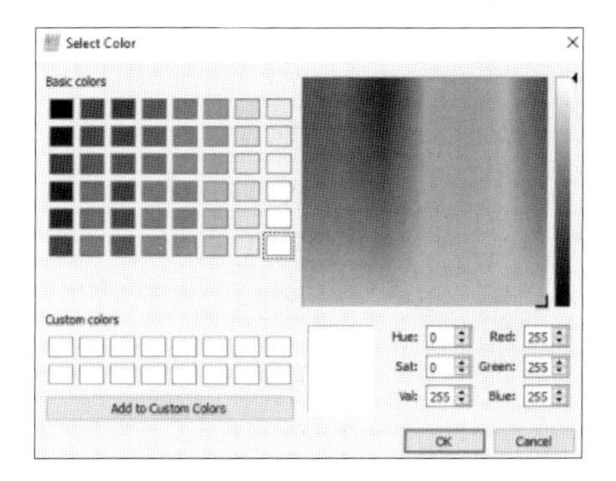

뷰 툴바 rayCloud/메뉴바 Display Sky

- 프로젝트를 기반으로 하여 비행기의 수평선에 사실적인 하늘 구배(gradient)를 사용자에게 제공한다.

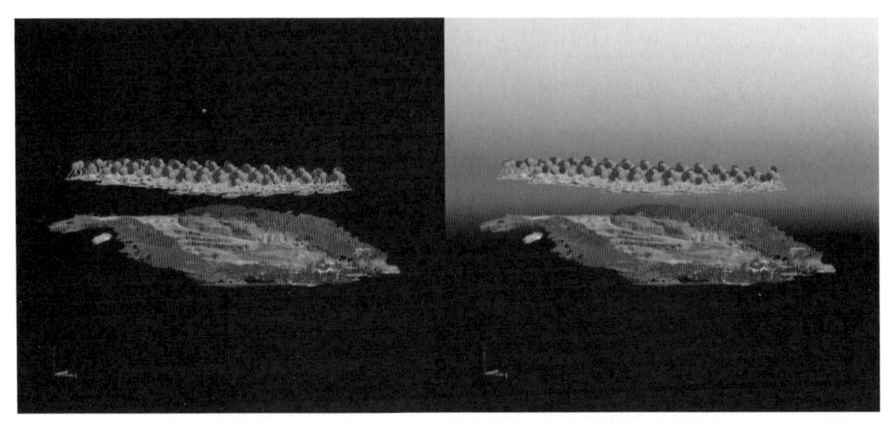

Realistic Sky Disable(기본) Realistic Sky Enable(현실적인 하늘)

뷰 툴바 rayCloud/메뉴바 New Processing Area(새로운 처리 영역)

- 처리 영역은 표시된 모델 및 생성된 출력을 제한하여 하나의 처리 영역만 프로젝트에서 그릴 수 있으며, 처리 영역이 이미 있는 경우 새 처리 영역 옵션이 회색으로 표시된다.

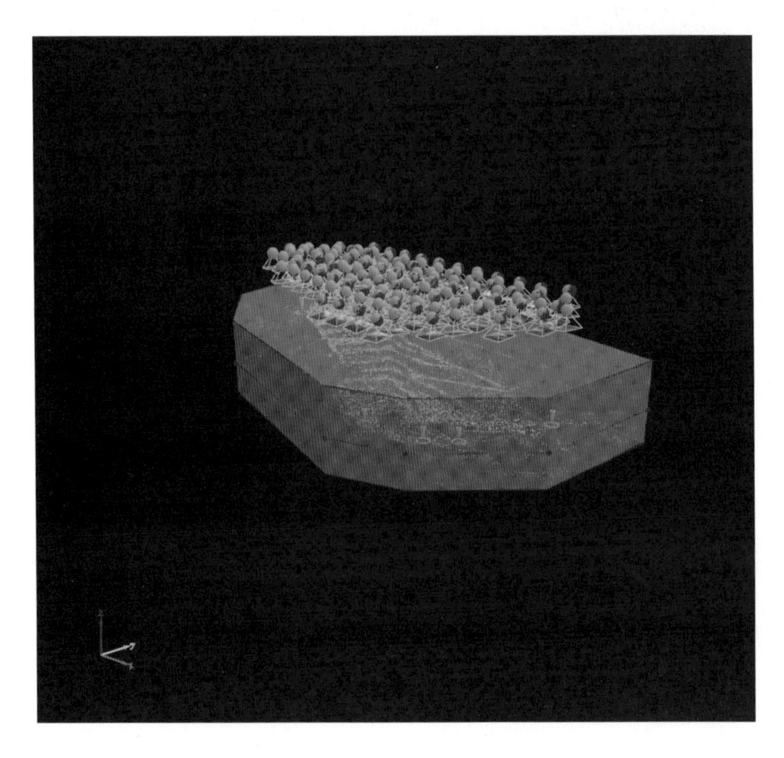

- 새로운 영역 설정은 Map view 영역 설정 참조하면 된다.

뷰 툴바 rayCloud/메뉴바 New Scale Constraint(새로운 축척 제약)

- 축척 구속 조건은 2점 사이의 실제 직교 거리로 모델의 로컬 축척을 설정할 수 있다.
- 프로젝트의 기하학에 대한 수학적 제약이며, 다음과 같은 경우에 사용된다.
  - GCP가 사용되지 않았을 때
  - 좋은 이미지 지오 로케이션이 이미지에 사용되지 않았을 때
- 2개의 알려진 점 사이의 실제 거리를 정의하여 프로젝트에 로컬 스케일을 추가하여 상대 정확도를 향상시키는 데 사용한다.

※ 여러 축척 구속 조건을 사용하여 프로젝트에 따라 반영하는 것이 좋다.

※ 일단 Scale Constraints 객체가 추가되면, 다시 크기 조정이 필요하다.

뷰 툴바 ayCloud/메뉴바 New Orientation Constraint(새로운 방위 제약)

- Orientation Constraint는 알려진 축을 나타내는 선으로 모델의 로컬 방향을 설정한다.
- 프로젝트의 기하학에 대한 수학적 제약이며, 다음과 같은 경우에 사용된다.
  - GCP가 사용되지 않았을 때
  - 좋은 이미지 지오 로케이션이 이미지에 사용되지 않았을 때
- 한 축(예 : X)에 대해 하나 이상의 오리엔테이션 구속 조건을 만들 수 있으며, 평균값이 사용됨
- 하나 이상의 원하는 축(X/Y/Z)을 정의하여 회전된 모델을 피하거나 불확실한 방향을 모델에 적용

뷰 툴바 rayCloud/메뉴바 New Orthoplane(새로운 정사 투영 영역)

- Orthoplane은 모델에 임의의 영향/수정 없이 모델의 임의 영역에 대한 하나 이상의 정사 투영 사진을 생성하는 도구이다.
- 아래 항목의 설정을 통해 orthoprojection areas를 정의하여 만든다.
  - 관심 영역(표면 및 깊이)
  - 위치
  - 투영의 방향 및 방위

※ 상자 내부의 형상(치밀한 cloud 점)만이 투영 표면을 찾는 데 사용

뷰 툴바 rayCloud/메뉴바 New Video Animation Trajectory(새로운 비디오 애니메이션 궤도)

- 애니메이션 궤적은 비디오로 생성된 3D Fly-trough 애니메이션이다.

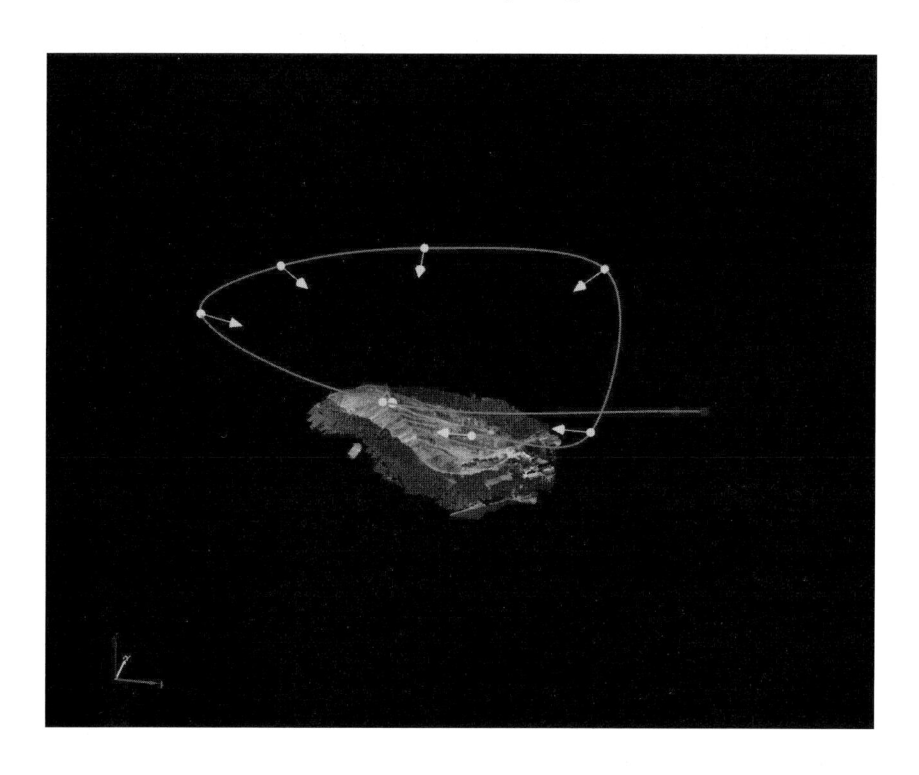

뷰 툴바 rayCloud/메뉴바 New Polyline(새로운 폴리라인)

- 폴리라인 객체는 하나 이상의 서브 라인으로 구성된 연속적인 선(line)이다. 각 선의 정점을 지정하여 만든다.

뷰 툴바 rayCloud/메뉴바 New Surface(새로운 표면)

- 서페이스(surface)는 도로, 건물 지붕 등과 같은 평면 영역을 정의하는 데 사용할 수 있는 객체로 DSM을 수정하고 이러한 서페이스에서 보다 정교한 orthomosaic을 생성하는 데 사용한다.

뷰 툴바 rayCloud/툴바 추가 버튼

- View

확대 : 선택한 보기를 확대한다.

축소 : 선택한 보기를 축소한다.

전체 보기 : 기본적으로 프로젝트 중심을 기준으로 초점이동 보기

초점 선택 : 선택한 점 중심으로 초점 이동 보기

위에서 보기 : 3D 레이어를 위에서 보는 시점

- Navigation(앞에서 언급)

표준 카메라 모드

트랙볼 설정 모드

1인칭 설정 모드

- Navigation(앞에서 언급)

클립 포인트 클라우드 : 3D 보기에서 클리핑 상자를 적용하고 클리핑 상자에 포함된 영역만 시각화

편집 클리핑 상자 : 클리핑 상자를 시각화하여 클리핑 상자 오른쪽 사이드 바의 속성, 3D 뷰 또는 오른쪽 사이드에서 편집한다.

※ 상세한 내용은 실습을 통하여 경험

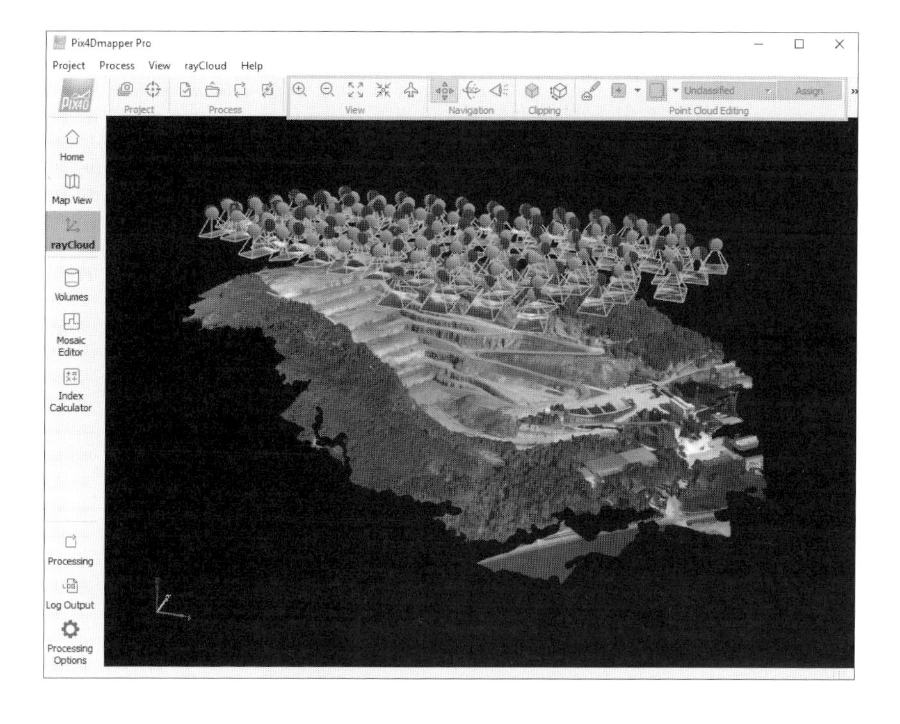

뷰 툴바 rayCloud/툴바 추가 버튼

- Point Cloud Editing

Densified Point Cloud 편집 : Edit Point Cloud Densification 모드를 시작/종료하여 아래 편집 툴바 버튼을 활성화/비활성화

선택 영역에 점 추가 : 사용자가 편집할 점을 선택

선택에서 포인트 제거 : 사용자가 편집할 점의 선택을 취소

모두 선택 : 사용자가 편집할 모든 보이는 점을 선택

Clear Selection : 사용자가 선택한 모든 점을 지울 수 있음

선택 반전 : 편집할 선택된 점을 선택 취소하고 그 반대로 변환

Unclassified 사용자가 선택한 점이 할당될 점 그룹을 선택

- Unclassified(선택 안 함) : 기본적으로 선택된다. 다른 점 그룹에 속하지 않는 점을 포함한다. 기본적으로 모든 포인트는 분류되지 않는다.
- Deleted : DSM, Orthomosaic and Index 3 단계에서 사용하지 않을 점. DSM, Orthomosaic 및 Index 3 단계를 처리할 때 삭제된 포인트 그룹에 속한 포인트만 사용되지 않는다.
- (optional) Terrain 및 (optional) Objects : Run Terrain/Object Point Cloud 분류를 실행할 때 자동으로 생성, Point Cloud 및 Mesh가 완료되면 처리 옵션인 Terrain/Object Points로 분류 옵션이 활성화
- (optional) Others : 사용자가 수동으로 만든 다른 그룹
- New Point Group : 새로운 Point Group을 생성하는 옵션. 새 포인트 그룹을 클릭하면 팝업이 나타나고 새 포인트 그룹 이름을 입력하고 확인을 클릭

Assign 선택한 점을 선택한 점 그룹에 지정

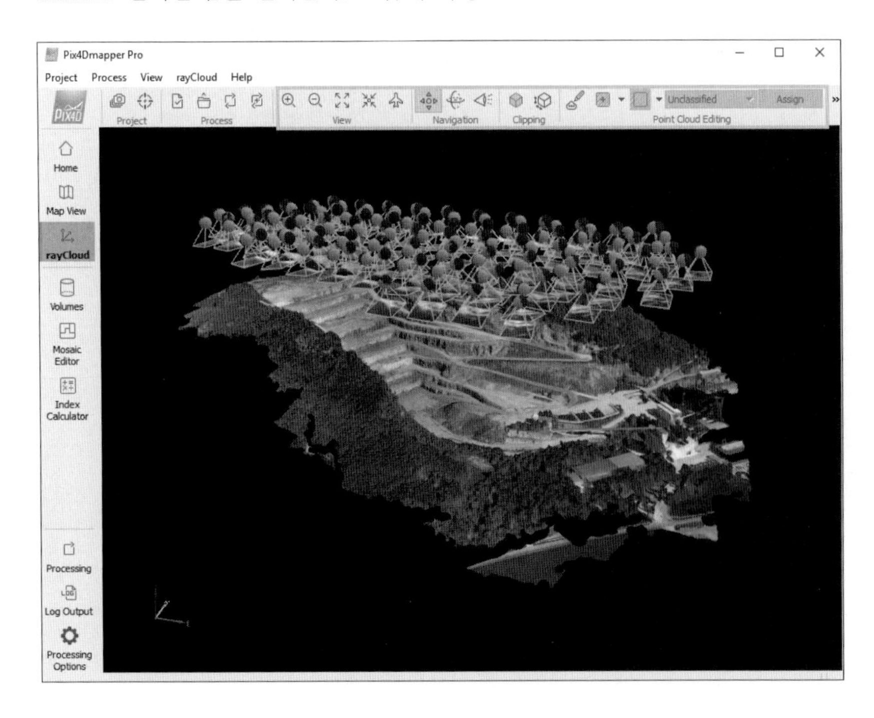

뷰 툴바 rayCloud/뷰 툴바 Camera

- Create : 이 섹션을 통해 사용자는 처리 영역, 방향 제약, 스케일 제약, 직교 평면, 비디오 애니메이션, 선 및 곡면을 생성
- layers : 이 섹션에서는 3D 보기에 표시할 수 있는 모든 개체 그룹을 그룹화

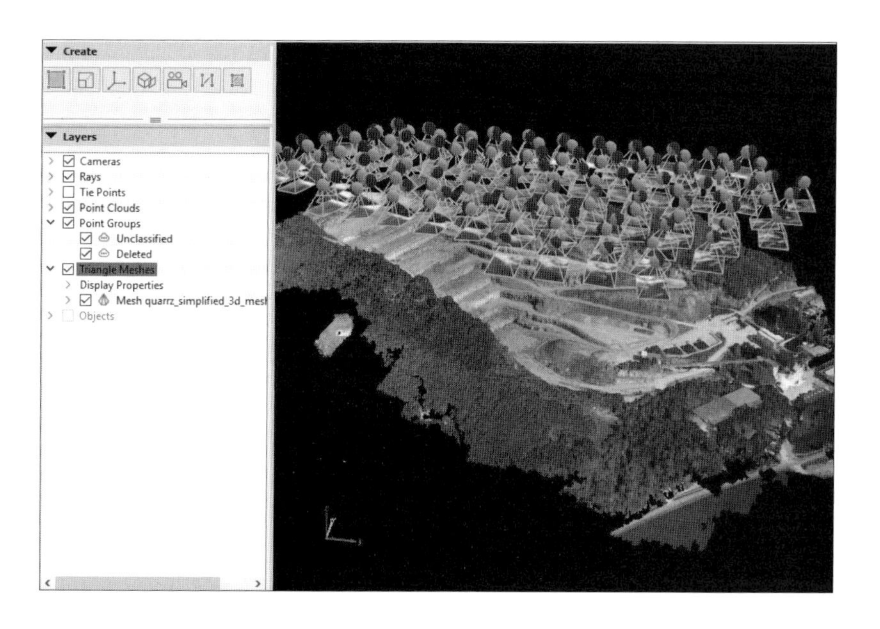

Create Processing Area(처리 영역 작성) : 사용자가 처리 영역을 작성할 수 있다. 처리 영역이 생성되면 아이콘이 회색으로 표시된다.

크기 조정

방향 조정

정사(orthoplane)면 조정

새로운 비디오 에니메이션 궤도 생성

새로운 폴리라인 생성

새로운 면 생성

※ 앞에서 언급한 메뉴 rayCloud 탭의 항목과 같은 기능

- Layers : 3D 보기에 표시할 수 있는 객체 그룹으로, 왼쪽 사이드바의 Layers 섹션에는 다음과 같은 레이어가 있다.
  - Cameras(카메라) : 프로젝트의 모든 카메라를 포함하며, 하나의 카메라가 각 이미지와 연결된다.
  - Rays(광선) : 모델의 선택된 점과 점이 발견된 카메라 사이의 광선을 표시하거나 숨길 수 있다. 광선 표시 속성을 담고 있다.
  - Tie Pints(타이 포인트) : 수동 타이 포인트, GCP, 체크 포인트 및 자동 타이 포인트를 담고 있다.
  - Processing Area(처리 영역) : (처리 영역이 있는 경우에만 사용 가능) 처리 영역을 담고 있다.
  - Point Clouds(포인트 클라우드) : 포인트 클라우드(고밀도 Point Cloud 및 로드된 외부 포인트

클라우드)를 담고 있다.

- Point Groups(포인트 그룹) : 포인트의 다른 그룹을 (조밀화된 점 cloud의 각각의 point가 하나의 그룹에 할당) 담고 있다.
- Triangle Meshes(삼각형 메쉬) : 삼각형 메쉬(Pix4Dmapper에서 생성되거나 가져오기)를 담고 있다.
- Objects : 폴리라인, 서페이스, 비디오 애니메이션 궤적, 직교, 스케일 제약 및 오리엔테이션 제약 등 모든 그려진 개체를 담고 있다(포함한다).

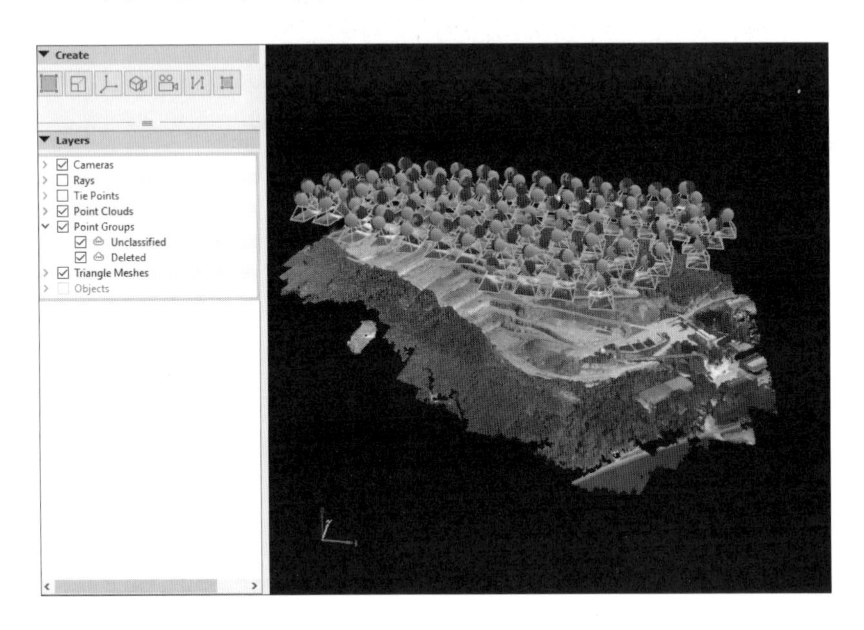

- 레이어의 왼쪽 화살표를 클릭하면 하위 레이어 및 레이어 속성이 표시되거나 숨겨진다.
- 레이어의 확인란을 클릭하면 해당 레이어가 3D 보기에 표시되거나 숨겨진다.
- 다른 레이어 속성을 편집할 수 있다.
- 일부 레이어에는 해당 레이어를 마우스 오른쪽 버튼으로 클릭하여 액세스할 수 있는 상황에 맞는 메뉴가 있다.

뷰 툴바 rayCloud/뷰 툴바 Rays

- Display Properties(디스플레이 등록 정보) : 모든 광선에 대한 등록 정보를 표시한다.
- Rays 레이어를 선택하더라도 Camera 레이어를 선택하지 않으면 광선이 표시되지 않는다.
  - Computed Ray Color(계산된 광선 색) : 3D 점이 표시되었지만 표시되지 않은 보정된 카메라와 선택한 3D 점 사이의 투영선에 대한 광선 색을 선택하고 원본 이미지에서 3D 점의 축소판을 교차시킨다.
  - Marked Ray Color(표시된 광선 색) : 선택한 3D 점과 3D 점이 표시된 보정된 카메라 사이의 투영선에 대한 광선 색을 선택하고 원본 이미지에서 3D 점이 발견되는 지점의 축소판을 교차시킨다.

- Uncalibrated Ray Color : 선택된 3D 점과 보정되지 않은 카메라 사이의 투영 선에 대한 광선 색을 선택한다.
- Show Non Marked Rays(표시되지 않은 광선 표시) : 3D 점이 표시되었지만 표시되지 않은 보정된 카메라의 광선 보기/숨기기
- Show Uncalibrated Rays(보정되지 않은 광선 표시) : 보정되지 않은 카메라의 광선 보기/숨기기

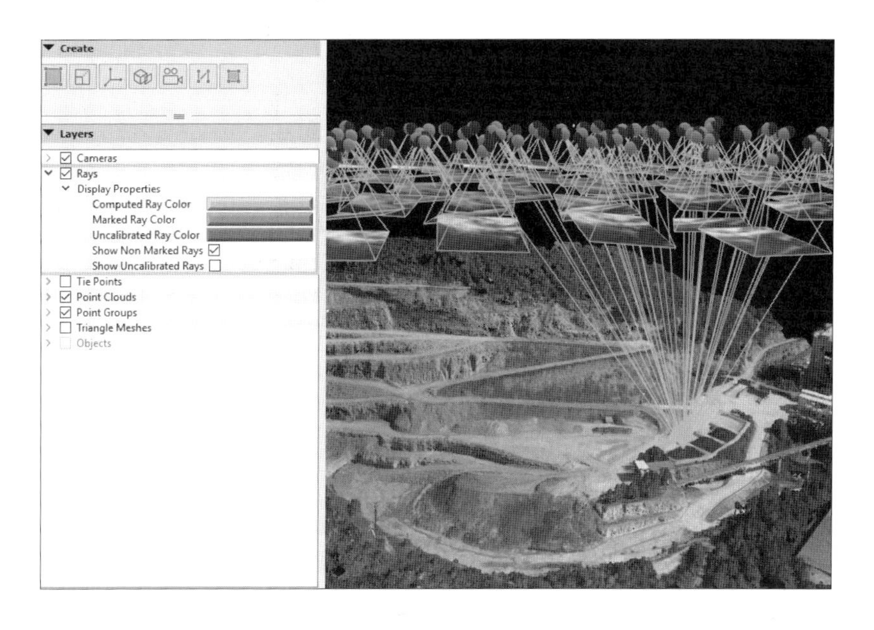

뷰 툴바 rayCloud/뷰 툴바 Tie Points

- GCP/MTP : 프로젝트의 모든 수동 타이 포인트, 2D GCP, 3D GCP 및 체크 포인트
- Automatic : 1단계(초기 처리)에서 계산된 자동 타이 지점, 적어도 3개의 이미지에서 볼 수 있는 자동 타이 포인트만 표시
- GCP/MTP 계층의 구조는 다음과 같다.
- Display Properties : 모든 수동 타이 포인트 및 GCP의 등록 정보를 표시
  - Computed Position(계산된 위치) : 포인트 최적화된 위치를 보기/숨기기
  - Minimum Pixel Size(최소 픽셀 크기) : 화면상의 계산된 위치의 크기를 정의(모델에 대한 점의 실제 크기가 아님), 이 속성을 사용하면 매우 가까운 거리나 매우 멀리에서 모델을 시각화할 때 점을 볼 수 있다. 확대/축소 수준이 최소 크기 속성에 정의된 지정된 확대/축소 수준을 초과하면 점은 확대/축소 수준과 관계없이 화면에서 동일한 크기를 유지, 최소 크기 속성으로 정의된 확대/축소 수준 아래의 모델에 더 가까이 확대 할 때 사용자가 확대할 때마다 화면의 점 크기가 커지므로 보기가 모델에 가까울지라도 점을 계속 볼 수 있다.
  - Minimum Physical Size(최소 실제 크기) : 3D 뷰에서 점의 최소 물리적 크기를 정의. 이는 모델에 대해 실제 크기로 포인트를 표시하여 매우 가깝게 줌인 할 때도 포인트가 같은 크기로 표시함

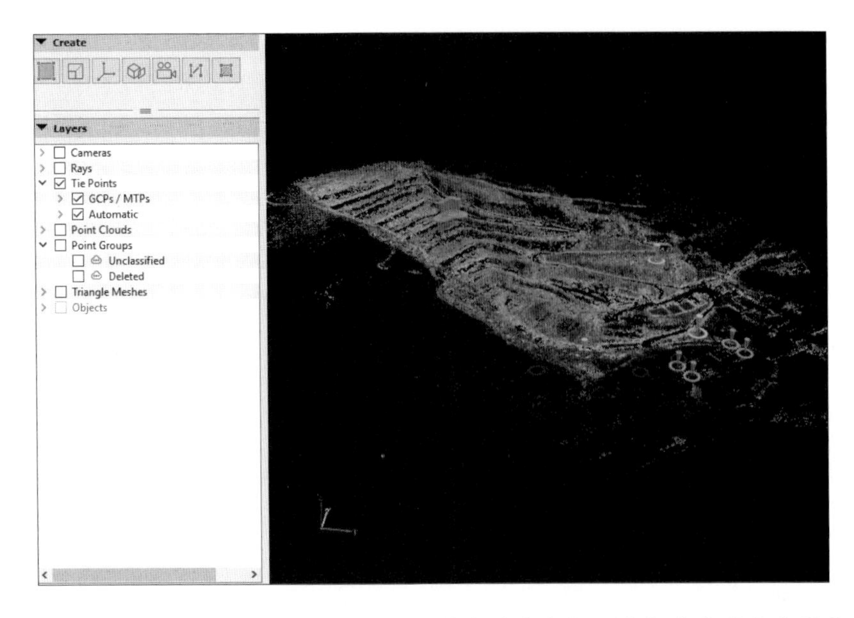

- Marked Color(표시 색상) : 최소 2개의 이미지에 표시된 점의 계산된 위치의 교차 색상
- Non marked color(표시되지 않은 색) 표시 : 2개 미만의 이미지로 표시된 점에 대한 점의 계산된 위치의 교차 색상

- Initial Position : 점의 초기 위치를 보기/숨기기(이 속성은 GCP 및 체크 포인트에만 영향)
  - Minimum Pixel Size (최소 픽셀 크기) : 모델에 대한 점의 실제 크기가 아닌 화면에서 점의 초기 위치 크기를 정의. display properties에서와 같은 개념
  - Minimum Physical Size(최소 실제 크기) : 3D 뷰에서 점의 최소 물리적 크기를 정의. display properties에서와 같은 개념
  - color(색상) : GCP에 대한 점의 초기 위치 색상으로 표시
  - Checkpoint Color : 체크 포인트의 점의 초기 위치를 색상으로 표시
- Position error(위치 오류) : 점의 초기 위치와 계산된 위치 사이의 선을 보기/숨기기(이 속성은 GCP 및 체크 포인트에만 영향)
- Show Error Ellipsoid(오류 타원 표시) : 이론적인 오류로 인해 생성된 타원체를 보기/숨기기
- Display Properties : 모든 수동 타이 포인트 및 GCP의 등록 정보를 표시. 각 점들의 이름 왼쪽에 아이콘 표시
- GCP/MTP 계층을 마우스 오른쪽 버튼으로 클릭하면 다음 작업이 포함된 내보내기 메뉴가 나타남

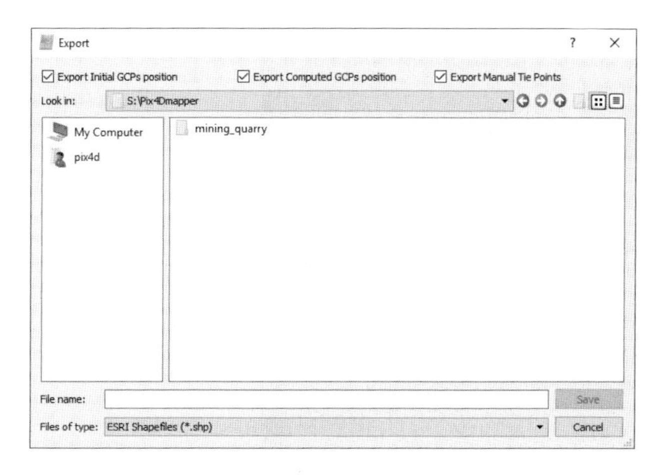

- 가능한 형식은 다음과 같다.
  - AutoCad DFX (* .dfx)
  - ESRI 쉐이프 파일 (* .shp)
  - Keyhole Markup Language (* .kml)
  - 마이크로 스테이션 DGN (* .dgn)
- 팝업 상단에는 내보낼 포인트를 선택할 수 있는 3개의 체크 박스가 있다.
  - Export Initial GCPs Position
  - Export Computed GCPs Position
  - Export Manual Tie Points
- 점 계층을 마우스 오른쪽 버튼으로 클릭하면 상황에 맞는 메뉴가 나타남
  - rename(이름 바꾸기) : 점의 이름을 변경한다.
  - remove(제거) : 점을 제거한다.
- 오토매틱 : 이 레이어는 초기 처리 중에 계산된 자동 타이 지점을 표시한다. 각 타이 포인트는 적어도 3개의 이미지에서 볼 수 있으며, 자동 레이어에는 다음과 같은 하위 요소가 있다.
  - 디스플레이 등록 정보 : 자동 타이 포인트의 등록 정보를 표시
  - 포인트 크기 : 3D 뷰에서 각 포인트의 크기

뷰 툴바 rayCloud/뷰 툴바 Point Clouds

- View > rayCloud to open을 통해 액세스할 수 있다.
- 이 계층은 볼륨 보기에서도 액세스할 수 있고, Volumes 보기는 Point Cloud와 DSM이 생성될 때 사용할 수 있다.
- 포인트 클라우드의 디스플레이 등록 정보는 rayCloud 및 볼륨에서 변경할 수 있고, 하나의 보기에서 변경되면 다른 보기에도 상속된다.
- 기본적으로 point cloud는 로드되거나 표시되지 않는다.
- Densified Point Cloud(고밀도 포인트 크라우드) : 사용 가능한 포인트 클라우드의 이름을 표시하

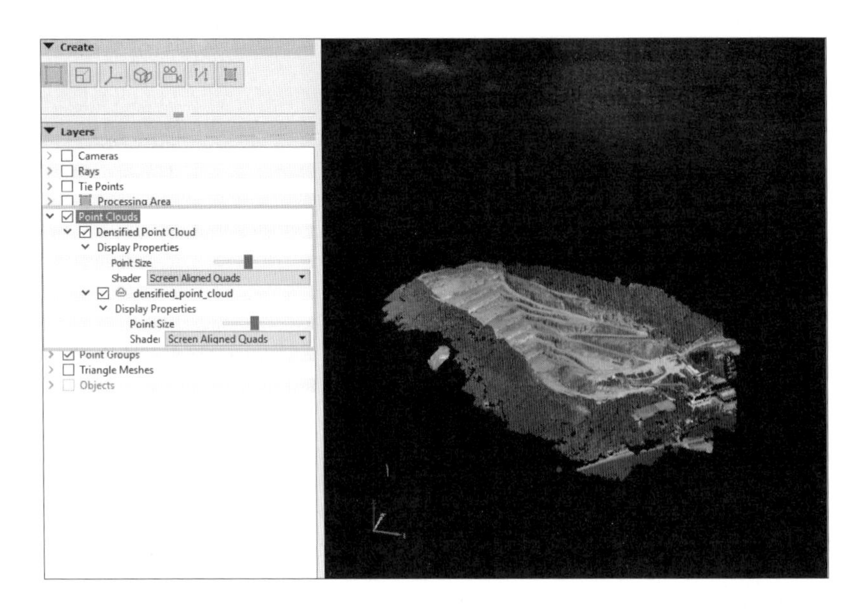

는 하위 레이어가 있다. point cloud를 여러 부분으로 분할하여 생성한 경우 각 부분은 하나의 레이어로 표시되며, point cloud 이름 왼쪽에는 아이콘( )이 있다.

- Display Properties 디스플레이 등록 정보 : 밀도가 높은 포인트 클라우드의 디스플레이 등록 정보를 편집한다.
  - 점 크기 : 3D 뷰에서 밀도가 높은 point cloud에 대한 각 점의 크기
  - 쉐이더 : 3D 뷰에서 포인트 모양과 색상을 정의
  - Screen Aligned Quads(기본값) : 각 점은 점이 위치한 평면 정사각형으로 그려진다. 렌더링하는 데 가장 빠르지만 관측점을 변경할 때 많은 인공물을 생성한다.
  - Spherical Points(구면 점) : 각 점은 비원근법 보정구(예 : 근사 공)로 그려진다. 뷰를 이동할 때 인공물을 줄이지만 점이 시점에 매우 가까울 때 정확하지 않다. 렌더링 속도와 이미지 품질 간에 최상의 절충안을 제공한다.
  - Spherical Points(HD) : 각 점은 원근 보정된 구로 그려진다. 이것은 최고 이미지 품질을 제공하지만 렌더링 속도가 매우 느리다.
  - Screen Aligned Quads, Altitude(Red, Green, Blue) : Screen Aligned Quads와 동일하지만 각 포인트의 색상은 고도에 의해 부여된다.
  - Spherical Points(구형 포인트)는, 고도 (적색, 녹색, 청색)와 동일한 구형 포인트가 있지만 각 지점의 색상은 고도에 의해 주어진다.
  - Spherical Points(HD), Altitude(Red, Green, Blue) : Spherical Points(HD)와 동일하지만 각 점의 색상은 고도에 의해 부여된다.
  - Screen aligned quads, Thermal : 열 프로젝트에 유용하다. Screen Aligned Quads와 동일하지만 각 포인트의 색상은 Ironbow 팔레트의 채널값으로 지정한다.
  - Spherical Points, Thermal : 열 프로젝트에 유용하다. 각 점의 색상은 보우 팔레트 채널의 값으

로 주어진다.

- 특정 밀도가 있는 점 cloud 확인란을 클릭하면 해당 점 cloud 3D보기에 표시한다.
- 특정 밀도가 높은 점군의 이름을 마우스 오른쪽 버튼으로 클릭하면 다음 작업이 포함된 상황에 맞는 메뉴가 나타난다
  - 로드 레이어 : 점군(point cloud)이 로드되지 않은 경우 표시되며 rayCloud에 점군(point cloud)을 로드한다.
  - Unload Layer : 점군이 로드되면 표시되고 rayCloud에서 점군을 언로드한다.

※ 팁 : 로드된 레이어는 RAM 및 GPU 메모리를 사용한다. 따라서 필요하지 않은 레이어를 언로드하면 rayCloud를 사용하여 속도가 향상된다.

- Export Point cloud : 선택한 속성으로 선택된 모든 포인트 그룹의 밀도가 높은 점군을 선택한 형식 및 원하는 경로/파일 이름으로 내보낼 수 있다.

※ 중요 : 처리 영역이 있는 경우 처리 영역에 있는 점만 내보내진다.

  - point cloud는 rayCloud(삭제된 포인트, 처리 영역 변경 또는 생성)를 사용하여 수정된다.
  - 의도는 하나 또는 일부 점군만 내보내는 것이다.
  - (처리 옵션에서 선택되지 않음)일부 점군 파일이 생성되지 않는다.
  - 출력 옵션 변경 : 색상을 저장/삭제한다.

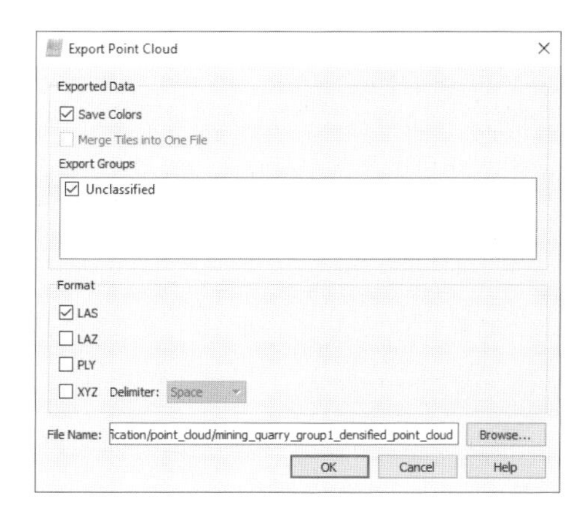

- Exported Data
  - Save Colors : 기본적으로 선택되어 점군의 각 포인트에 대한 색상값을 저장하고, 선택하지 않으면 내보낸 점군에 대해 색상이 내보내지지 않는다.
  - Merge Ties into One file : 기본적으로 선택되지 않는다. Point Cloud 출력 파일이 여러 부분으로 나뉘어져 있는 경우 이 기능을 사용하면 동일한 파일 내의 모든 부분을 병합하여 강제로 내보낼 수 있다.
- Export Groups
  - 사용자가 Densified Point Cloud에 내보낼 점군을 선택, 기본적으로 모든 점군이 선택된다. 분류가 생성되면 (점군을 만들고 그룹에 포인트를 할당하거나 지형/객체 점군을 사용하여 더 많

은 점군이 내보내기 그룹 섹션에 표시될 때, 점군 이름 옆의 상자를 선택하면, 점군이 익스포트 된다.

- Format : .LAS, .LAZ, .PLY, .XYZ

뷰 툴바 rayCloud/뷰 툴바 Point Groups

- Unclassified(선택 안 함) : 기본적으로 선택된다. 다른 점 그룹에 속하지 않는 점을 포함한다, 기본적으로 모든 포인트는 분류되지 않다.
- Deleted : 3단계에서 사용하지 않을 점. DSM, Orthomosaic and Index. DSM, Orthomosaic 및 Index의 3단계를 처리할 때, 삭제된 점군에 속한 포인트는 사용되지 않는다.
- (선택 사항) 기타 : 사용자가 수동으로 만든 다른 그룹이 있는 경우
- Point Groups

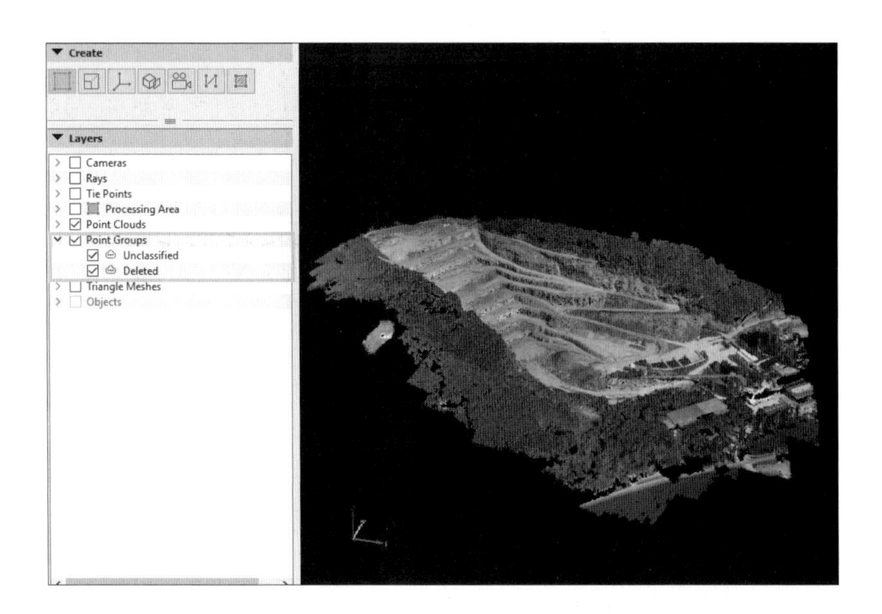

- 특정 점군 확인란을 선택/선택 취소하면 해당 점군이 3D 뷰에 표시되거나 숨겨진다.
- 특정 지점 그룹을 마우스 오른쪽 버튼으로 클릭하면 아래와 같은 상황에 맞는 메뉴가 나타난다.
  - Rename : 점군 이름을 변경할 수 있음
  - Remove : 선택한 점군을 삭제
  - Unclassified(분류되지 않음) : 이름 바꾸기 및 제거가 회색으로 표시
  - Deleted(삭제됨) : 이름 바꾸기 및 제거가 회색으로 표시
  - (선택사항) Other(기타) : 이름 바꾸기 및 제거를 사용할 수 있음
- 점 그룹 레이어를 마우스 오른쪽 버튼으로 클릭하면
  - New Point Group : 새로운 점군을 생성하는 옵션. 새 점군을 클릭하면 점군 하위 레이어에 Group1이라는 새 점군이 만들어진다.

뷰 툴바 rayCloud/뷰 툴바 Triangle Meshes

- Triangle Meshes 레이어는 3D Textured Mesh를 표시
- 기본적으로 3D Textured Mesh(생성된 경우)는 3D 보기에 로드되어 있지 않음

※ Triangle Mesh 체크박스 선택/해제하면 삼각형 메쉬가 3D 보기에 표시/숨김

- las, .laz 형식의 파일을 삼각형 메쉬(Triangle Mesh) 레이어에 드래그 혹은 드롭을 통하여 임의의 점군 파일의 2.5D 삼각형 메쉬를 표시할 수 있음
- Pix4Dmapper 파일 또는 Pix4Dmapper에서 선택한 출력 좌표계와 동일한 좌표계에 있는 외부 파일인 경우 올바른 위치에 2.5D 삼각형 메쉬를 표시
- The Triangle Meshes layer는 아래의 두 가지 하위 레이어가 있다.
  - Display Properties : 모든 삼각형 메쉬 속성 표시
  - List of triangle meshes : 프로젝트에 로드된 모든 삼각형 메쉬 표시

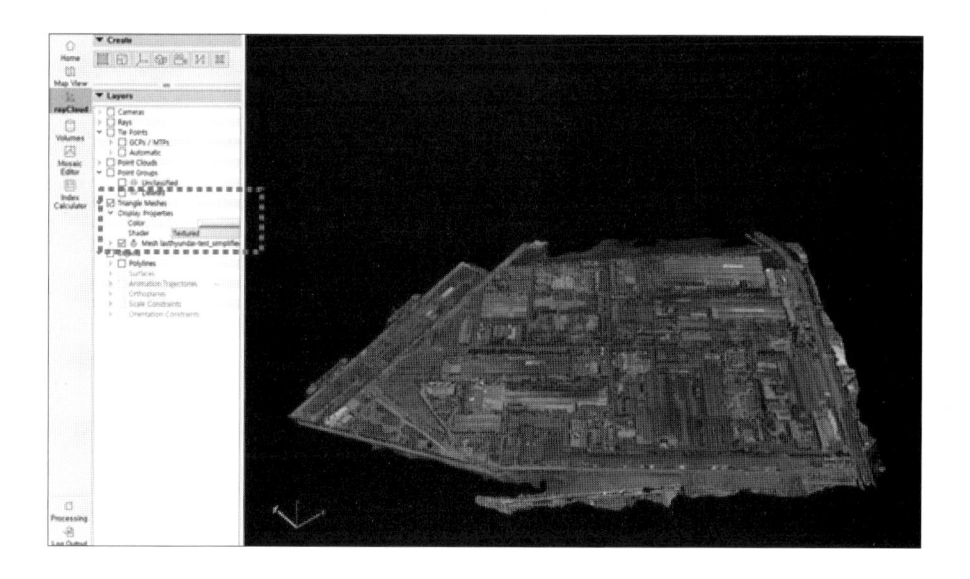

- Display Properties
  - Color : 삼각형 메쉬 색상. 색상은 단색 음영에만 적용하며 기본 색상은 회색
  - Shader : 메쉬의 각 삼각형이 채색되는 방식을 지정. 색상은 각 삼각형의 3D 위치와 관련. 메쉬는 여러 가지 방법으로 채색 될 수 있음
  - Textured : 프로젝트 3D textured Mesh 선택 시 기본적으로 선택. 삼각형은 3D Textured Mesh를 생성할 때 생성된 텍스처 파일로 채색
  - Monochrome : 북동쪽 수평선에서 45도 위치에 있는 가상 태양을 기준으로 측정한 각도에 따라 색상 대비 검은색으로 표시
  - Color : RGB 스케일로 채색. 삼각형의 색상은 빨간색, 초록색 및 파란색 조명이 있는 3개의 가상 태양에 대해 측정된 각도에 따라 다양하며, 각 삼각형의 색깔은 세 가상 태양에 의해 받은 빛의 조합. 이 셰이더는 위에서 모델을 볼 경우 경사도 맵을 표시하며, 각 표면의 방향에 대한 정

보를 제공한다.

- Altitude(Red, Green, Blue) : RGB 스케일로 채색되어 있음. 삼각형의 색은 삼각형의 고도에 따라 다름
- Altitude(Topography)고도(지형도) : 기본 축척으로 채색되어 있음. 삼각형의 색은 삼각형의 고도에 따라 다름
- Thermal : 열 프로젝트에 유용. 삼각형은 Ironbow 팔레트의 채널 값에 따라 색상이 지정됨

- List of triangle meshes
- 기본적으로 3D Textured Mesh(생성된 경우)는 3D 보기에 로드되어 있지 않는다.

※ Triangle Mesh 체크박스를 선택/해제하면 삼각형 메쉬가 3D 보기에 표시됨/숨겨짐

- specific triangle mesh의 이름 위에서 오른쪽 마우스를 클릭하면, 아래와 같은 액션 메뉴가 나타난다.
  - Load Layer : 삼각형 메쉬가 있지 않으면 표시, 삼각형 메쉬가 3D 뷰에 로드
  - Unload Layer : 삼각형 메쉬가 있으면 보이고 3D 뷰에서 삼각형 메쉬를 언로드
  - Export Mesh ... : 삼각형 메쉬를 선택한 속성 및 원하는 파일로 3D 보기에서 내보낼 수 있음

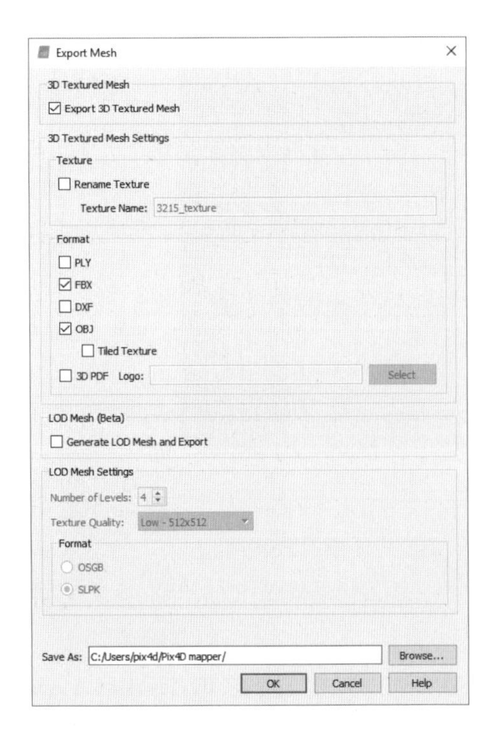

- 3D Textured Mesh : 3D 텍스처 메쉬를 내보냄
- 3D Textured Mesh Settings
  - Texture : 텍스처 파일의 이름을 바꿈, 기본 파일 이름은 project_name_texture
  - 포맷 : 텍스처 메시가 내보내지는 다른 포맷을 선택
  - .PLY, .FBX, .DXF, .OBJ

- Tield 텍스처 : obj 파일의 텍스처 파일을 바둑판식으로 배열
- 3D PDF : 3D PDF에 포함된 로고를 선택할 수 있으며, 로고는 .jpeg 또는 .tiff 형식으로 가져올 수 있음

• LOD Mesh : 메쉬를 생성하여 멀티 LOD(세부 묘사) 형식으로 내보냄
• LOD Mesh Settings(LOD 메쉬 설정) : LOD 메쉬 설정을 정의
  - 레벨 수 : 1~7 사이에서 생성될 세부사항의 다른 레벨 수를 정의, 레벨 수가 많을수록 표현이 상세해지고 처리 시간이 길어짐

※ 세부 수준별로 최대 20,000개의 triangles이 생성 가능한 최대, LOD를 높은 수준으로 생성할 수 없는 경우도 있다.

  - 텍스처 품질 : 텍스처의 해상도를 정의(낮음-512×512, 중간-1,024×1,024, 최고-4,096×4,096)
  - 포맷 : LOD 메시를 내보낼 형식을 선택(.OSGB, .SLPK)

※ SLPK 파일은 프로젝트가 지리 참조 연산을 수행할 때만 지리 참조 연산을 받으며, georefernced SLPK 파일만 ArcGIS Online 및 ArcGIS Earth에서 열 수 있다.

뷰 툴바 rayCloud/뷰 툴바 Objects

• Polylines : 프로젝트에 추가된 폴리라인 표시. 폴리라인은 하나 이상의 점들을 연결하여 구성한 객체로, 각 라인은 vertices를 지정함으로써 생성
• Surfaces : 프로젝트에 추가된 surface(표면)를 표시. Surface object는 건물 지붕, 도로 등과 같은 평면 영역을 정의하는 데 사용된다, 또한 이 표면은 더 좋은 정사영상을 생성하기 위한 DSM 수정과 노이즈 또는 채우기 영역을 제거하는 3D Textured Mesh의 시각적 측면을 수정하는 방법으로 사용된다.
• Animation Trajectories(애니메이션 궤도) : 프로젝트에 추가된 Animation Trajectories 표시. 애니메이션 궤적은 그 장면을 기록하는 지정된 가상의 카메라 경로에 대한 점으로 표시된다.
• Orthoplanes : 프로젝트에 추가된 Orthoplanes 목록을 표시. Orthoplane은 모델에 임의의 영향/수정 없이 모델의 임의 영역에 대한 하나 이상의 Orthophoto를 생성하는 도구
• Scale Constraints : 프로젝트에 추가된 축척 구속 조건 목록을 표시. 축척 구속 조건은 2점 사이의 실제 직교 거리(선)를 모델의 로컬 축척으로 설정할 수 있다.
• Orientation Constraints : 프로젝트에 추가된 Orientation Constraints 목록을 표시. Orientation Constraints는 알려진 축을 나타내는 선으로 모델의 로컬 방향을 설정

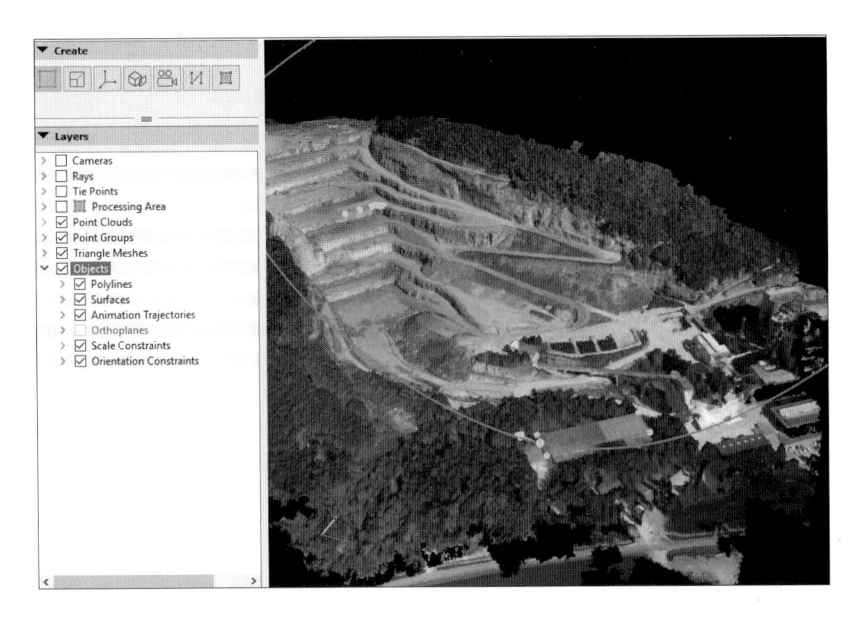

- Polylines : 프로젝트에 추가된 폴리라인 표시
- List of Polylines : 각 폴리라인의 하부요소
- Display Properties : 모든 폴리라인의 display properties를 수정
  - Vertex Color : 폴리라인의 정점을 나타내는 구체의 색상
  - Vertex Radius : 폴리라인의 정점을 나타내는 구체의 반지름
  - Line Color : 폴리라인 정점들 사이의 선 색상
  - Line Width : 폴리라인 정점들 사이의 선 두께
- 폴리라인에서 마우스 오른쪽 버튼으로 클릭하면 옵션 메뉴 생성
  - New Polyline, Export All Polylines

- Surfaces : 프로젝트에 추가된 surface(표면)를 표시
- Display Properties : 모든 서페이스에 대한 디스플레이 등록 정보를 편집
  - Vertex Color, Vertex Radius, Line Color, Line Width
  - Base : 표면의 베이스를 보거나 감춤
  - Color : 서페이스의 베이스 색
  - Shader : 기준면의 각 삼각형이 채색되는 방식(Monochrome, Color 방식)
- 폴리라인에서 마우스 오른쪽 버튼으로 클릭하면 옵션 메뉴 생성
  - New Polyline, Export All Polylines

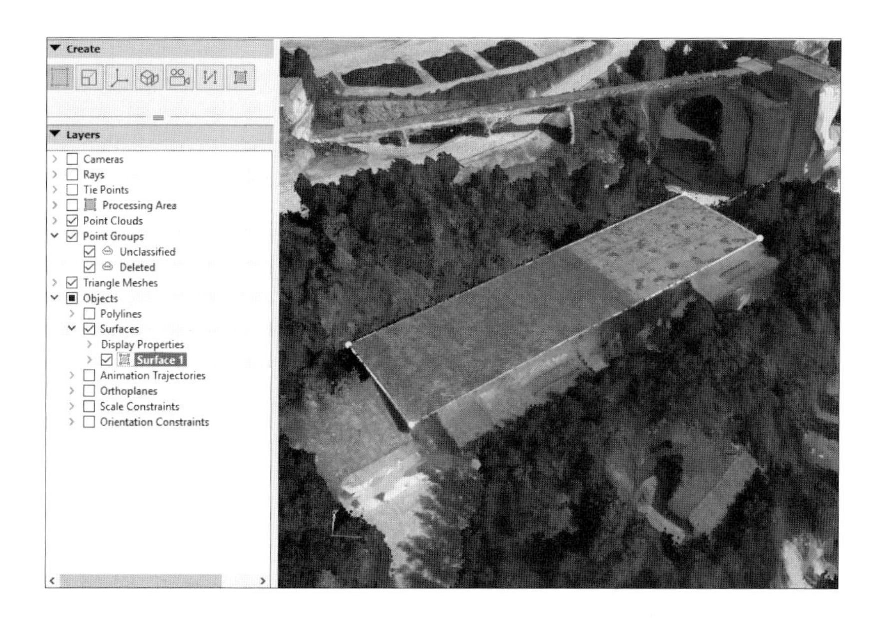

- Animation Trajectories : 프로젝트에 추가된 Animation Trajectories 표시
- Display Properties : 모든 폴리라인의 display properties를 수정
  - Start Vertex Color : 첫 번째 웨이포인트를 나타내는 구(球)의 색상
  - Vertex Color, Vertex Radius, Line Color, Line Width
- Animation Trajectories에서 마우스 오른쪽 버튼으로 클릭하면 옵션 메뉴 생성
  - New video Animation Trajectories, Import ...

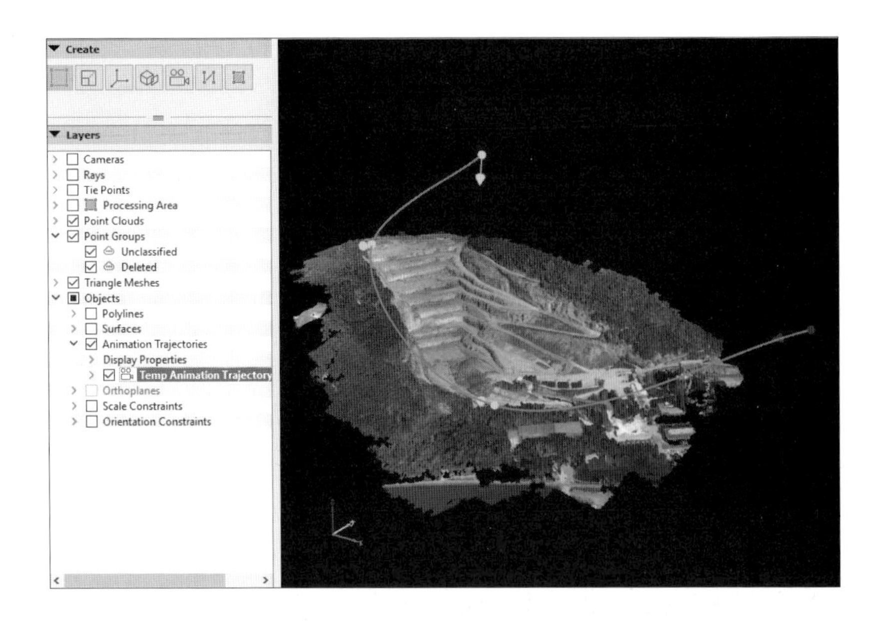

- Orthoplanes : 프로젝트에 추가된 Orthoplanes 목록을 표시
- Display Properties : 모든 Orthoplanes에 대한 디스플레이 등록 정보를 편집
- 폴리라인에서 마우스 오른쪽 버튼을 클릭하면 옵션 메뉴 생성
  - New Orthoplanes

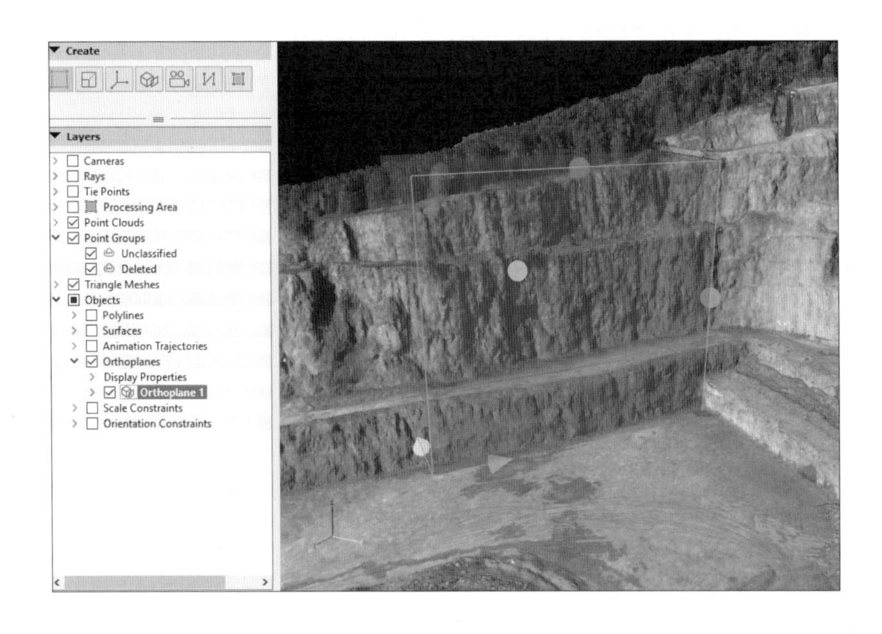

  - Color, (X, Y, Z) Handle Color

※ X Handle Color : X 위치 화살표 및 X 치수 구의 색상

  - Near Plane Edge Color : 투영의 원점을 나타내는 서페이스를 정의 선색

- Far Plane Edge Color : 투영의 한계를 나타내는 서페이스를 정의 선색

• Scale Constraints : 프로젝트에 추가된 축척 구속 조건 목록을 표시
• Display Properties : 모든 Scale Constraints의 display properties를 수정
  - Vertex Color, Vertex Radius, Line Color, Line Width
• Scale Constraints에서 마우스 오른쪽 버튼으로 클릭하면 옵션 메뉴 생성
  - New Scale Constraint
• 특정 개체의 레이어를 마우스 오른쪽 버튼으로 클릭하면 remove(제거) 가능

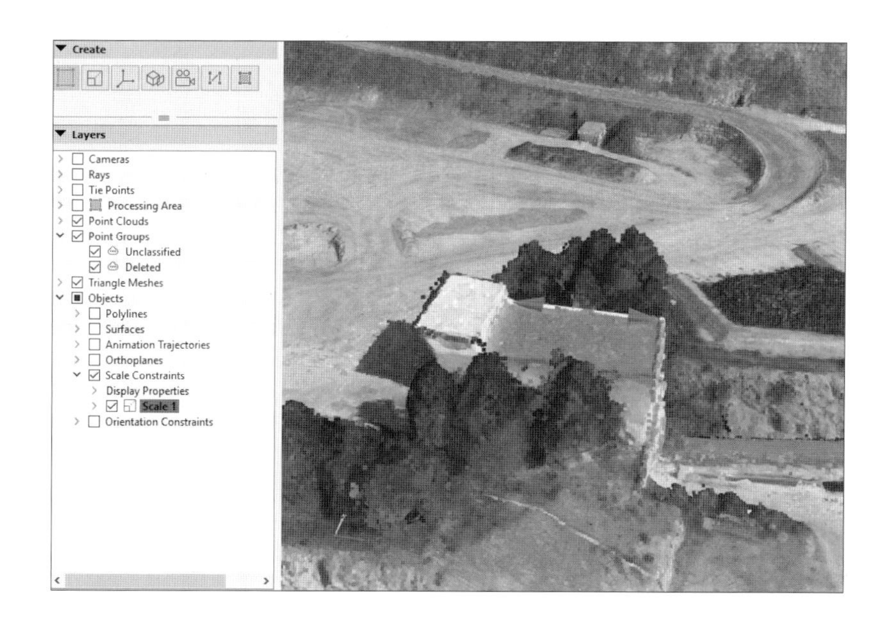

- Orientation Constraints : 프로젝트에 추가된 Orientation Constraints 목록을 표시
- Display Properties : 모든 Orientation Constraints의 display properties를 수정
  - Vertex Color, Vertex Radius, Line Width
- Scale Constraints에서 마우스 오른쪽 버튼으로 클릭하면 옵션 메뉴 생성
  - New Orientation Constraint
- 특정 개체의 레이어를 마우스 오른쪽 버튼으로 클릭하면 remove(제거) 가능

뷰 툴바 rayCloud/오른쪽 사이드 바

rayCloud 오른쪽 사이드는 현재 3D 뷰에서 선택한 요소에 대한 다양한 정보를 표시하며, 3D 뷰에서 선택할 수 있는 요소는 아래와 같다.

Clipping box

Cameras

GCPs and Manual Tie Points

Automatic Tie Points

Processing Area

Point Clouds

Objects : Polylines, Surfaces, Animation Trajectories, Orthoplanes, Scale Constraints and Orientation Constraints

- Clipping box : 툴바에서 버튼을 클릭, 주 창의 오른쪽에 표시

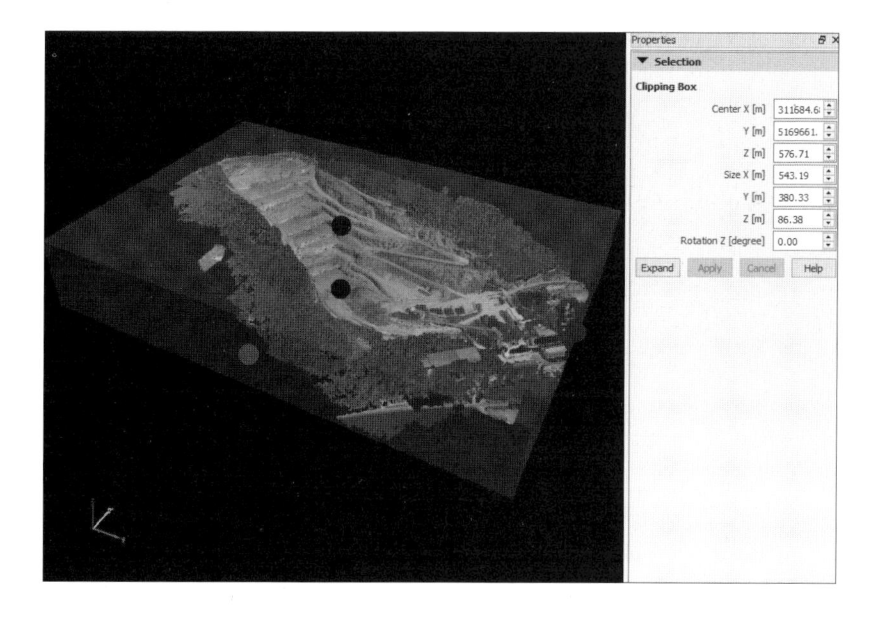

- Center X [m] : 클리핑 상자 중심의 상대 X 좌표
- Y [m] : 클리핑 상자 중심의 상대 X 좌표
- Z [m] : 클리핑 상자 중심의 상대 X 좌표
- Size X [m] : 클리핑 상자의 X면의 크기
- Y [m] : 클리핑 상자의 X면의 크기
- Z [m] : 클리핑 상자 Z면의 크기
- Rotation Z [degree] : 모델의 X축과 클리핑 상자의 X축, 모델의 Y축과 클리핑 상자의 Y축 사이의 각도

- 정보창 아래에 네 가지 버튼이 있다.

- Expand : 전체 모델을 덮는 새 클리핑 상자를 만든다.
- Apply : 클리핑 상자의 속성값에 변경 내용을 적용
- Cancel : 클리핑 상자의 속성값에 변경 취소
- Help

뷰 툴바 rayCloud/오른쪽 사이드 바 Cameras

- 카메라 정보는 3D 보기에서 선택할 때 오른쪽 사이드 바에 표시
  - 초기 카메라 위치(초기 위치가 보정된 그리고 보정되지 않은 카메라를 아는 경우)
  - 보정된 카메라 위치(보정된 이미지의 경우)
  - 카메라 관련 이미지 축소판(보정된 이미지 용)
- Calibrated Image(보정된 이미지)

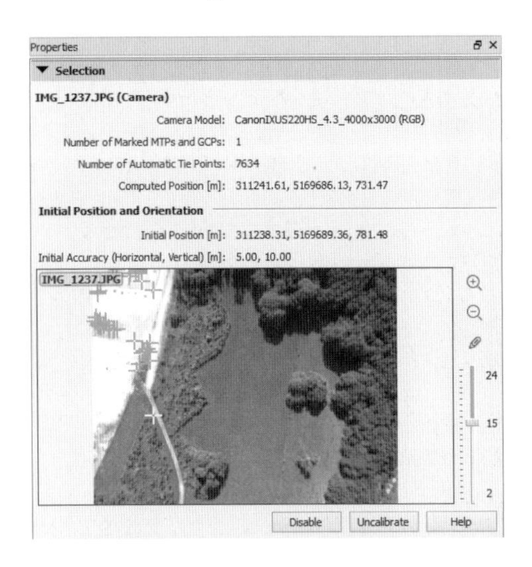

  - Disable(비활성화) : 이미지를 비활성화, 재구성에서 카메라를 제거하려면 프로젝트를 다시 최적화해야 함. 이 버튼은 사용 가능한 카메라에 대해서만 표시
  - Enable(활성화) : Disable(비활성화) 반대 작업
  - Uncalibrate : 사용자가 카메라 보정에 대해 확신이 없는 경우 선택
  - Help : Pix4Dmapper 도움말을 보여줌
  - Apply(적용) : (이미지 주석 도구를 사용할 때 사용 가능) : 이미지 주석을 적용
- Image preview : 보정된 카메라와 관련된 이미지
  - Orange cross : 다른 이미지의 키포인트와 일치한 자동 키포인트의 위치
  - Yellow cross : 이미지에 표시된 수동 Tie Point 또는 GCP
  - Right slider : 키포인트가 일치된 이미지의 최소 수를 선택
  - Zoom in : Zoom in on the image.
  - Zoom out : Zoom out of the image.

- Image Annotation : Activates the Image Annotation mode

- Image Annotation(처리에 사용되지 않는다) : 주석 다는 방법
  - Mask : 마스크된 픽셀은 처리에 사용되지 않는다.
  - Carve : 카메라 중앙에서 광선에 연결된 모든 3D점과 주석이 달린 픽셀
  - Global Mask : 주석이 달린 픽셀이 모든 이미지에 전파된다.

뷰 툴바 rayCloud/오른쪽 사이드 바 GCPs and Manual Tie Points

- 카메라 정보는 3D 보기에서 선택할 때 오른쪽 사이드 바에 표시
- Uncalibrated Image(보정된 이미지) : 보정되지 않은 카메라를 선택하면 수동으로 보정할 수 있다.

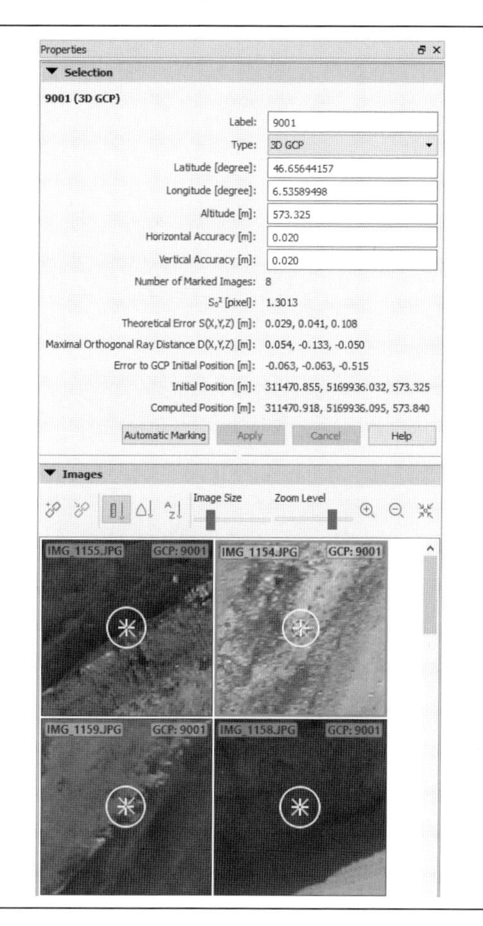

- Label : 점 이름
- Type : 점 유형(3D GCP, 2D GCP, Check point, Manual Tie Point)
- Latitude(위도)[degree], Longitude(경도)[degree], Altitude(고도)[m] : GCPs 좌표계가 지리적 좌표계인 경우

※ X(m), X(ft), 임의의 X(m), 임의의 X(ft)등 총 다섯 가지 단위로 값이 입력될 수 있다.

- Horizontal Accuracy(수평적 정확도)[units] : 2D 및 3D GCP에 대해 정의된 수평 정확도
- Vertical Accuracy[units] : 3D GCP에 대해 정의된 수직 정확도
- Marks in images : 포인트가 표시된 이미지의 숫자
- S 2 [pixel] : 주어진 3D 점에 대한 모든 표시된 점의 사후 변화 성분
- Theoretical Error S(X, Y, Z)[units] : 이론적 오류 추정
- Maximal Orthogonal Ray Distance D(x, y, z)[units] : 추정된 3D 점과 3D 점을 계산하는 데 사용된 모든 광선으로부터의 최대 거리. 거리는 3D 점과 3D 점을 통과하는 광선에 수직인 선에 의해 정의된 점 사이에서 측정
- Error to GCP Initial Position[units] : 원본 3D 위치와 추정된 3D 위치 사이의 X, Y, Z 오차
- Initial Position[units] : 수동 타이 포인트 또는 체크 포인트의 초기 X, Y, Z 위치
- Computed Position[units] : 수동 타이 포인트 또는 체크 포인트의 초기 X, Y, Z 위치

- 테이블 아래 선택 버튼
  - Automatic Marking : 사용자가 마킹되지 않은 이미지에서 3D 점을 자동으로 표시할 수 있다. 이 버튼은 3D 포인트가 2개 이상의 이미지로 표시되면 활성화된다.
  - Apply : 이미지 마크가 수정되어 변경된 경우, 즉 새 이미지가 표시되거나 기존 마크가 업데이트되거나 제거된 경우 활성화된다. 이 버튼을 클릭하면 새 마크가 고려되고 해당 점의 3D 위치

가 다시 계산된다,

- Cancel : 이미지의 포인트 마크 또는 포인트 정보 변경사항을 저장하지 않음

뷰 툴바 rayCloud/오른쪽 사이드 바 Automatic Tie Points

- Automatic Tie Points : 자동 타이 포인트 정보는 3D 뷰에서 자동 타이 포인트가 선택되면 표시

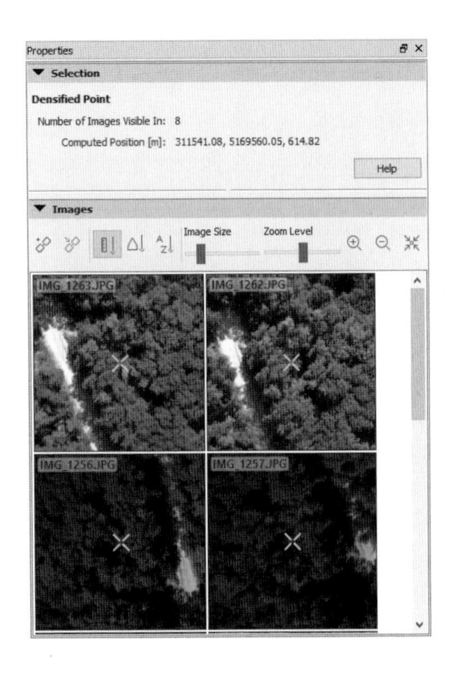

- Automatic Tie Point name(Automatic Tie Point)[자동 타이 지점 이름(자동 타이 지점)] : 자동 타이 지점을 식별하는 고유 이름
  - ATP[번호] : 고유 번호
- Marked On 이미지 수 : 포인트가 자동으로 표시되는 보정 이미지의 수(동일한 2D 키포인트로 식별됨)
- Number of Images Visible In : 3D 자동 타이 포인트가 재투영된 보정 이미지의 수(계산된 3D 포인트가 표시되는 보정된 이미지 수)
- S 2[pixel] : 주어진 3D 점에 대한 모든 표시된 점의 사후 변화 성분
- Theoretical Error S(X, Y, Z)[units](이론적 오류) : 이론적 오류 추정
- Maximal Orthogonal Ray Distance D(X, Y, Z)[units](최대 직교 광선 거리) : 추정된 3D 점과 3D 점을 계산하는 데 사용된 모든 광선으로부터의 최대 거리. 거리는 3D 점과 3D 점을 통과하는 광선에 수직인 선에 의해 정의된 점 사이에서 측정
- Computed Position [units](계산된 위치) : 선택한 점의 (X, Y, Z) 위치
- 이미지 섹션 : 점이 표시되고 볼 수 있는 이미지를 표시

뷰 툴바 rayCloud/오른쪽 사이드 바 Processing Area

- Processing Area 정보는 3D 뷰에서 Processing Area를 선택할 때 활성화

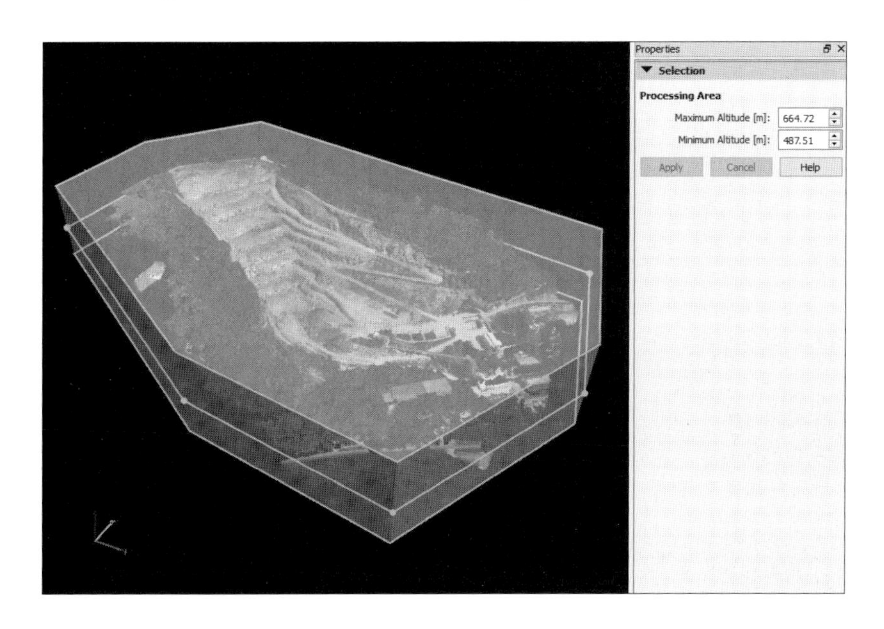

※ Processing Area는 rayCloud의 3D 뷰에서 자동 타이 포인트의 시각화에 영향을 미치고, 1 Initial Processing 단계의 결과에는 영향을 주지 않는다.

※ Processing Area를 2. Point cloud and Mesh 처리단계 이전에 정의하면, rayCloud, Volumes View 그리고 디스크에 저장된 결과물의 3D 뷰에 의한 시각화된 Point Cloud에 영향을 주며, 이 Processing Area는 또한 step 3. DSM, Orthomosaic and Index의 결과물에도 영향을 줄 것이다.

※ Processing Area를 2. Point cloud and Mesh 처리단계를 완료하고 정의하면, rayCloud, Volumes View의 3D 뷰에 의한 시각화된 Point Cloud에 영향을 주지만 디스크에 저장된 결과물은 그렇지 않고, 이 Processing Area는 또한 step 3. DSM, Orthomosaic and Index의 결과물에도 영향을 줄 것이다.

※ Point Cloud를 내보낼 때 2단계를 처리한 후에도 처리 영역을 고려해야 한다.

※ 3. DSM, Orthomosaic and Index가 완료되기 전에 정의된 Processing Area는 단지 step 3의 결과물에만 영향을 줄 것이다.

- The Section Selection에 아래의 정보가 표현된다.
  - Maximum Altitude(최대고도)[units] : Processing Area의 윗면의 고도
  - Minimum Altitude(최저고도)[units] : Processing Area의 아랫면의 고도
- 정보창 아래 2개의 버튼이 있다.
  - Apply : Minimum/Maximum Altitude에 대한 새 값을 저장하고 새 필터를 적용한다.
  - Cancel : Minimum/Maximum Altitude에 대한 새 값을 저장하지 않는다.

뷰 툴바 rayCloud/오른쪽 사이드 바 Point Clouds

- The Point Clouds 정보는 3D 뷰에서 point cloud의 point를 선택 시 활성화됨

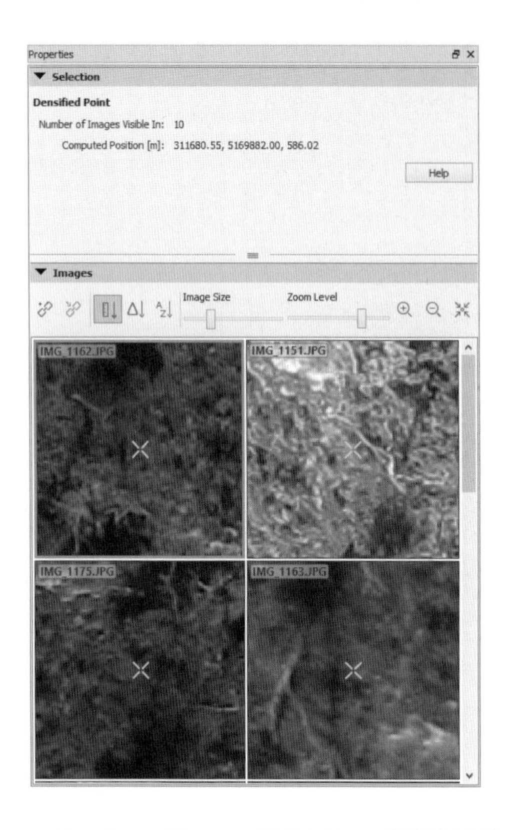

- Number of Images Visible In : 선택된 포인트에 재투영된 교정 이미지의 수(계산된 3D 포인트가 보이는 교정된 이미지의 수)
- Computed Position[units] : 3D View에서 선택한 점의 X, Y, Z 위치
- Help : Opens the Pix4Dmapper help

※ The Images section : 선택한 점이 있는 이미지와 그 점을 찾을 수 있는 다른 사진들

뷰 툴바 rayCloud/오른쪽 사이드 바 Objects/Polyline

- object 정보는 왼쪽 사이드 바의 레이어에서 object를 선택하거나 3D 뷰에서 object를 선택할 때 활성화
- Object name(object type) : 폴리라인의 이름과 그것의 형태(Polyline)
  - Number of Vertices : 폴리라인을 그리는 데 사용된 Vertice(정점)번호
- Measurements
  - Terrain 3D length(지형상 3D 길이)[units] : 폴리라인의 3D 길이는 vertices(정점들)의 세 좌표를 고려
  - Projected 2D length(투영된 2D 길이)[units] : 폴리라인의 2D 길이는 정점의 (X, Y) 좌표를 고려

- 폴리라인을 생성할 때 측정 중에, "error n/a "라는 표시가 나타나면, 폴리라인의 모든 정점이 적어도 2개의 이미지에 표시될 때까지 측정 정확도를 계산할 수 없다는 것을 말한다.
- Copy to Clipboard : 선택한 정보를 클립보드로 복사하여 대상 파일을 열고 붙여 넣어 텍스트 편집기나 스프레드 시트에 붙여 넣을 수 있다.
- Apply : 이 버튼은 폴리라인 vertice와 연관된 수동 타이 포인트의 이미지 마크가 수정된 경우, 즉 새 이미지가 표시되거나 기존 마크가 업데이트되거나 제거된 경우에 활성화되며, 이 버튼을 클릭하면 새 마크가 고려되고 해당 정점의 3D 위치가 다시 계산된다.
- Cancel : 이 버튼은 폴리라인 vertice와 연관된 수동 타이 포인트의 이미지 마크가 수정된 경우, 즉 새 이미지가 표시되거나 기존 마크가 업데이트되거나 제거된 경우 활성화되며, 이미지 마크의 수정을 취소한다.
- Help : Pix4Dmapper 도움창을 연다.
- The Images section : 그 폴리라인을 발견할 수 있는 이미지들을 보여준다.

뷰 툴바 rayCloud/오른쪽 사이드 바 Objects/Surfaces

- object 정보는 왼쪽 사이드바의 레이어에서 object를 선택하거나 3D 뷰에서 object를 선택할 때 활성화
- Object name(object type) : 표면의 이름과 유형(Surface)
  - Number of Vertices : 객체에 사용된 정점 수
- Measurements
  - Terrain 3D Length[units] : 정점의 세 좌표를 고려하여 곡면을 그리는 데 사용된 선의 3D 길이
  - Projected 2D Length[units] : 정점의 (X, Y) 좌표를 고려하여 표면을 그리는 데 사용된 선의 2D 길이

- Enclosed 3D Area[units2] : 정점의 세 좌표를 고려하여 표면으로 둘러싸인 3D 영역
  - Projected 2D Area[units2] : 정점의 (X, Y) 좌표를 고려하여 표면으로 둘러싸인 2D 영역
- surface를 생성할 때 측정 중에 "error n/a ⓘ"라는 표시가 나타나면, surface의 모든 정점이 적어도 2개의 이미지에 표시될 때까지 측정 정확도를 계산할 수 없다는 것을 말한다.
- Used for DSM and triangle Mesh : 이 상자는 표면이 DSM 모델 및 3D 텍스처 메쉬를 개선할 때 선택한다.
- Automatic Orientation : 기본적으로 선택된다. 평면의 법선을 추정하기 위해 표면에 의해 덮인 점의 법선을 사용한다. 확인란을 선택하지 않으면 surface 정점이 그려지는 시퀀스를 사용하여 평면의 법선을 정의하며, 이 경우 표면은 시계방향으로 그려야 한다.
- Copy to Clipboard, Apply, Cancel, Help의 기능은 나머지 object와 같다.
- The Images section : 그 surface를 발견할 수 있는 이미지들을 보여준다.

뷰 툴바 rayCloud/오른쪽 사이드 바 Objects/Animation Trajectories

- object 정보는 왼쪽 사이드 바의 레이어에서 object를 선택하거나 3D 뷰에서 object를 선택할 때 활성화
- Animation trajectory는 메인 프레임 아래 4 section들이 아래와 같이 나타난다.
  - Waypoints, Video Animation Options, Playback Controls, Video Rendering
- Waypoints : 다음 작업을 테이블에서 수행할 수 있다.
- Inserting Waypoints : 셀을 마우스 오른쪽 버튼으로 클릭하고 아래 중 하나를 클릭
  - Insert Current Viewpoint as Waypoint Before Selection(전 섹션의 웨이포인트로 현재 viewpoint를 삽입)

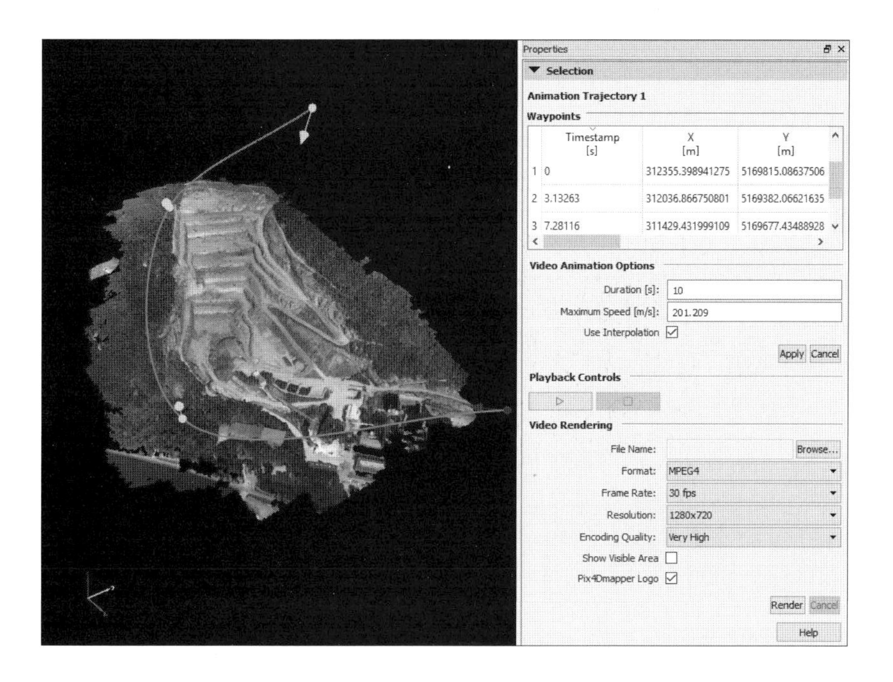

- Insert Current Viewpoint as Waypoint After Selection(다음 섹션의 웨이포인트로 현재 viewpoint를 삽입)
- Insert Displayed Computed Cameras Position as Waypoint Before Selection(전 섹션의 웨이포인트로 표시된 계산된 카메라 위치 삽입)

- Deleting Waypoints : 셀을 마우스 오른쪽 버튼으로 클릭하고 선택한 웨이포인트 제거를 클릭
- Editing Values : 셀을 두 번 클릭하고 값을 편집, 타임 스탬프는 수동으로 편집할 수 없으며, 지속 시간, 최대 속도를 변경하거나 보간 사용 확인란을 선택/선택 해제하여 값을 변경할 수 있다.
- 테이블에는 애니메이션 궤도의 각 웨이포인트에 대한 정보를 표시하는 많은 행이 있다.
  - Label : 웨이포인트 이름
  - Timestamp[s]. 애니메이션이 웨이포인트를 통과하는 시간
  - X coordinate[units]
  - Y coordinate[units]
  - Z coordinate[units]
  - Omega (Rotation in X Axis)[degrees]
  - Phi (Rotation in Y Axis)[degrees]
  - Kappa (Rotation in Z Axis)[degrees]
- object 정보는 왼쪽 사이드 바의 레이어에서 object를 선택하거나 3D 뷰에서 object를 선택할 때 활성화
- Animation trajectory는 메인 프레임 아래 4 section들이 아래와 같이 나타난다.
  - Waypoints, Video Animation Options, Playback Controls, Video Rendering

- Video Animation Options : 사용자가 애니메이션의 시간을 변경하고 웨이 포인트 사이의 보간을 사용하거나 사용하지 못하게 한다.
  - Duration[s] : 애니메이션의 총 길이(초)
  - Maximum Speed[m/s] : fly-trough 카메라의 최대 이동 속도(미터/초), 소프트웨어가 방향과 방향의 변화를 인식하고 해당 섹터의 속도를 줄여 카메라의 움직임을 원활하게 하므로 속도가 일정하지 않다.
  - Use Interpolation : 웨이포인트 사이의 부드러운 전환을 보장
- Playback Controls
  - ▷ 애니메이션 재생, □ 애니메이션 중지
- Video Rendering : 비디오 파일을 만들고 다양한 비디오 렌더링 속성을 설정
  - File Name : 비디오가 렌더링되고 저장될 경로와 이름을 표시
  - Format : 비디오 파일 형식, 사용 가능한 옵션은 MPEG4 및 MPEG2
  - Frame Rate : 초당 프레임 수를 비디오에 저장, 사용 가능한 옵션은 24, 30 및 60 fps
  - Resolution : 비디오의 전체 폭과 높이(픽셀 단위), 사용할 수 있는 옵션은 800×600, 1,024×768, 1,280×720 및 1,920×1,080
  - Encoding Quality : 비디오 내에서 픽셀 크기를 정의하고 인코딩 품질이 높을수록 고화질
  - Show Visible Area : 3D 뷰의 어느 부분이 해상도에 따라 기록될 장면인지 볼 수 있는 프레임을 3D 뷰에 표시/표시되지 않음, 보이는 영역 밖에 있는 요소는 녹화된 비디오에 나타나지 않는다.
  - Pix4Dmapper Logo : 비디오를 렌더링 및 생성할 때 비디오의 오른쪽 하단에 Pix4Dmapper 로고가 표시되거나 표시되지 않음

뷰 툴바 rayCloud/오른쪽 사이드 바 Objects/Orthoplanes

- object 정보는 왼쪽 사이드 바의 레이어에서 object를 선택하거나 3D 뷰에서 object를 선택할 때 활성화
- 프로젝트에 추가된 직교 평면으로 모델에 미치는 영향/수정 없이 모델의 임의의 부분의 하나 이상 orthophoto를 생성하기 위한 도구

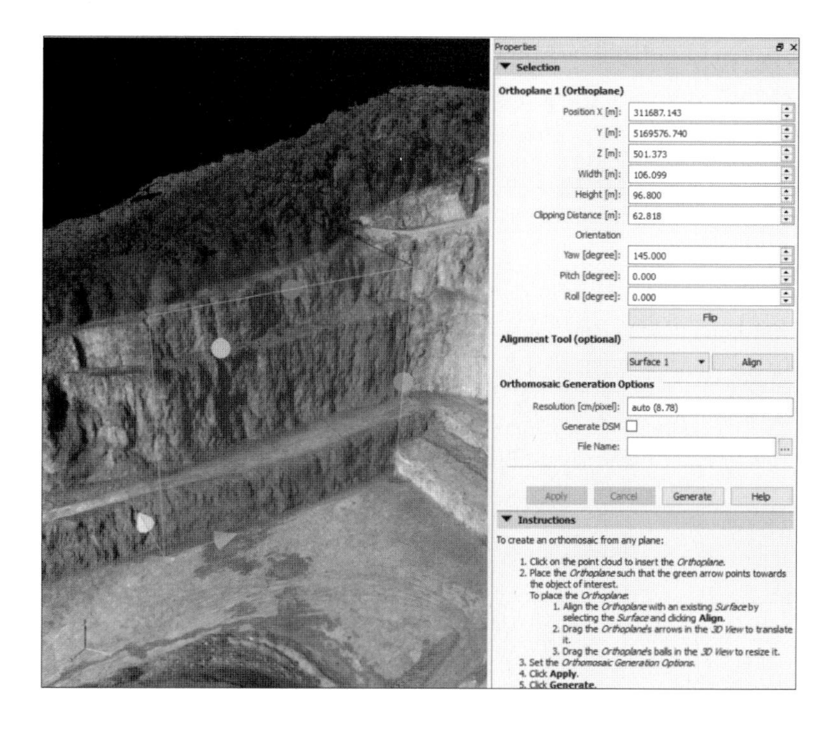

- Display properties : 모든 orthoplanes의 디스플레이 속성을 편집할 수 있다.
  - Color : 영역을 정의하는 위, 아래 및 측면 평면의 색상
  - X Handle Color : X 위치 화살표 및 X 치수 구의 색상
  - Y Handle Color : Y 위치 화살표 및 Y 치수 구의 색상
  - Z Handle Color : Z 위치 화살표 및 Z 치수 구의 색상
  - Near Plane Edge Color : 투영의 원점을 나타내는 서페이스를 정의하는 선의 색
  - Far Plane Edge Color : 투영 한계를 나타내는 서페이스를 정의하는 선의 색
- List of Orthoplanes
  - Display Properties : 이 레이어를 통해 사용자는 직교도의 디스플레이 등록 정보를 편집할 수 있으며, 편집할 수 있는 디스플레이 등록 정보는 위에 나열된 Orthoplanes의 등록 정보와 동일하다.
- Orthoplanes 하위 레이어를 마우스 오른쪽 버튼으로 클릭하면 다음 옵션이 포함된 상황에 맞는 메뉴가 나타난다.
  - New Orthoplane : 새로운 3D Orthoplane을 만들 수 있다.
- 특정 개체의 레이어를 마우스 오른쪽 버튼으로 클릭하면 다음 옵션이 포함된 상황에 맞는 메뉴가 나타남
  - Rename : 객체의 이름을 바꿈
  - Remove : 선택된 객체를 제거함

뷰 툴바 rayCloud/오른쪽 사이드 바 Objects/Scale Constraints

- object 정보는 왼쪽 사이드 바의 레이어에서 object를 선택하거나 3D 뷰에서 object를 선택할 때 활성화
- 프로젝트에 추가된 Scale Constraints는 모델의 지역 축척을 세팅하기 위해 알려진 두 점 사이의 실제 직교선분을 이용한다.

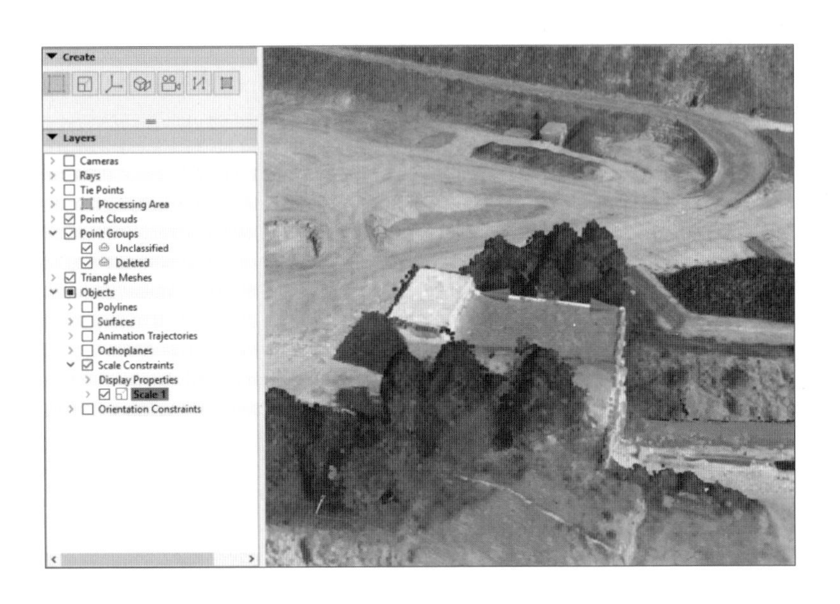

- Display properties : 모든 Scale Constraints의 디스플레이 속성을 편집할 수 있다.
  - Vertex Color : Scale Constraints의 정점을 나타내는 구의 색
  - Vertex Radius : Scale Constraints의 정점을 나타내는 구체의 반경
  - Line Color : Scale Constraints의 꼭짓점 사이의 선 색상
  - Line Width : Scale Constraints의 꼭짓점 사이의 거리를 정의하는 선의 너비
- List of Scale Constraints
  - Display Properties : 이 레이어를 통해 사용자는 Scale Constraints 조건의 디스플레이 등록 정보를 편집할 수 있으며, 편집할 수 있는 속성은 위에 나열된 Scale Constraints 조건의 화면 특성과 동일
- Scale Constraints 하위 레이어를 마우스 오른쪽 버튼으로 클릭하면 다음 옵션이 포함된 상황에 맞는 메뉴가 나타남
  - New Scale Constraint : 사용자가 새로운 Scale Constraint를 생성할 수 있다.
- 특정 개체의 레이어를 마우스 오른쪽 버튼으로 클릭하면 다음 옵션이 포함 된 상황에 맞는 메뉴가 나타남
  - Remove : 선택된 객체를 제거함

뷰 툴바 rayCloud/오른쪽 사이드 바 Objects/Orientation Constraints

- object 정보는 왼쪽 사이드 바의 레이어에서 object를 선택하거나 3D 뷰에서 object를 선택할 때 활성화
- 프로젝트에 추가된 Orientation Constraints는 모델의 지역 축 방향을 세팅하기 위해 알려진 축을 이용한다.

- Display properties : 모든 Scale Constraints의 디스플레이 속성을 편집할 수 있다.
  - Vertex Color : Orientation Constraints의 정점을 나타내는 구의 색
  - Vertex Radius : Orientation Constraints의 정점을 나타내는 구의 반경
  - Line Width : 방향 구속 조건을 정의하는 선의 너비
- List of Scale Constraints
  - Display Properties : 이 레이어를 통해 사용자는 오리엔테이션 제한의 디스플레이 등록 정보를 편집할 수 있으며, 편집할 수 있는 디스플레이 등록 정보는 위에 나열된 오리엔테이션 제한 사항의 디스플레이 등록 정보와 동일
- Orientation Constraints 하위 레이어를 마우스 오른쪽 버튼으로 클릭하면 다음 옵션이 포함된 상황에 맞는 메뉴가 나타남
  - Orientation Constraints : 사용자가 새로운 Orientation Constraints를 생성할 수 있다.
- 특정 개체의 레이어를 마우스 오른쪽 버튼으로 클릭하면 다음 옵션이 포함된 상황에 맞는 메뉴가 나타남
  - Remove : 선택된 객체를 제거함

뷰 툴바 volume 오른쪽 사이드 바/Objects/Animation Trajectories

- volume 사용은 선택 사항이며 다음과 같은 용도로 사용한다.
  - volume 그리기 및 시각화
  - volume 측정
  - volume 가져오기 및 내보내기

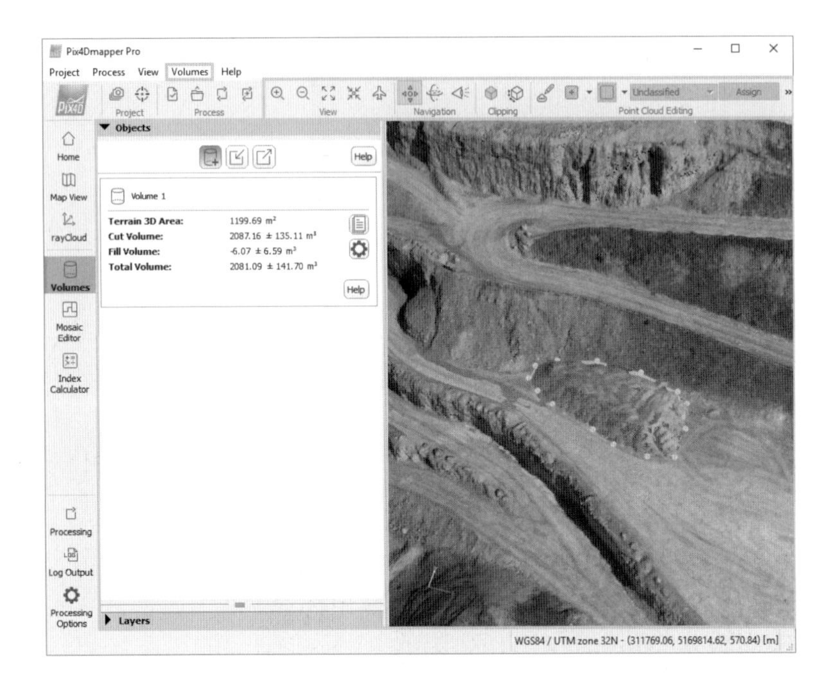

- volume 보기 선택 시 기본창 표시 항목
  - Menu bar entry(메뉴 막대 항목) : 표준 메뉴 막대 항목과 추가 항목
  - Toolbar : 표준 툴바, rayCloud 및 volume 보기에 대한 추가 버튼
  - 3D View : 메인 창에 표시, rayCloud, 3D 뷰의 단순화된 버전, 다른 요소들을 3D로 표현
  - Sidebar : volume 보기의 왼쪽에 표시
  - Status bar : volume 보기의 오른쪽 하단에 표시, 3D 뷰에 표시된 요소 위로 마우스를 가져갈 때 좌표를 표시
- Status bar : 3D 뷰의 오른쪽 하단
  - WGS84/UTM zone 32N – (311684.29, 5169774.29, 496.27) [m]
  - Selected Coordinate System(선택 좌표계) : 선택한 점의 좌표계 표시
  - Position(위치) : 요소 위로 마우스를 가져가면 3D 뷰의 각 점의 미터(m)/피트(ft) 단위로 (X, Y, Z) 좌표가 표시, 표시된 요소 위로 마우스를 이동하면 좌표가 변경

※ 볼륨에서 좌표계는 출력 좌표계

※ 기본적으로 출력 좌표계는 GCP가 사용되는 경우 GCP 좌표계와 동일하다. 그렇지 않으면 이미지

지오 로케이션 좌표계와 동일하다. 좌표계가 WGS84인 경우 출력은 UTM으로 표시
※ 3개 미만의 이미지가 지오 코딩되고 3개 미만의 GCP가 정의되면 출력 좌표계가 "임의"로 설정된다.

뷰 툴바 volume/3D View

- 메뉴바에서 View > Volumes을 클릭하여 Volumes view를 열 수 있으며, 메인화면 중앙에 3D 뷰를 표시한다.
- Volumes 보기는 점군과 DSM이 생성될 때 사용할 수 있다.
- 3D volume 보기는 volume 측정을 용이하게 하는 rayCloud 보기의 단순화된 버전으로, 3D 보기에 표시되는 다른 레이어(rayCloud에서도 볼 수 있음)는 다음과 같다.
  - Point Clouds : 2단계에서 생성된 고밀도 point cloud, 외부 point clouds에 대해 point cloud와 Mesh, drag-and-drop, volume을 형성하는 배경
  - Triangle Meshes : 삼각형 메쉬로 로드된 point cloud 삼각형화하여 3D Textured Mesh와 triangle meshes가 생성된다.
  - Volumes : 사용자가 정의함으로써 얻어진다.
  - Clipping Box : 클리핑 상자에 포함된 점만 시각화할 수 있으며, 이 도구는 세로 막대의 레이어 섹션에 표시되지 않는다.

※ 점 밀도를 높이거나 낮추려면 "Alt" + "+" 또는 "AltGr" + "−"를 눌러 점 밀도 를 변경할 수 있다. "Alt" + "0"는 점 밀도를 기본값으로 재설정
※ 미리보기 뷰, 정면 뷰 등과 같이 미리 정의된 여러 가지 관측점이 있으며, 이러한 미리 정의된 관측점은 키보드를 사용하여 액세스할 수 있으며 메뉴 막대 volume > 관측점을 사용할 수 있다.

- Point Clouds : 기본적으로 rayCloud에서 선택된 것들이 상속된다.
- Triangle Meshes : 기본적으로 표시되지 않으며, 삼각형 메쉬의 디스플레이 등록 정보는 volume 보기의 사이드 바에 있는 rayCloud 또는 Layers 섹션에서 선택할 수 있다.
- 기본적으로 volume 뷰에 정의된 volume은 3D 뷰에 다음과 같이 표시한다.
  - Green sphere : volume 정점
  - Green surface : volume 기본 표면
  - Green lines : 동일한 volume의 vertices/waypoints 사이의 선
  - Red Terrain : DSM에 의해 정의된 기준면과 지형 사이의 삼각형

뷰 툴바 volume/Sidebar/Objects

- 메뉴바에서 View > Volumes을 클릭하여 Volumes view를 열 수 있으며, 사이드 바는 메인 창의 왼쪽에 표시
- Volumes 보기는 점군과 DSM이 생성될 때 사용할 수 있다.
- Object 파트는 2섹션으로 나뉜다.

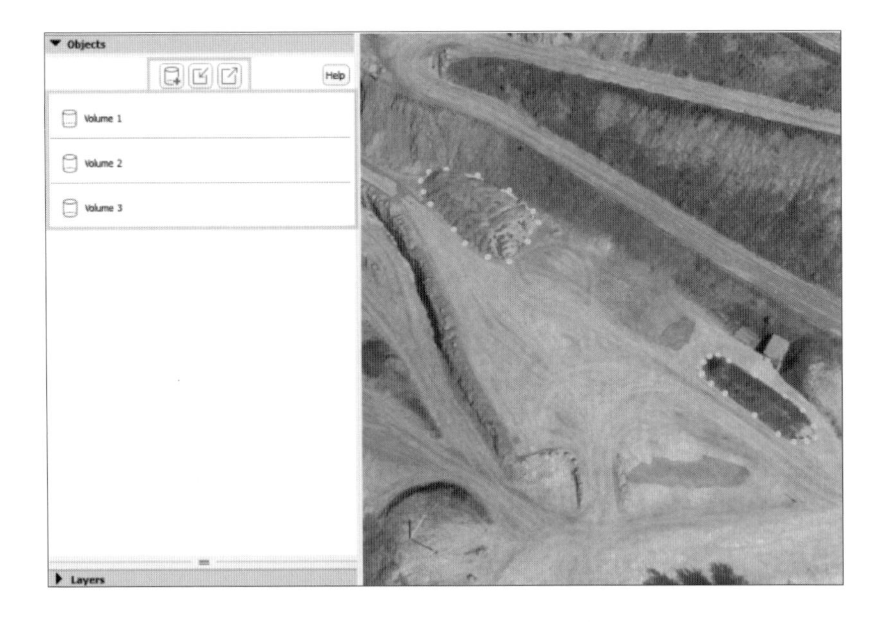

- The Action Buttons : 기본적으로 rayCloud에서 선택된 것들이 상속된다.
  - New volume : 사용자가 새로운 volume을 그릴 수 있다.
  - Import volume : 이전에 Pix4Dmapper로 생성했거나 동일한 학습 영역에서 수동으로 생성한 볼륨을 가져올 수 있다.

※ 이전에 Pix4Dmapper로 생성한 볼륨을 가져오려면, 표면(name_surfaces.shp) 또는 꼭짓점(name_vertices.shp)을 포함하는 .shp 파일이어야 한다.

※ 외부 소프트웨어로 생성된 볼륨을 가져 오려면 3D 폴리곤(표면) 또는 3D 정점이 포함된 .shp 파일이어야 한다.

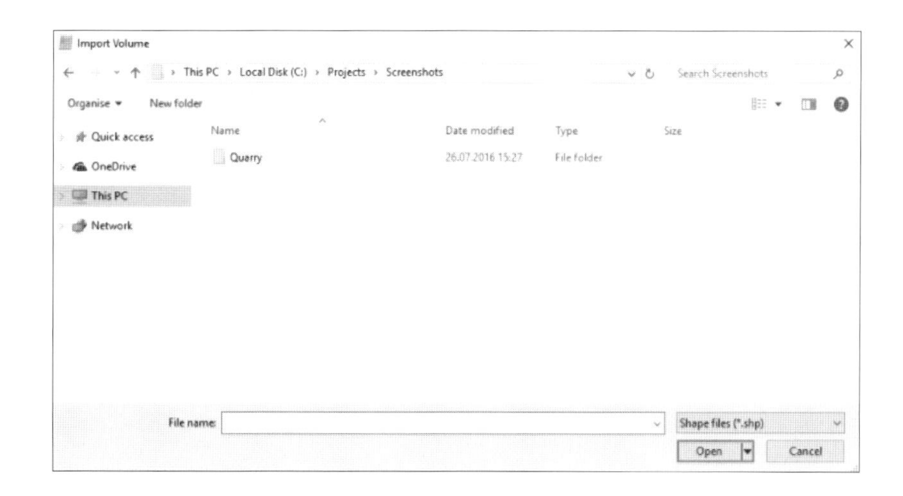

- Navigation window : 가져올 파일을 검색하고 선택하는 데 사용
- File name : 가져올 선택된 파일의 이름을 표시
- Files of type : 입력 파일에 허용된 형식을 표시, 쉐이프 파일(.shp) 허용

뷰 툴바 volume/Sidebar/Objects

- 메뉴바에서 View > Volumes을 클릭하여 Volumes view를 열 수 있으며, 사이드 바는 메인 창의 왼쪽에 표시
- The Action Buttons : 기본적으로 rayCloud에서 선택된 것들이 상속된다.
  - Export volume : 사용자가 볼륨을 선택하고 내보낼 수 있다.
  - Select : 사용자가 내보낼 볼륨의 전체 또는 없음을 선택할 수 있고, 사용자는 볼륨 이름 옆에 나타나는 상자를 선택하여 내보낼 볼륨을 선택할 수도 있다.

※ 내보낼 볼륨을 하나 이상 선택해야 한다.

  - Export : Export pop-up 창을 연다.
  - Navigation window : 볼륨을 내보낼 디렉토리를 검색하고 선택하는 데 사용
  - File name : 사용자가 내보낼 파일의 이름을 선택
  - Save as type : 입력 파일에 허용된 가능한 형식을 표시
  - AutoCad DFX(.dfx), ESRI Shapefiles(.shp), Keyhole Markup Language(.kml), Microstation DGN(.dgn)
- Volume list : 프로젝트에 추가된 볼륨 목록과 각 볼륨에 대한 측정값이 표현

※ 볼륨은 볼륨 기본과 3단계에서 생성된 DSM에 의해 정의된 표면 사이에서 계산됨

  - 사이드 바의 Objects 레이어에서 볼륨 이름을 클릭하면 볼륨 정보가 표시된다.

※ 볼륨을 계산하면 볼륨 정보가 표시된다. 볼륨이 계산되지 않은 경우, 계산 버튼이 나타나며, 계산 단추를 클릭하면 볼륨이 계산된다.

- Volume name : 볼륨의 이름
- Terrain 3D Area[units2] : 볼륨의 베이스에 포함된 DSM에 의해 정의된 영역
- Cut Volume[units3] : 볼륨 기준보다 큰 볼륨. 볼륨은 볼륨의 기준과 DSM에 의해 정의된 표면 사이에서 측정된다.
- Fill Volume[units3] : 볼륨 밑의 볼륨. 볼륨은 DSM에 의해 정의된 표면과 체적 기준 사이에서 측정된다.
- Total Volume[units3] : 총 볼륨, 총 볼륨 = 잘라낸 볼륨 + 채우기 볼륨

• 하나의 volume 위에 마우스를 가져가면 2개의 동작 버튼이 나타난다.
  - View/Hide : 3D 보기에서 볼륨을 보거나 가리기
  - Delete : 사용자가 볼륨을 삭제

뷰 툴바 volume/Sidebar/Layers

• 메뉴바에서 View > Volumes을 클릭하여 Volumes view를 열 수 있으며, 사이드 바는 메인 창의 왼쪽에 표시
• Volume list : 프로젝트에 추가된 볼륨 목록과 각 볼륨에 대한 측정값이 표현
• Layers : 3D 보기에 표시할 수 있는 객체 그룹

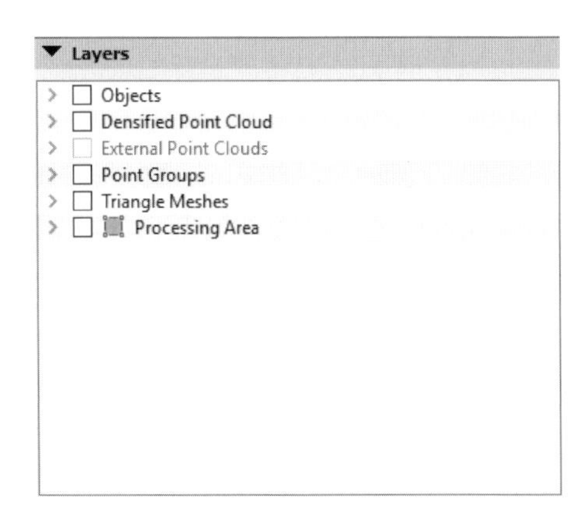

• Objects : Volumes view에 그려진 모든 볼륨을 표시
• Densified Point Cloud : 2단계에서 생성된 고밀도 point cloud를 표시
• External Point Clouds : 로드된 외부 point cloud를 표시
• Point Groups : 서로 다른 point 그룹을 표시(고밀도 point cloud의 각 point는 하나의 그룹에 할당되어 있다.)
• Triangle Meshes : Triangle Meshes 표시(Pix4Dmapper에서 생성되거나 가져오는)
• Processing Area : Processing Area 표시

- volume layers는 각각의 Display Properties를 가지고 있다.
  - 하위 메뉴들로 Vertex Color, Vertex Radius, Line Color, Line Width, Base, Terrain 등 이상의 기능은 rayClouds 및 앞에서 소개한 기능과 같다.
- volume layers의 서브 레이어인 Volumes에서 오른쪽 마우스를 클릭하면, 아래와 같은 옵션 선택 메뉴가 표시된다.
  - New Volume : 사용자가 새로운 volume을 그릴 때 사용한다.
  - Import Volume : 동일한 지역에 연구 영역 또는 수동으로 만들어진 Pix4Dmapper로 된 이전에 파일을 가져오는 팝업창을 연다.

※ Pix4Dmapper로 생성한 볼륨을 가져오려면, 표면(name_surfaces.shp) 또는 꼭짓점(name_vertices.shp)을 포함하는 .shp 파일이어야 하며, 외부 소프트웨어로 생성된 볼륨을 가져오려면 3D 폴리곤(표면) 또는 3D 정점이 포함된 .shp 파일이어야 한다.

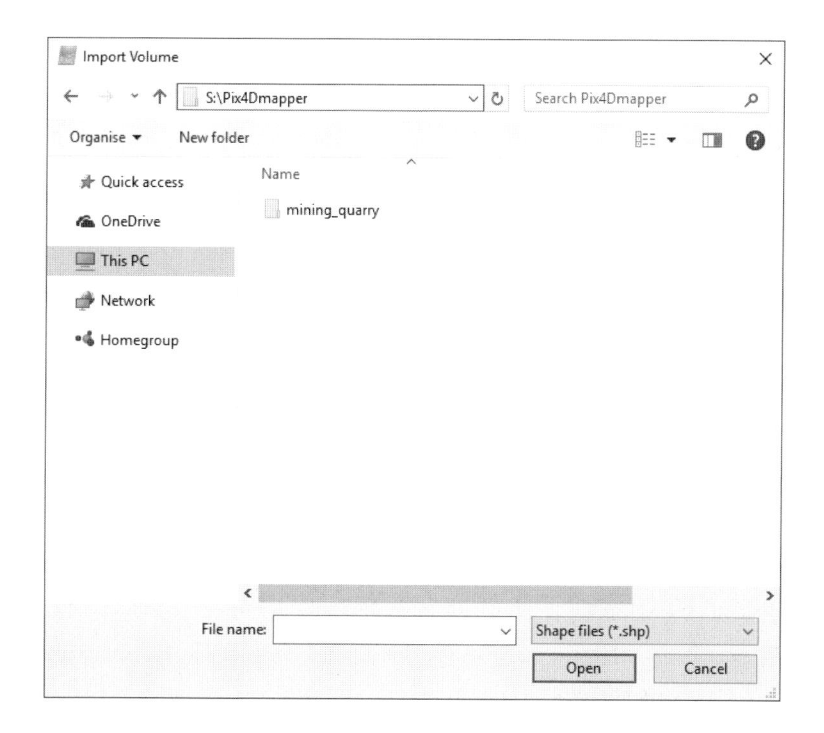

뷰 툴바 Mosaic

- 메뉴바에서 View > Mosaic Editor를 클릭하여 열 수 있다. (step 3. DSM, Orthomosaic and Index가 완료되어야 가능함)
- Mosaic Editor는 직접 정확한 3. DSM, Orthomosaic and Index에 의한 정사영상 결과와 그것의 시각적 특징을 향상시키기 위하여 artifacts를 사용한다.
- mosaic editor에 적용된 변경사항은 3. DSM, Orthomosaic and Index의 결과인 모자이크가 아닌 로컬 사본에 적용된다.

- 편집된 모자이크를 얻으려면 모자이크를 내보내야 하며, Step 3. DSM, Orthomosaic and Index의 정사영상 결과에 덮쓰여진다.
- processing options에서 선택을 통해 Grid DSM 및 다른 정사영상 형식(GeoTIFF, Google Maps Tiles 등)을 생성할 수 있다.
- Mosaic Editor의 사용은 선택 사항이며 다음과 같은 용도로 사용
  - DSM(래스터 GeoTIFF 디지털 표면 모델)을 시각화
  - DTM(래스터 GeoTIFF 디지털 지형 모델)을 시각화
  - 모자이크를 시각화
  - orthomosaic의 시각적 측면을 향상시킴
- Mosaic Editor 보기를 선택하면 다음 요소가 기본 창에 표시된다.
  - 메뉴 막대 항목 : 메뉴 막대에 표시된 추가 항목
  - 툴바 : 표준 도구 모음과 모자이크 편집기와 관련된 추가 버튼
  - 모자이크 보기 : 기본 창에 표시되며, 기본적으로 Orthomosaic가 표시되고, Mosaic Editor를 사용하여 DSM(입면도)을 시각화할 수도 있다.
  - 사이드 바 : 모자이크 뷰의 오른쪽에 표시, 기본적으로 Mosaic Editor 사이드 바가 표시된다.
  - 상태표시줄 : 모자이크 보기의 오른쪽 하단에 표시되며, orthomosaic/DSM 위로 마우스를 이동할 때 좌표를 표시한다.
  - DSM 보기일 때 mosaic editor

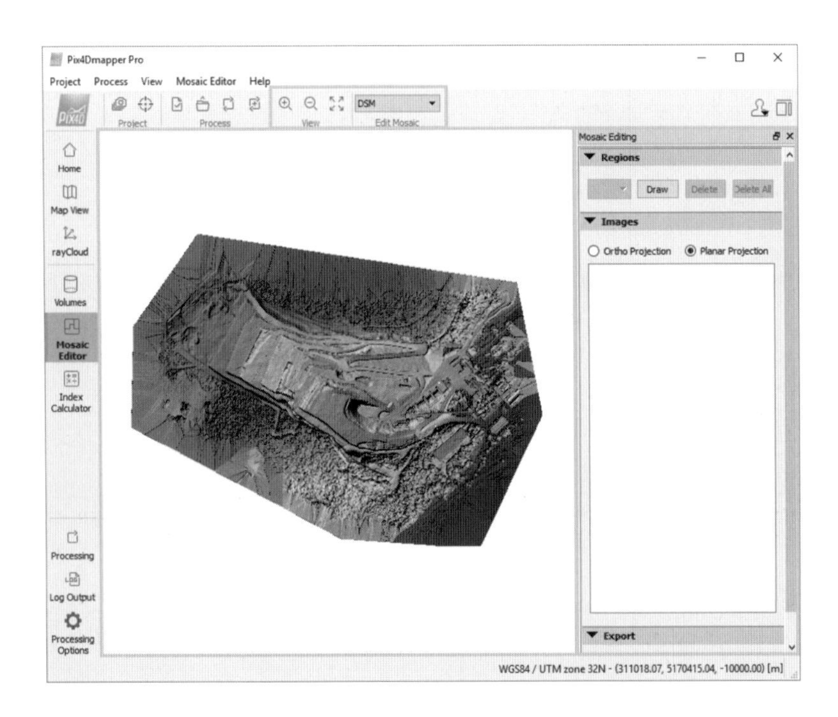

뷰 툴바 Mosaic

- 메뉴바에서 View > Mosaic Editor를 클릭하여 열 수 있다. (step 3. DSM, Orthomosaic and Index 가 완료되어야 가능함)
- mosaic editor에 적용된 변경사항은 3. DSM, Orthomosaic and Index의 결과인 모자이크가 아닌 로컬 사본에 적용
- DTM 보기일 때 mosaic editor

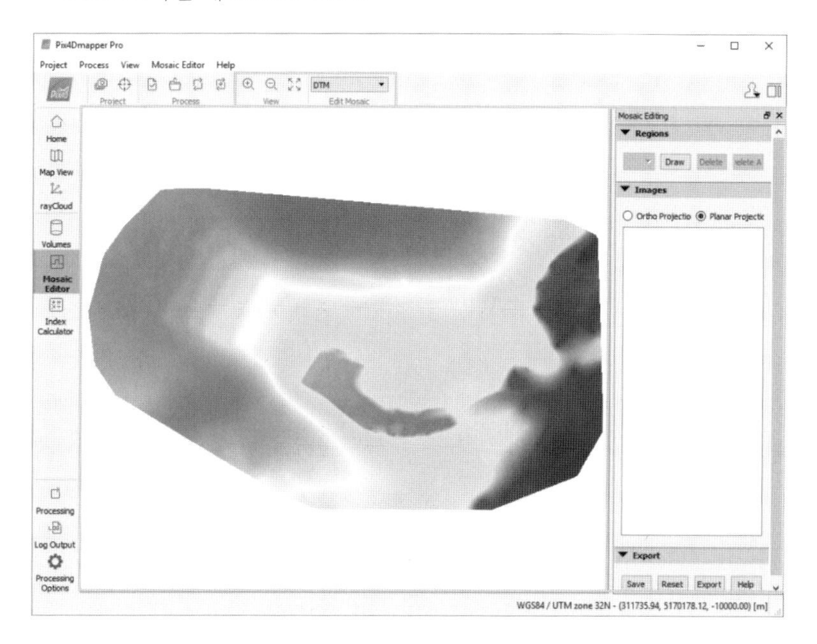

- Orthomosaic(정사영상) 보기일 때 mosaic editor

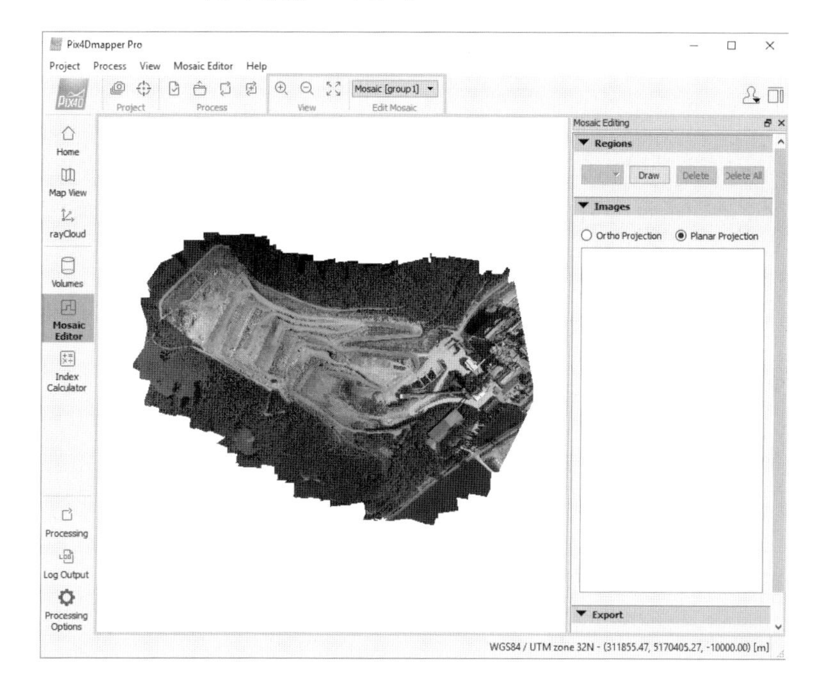

뷰 툴바 Mosaic

- 메뉴바에서 View > Mosaic Editor를 클릭하여 열 수 있다. (step 3. DSM, Orthomosaic and Index가 완료되어야 가능함)
- mosaic editor에 적용된 변경사항은 3. DSM, Orthomosaic and Index의 결과인 모자이크가 아닌 로컬 사본에 적용
- Mosaic Editor 보기를 선택하면 다음 요소가 기본 창에 표시된다.

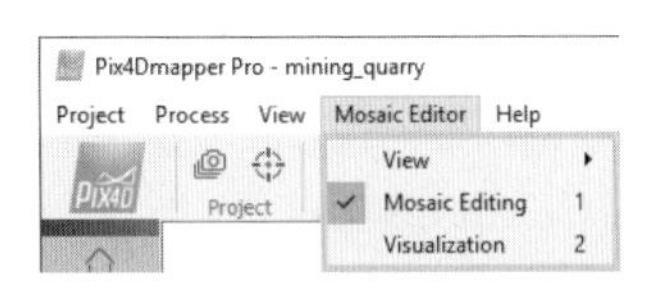

  - View : 모자이크 뷰의 옵션을 보여준다.
  - Mosaic Editing : 모자이크 편집 사이드바를 연다.
  - Visualization : 시각화(Visualization) 사이드바를 연다.
- Toolbar

  - View(Zoom In, Zoom Out, View All)
  - Edit Mosaic : 모자이크 뷰에 표시 선택, 기본적으로 모자이크 [그룹 1]이 표시되며, 둘 이상의 이미지 그룹이 있는 경우 이미지 그룹당 하나의 모자이크가 생성되고, 생성된 모자이크뿐만 아니라 DSM 및 DTM을 표시할 수 있다.

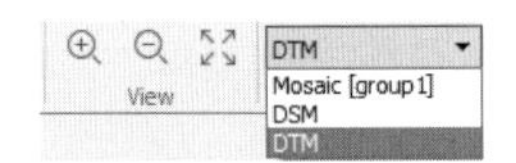

- Mosaic View
  - 기본적으로 모자이크 보기가 선택되면 모자이크가 표시되고, DSM의 보기를 선택하면 DSM가 표시되고, DTM의 보기를 선택하면 DTM이 표시된다.
  - orthomosaic/DSM/DTM 위로 마우스를 가져가면, 모자이크 상태표시줄에 잡은 지점의 좌표가 표시된다.
- Sidebars
  - Mosaic editing sidebar : 사용자가 모자이크를 수정할 수 있다.
  - Visualization sidebar : 사용자가 모자이크 또는 DSM을 시각화할 수 있다.
- Status bar
  - Mosaic View의 오른쪽 아래에 표시된다.
  - WGS84/UTM zone 32N – (311684.29, 5169774.29, 496.97)[m]
  - Selected Coordinate System : 선택된 점에 대한 좌표계를 표시
  - Position : orthomosaic/DSM/DTM 각각의 점에 대한 좌표점(X, Y)을 m단위로 표시하고,

orthomosaic/DSM/DTM 위로 마우스를 이동하면 좌표값이 변한다.
※ 선택한 출력 좌표계를 고려할 때 지리적 (타원체) 투영 좌표는 각도가 아닌 미터/피트 단위가 사용된다.
※ 기본적으로 출력 좌표계는 GCP가 사용되는 경우 GCP 중 하나와 동일하다. 그렇지 않으면 이미지 중 하나와 동일하다. 좌표계가 WGS84인 경우 출력은 UTM으로 표시한다.
※ 3개 미만의 이미지가 지오코딩되고 3개 미만의 GCP가 정의되면 출력 좌표계는 '임의'로 표현된다.
※ 상태표시줄에는 Orthomosaic/DSM/DTM이 적용되는 전체 영역과 데이터가 없는 영역의 위치가 표시되며, 데이터가 없는 영역 위로 마우스를 이동하면 데이터 없음 고도 값-10000이 표시

뷰 툴바 Mosaic/View

- 메뉴바에서 View > Mosaic Editor를 클릭하여 열 수 있다. (step 3. DSM, Orthomosaic and Index가 완료되어야 가능함)
- mosaic editor에 적용된 변경사항은 3. DSM, Orthomosaic and Index의 결과인 모자이크가 아닌 로컬 사본에 적용한다.
- Mosaic View의 옵션은 아래와 같다.

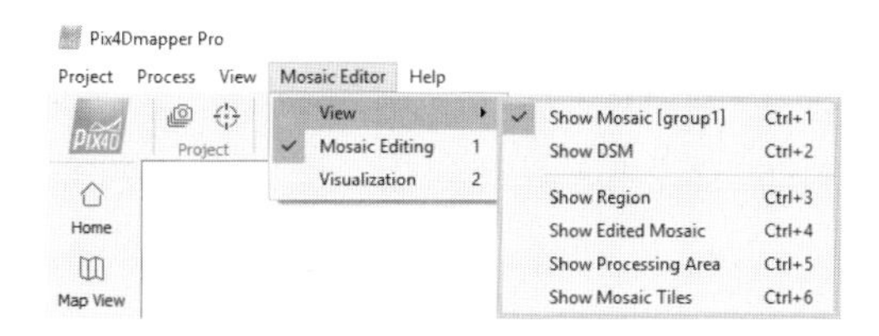

  - Show Mosaic [Group]
  - Show DSM
  - Show Region
  - Show Edited Mosaic
  - Show Processing Area
  - Show Mosaic Tiles
- Show Mosaic [Group]
  - 이 옵션은 기본적으로 선택된다.
  - 해당 그룹에 속한 이미지를 사용하여 생성된 모자이크를 표시한다. 기본 그룹은 group1이다.
  - 영역을 생성하고 다른 이미지를 할당하거나 각 영역에 대해 다른 투영을 선택하여 모자이크를 편집할 수 있으며, 편집된 모자이크는 실시간으로 편집되고 시각화된다.
  - 편집이 완료되면 모자이크에 대한 새 출력 파일을 생성하기 위해 모자이크를 내보내야 한다.

뷰 툴바 Mosaic Editor/View

- 메뉴바에서 View > Mosaic Editor를 클릭하여 열 수 있다. (step 3. DSM, Orthomosaic and Index가 완료되어야 가능함)
- mosaic editor에 적용된 변경사항은 3. DSM, Orthomosaic and Index의 결과인 모자이크가 아닌 로컬 사본에 적용
- Show DSM : 기본적으로 고도값에 대한 RGB 색상 맵을 사용하여 DSM을 표시

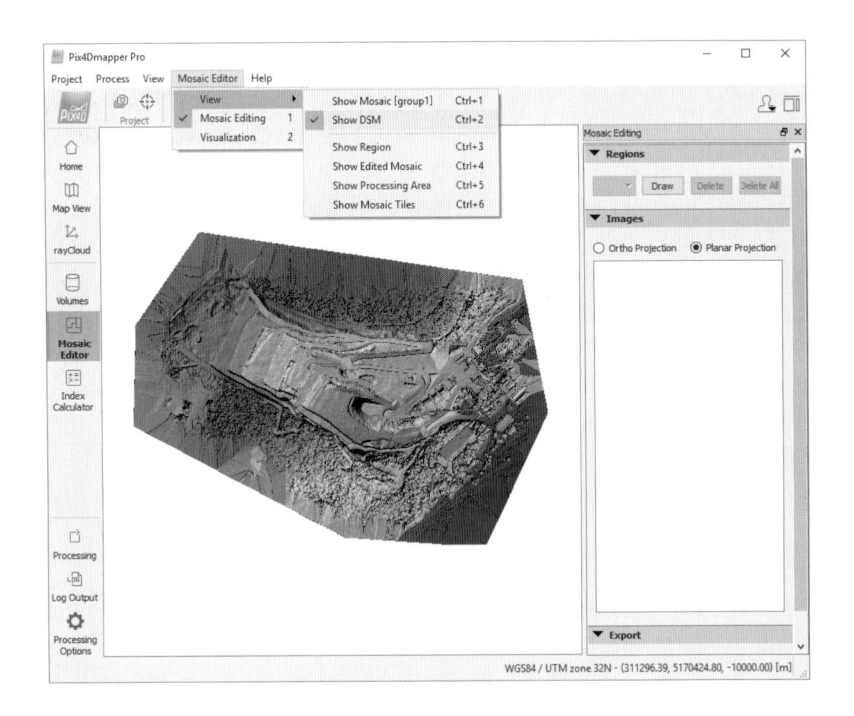

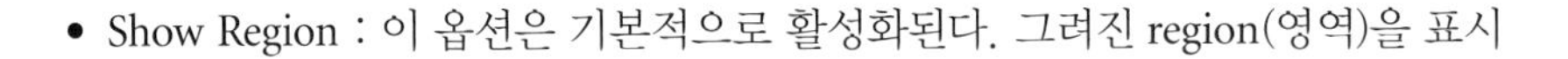

• Show Region : 이 옵션은 기본적으로 활성화된다. 그려진 region(영역)을 표시

뷰 툴바 Mosaic Editor/View

• 메뉴바에서 View > Mosaic Editor를 클릭하여 열 수 있다. (step 3. DSM, Orthomosaic and Index 가 완료되어야 가능함)

• mosaic editor에 적용된 변경사항은 3. DSM, Orthomosaic and Index의 결과인 모자이크가 아닌 로컬 사본에 적용

• Show Edited Mosaic
  - 이 옵션은 기본적으로 활성화되며, 편집된 모자이크를 표시한다.
  - 활성화되어 있지 않으면 모자이크 뷰 파일에 저장된 모자이크의 내용이 표시된다.

• 편집된 모자이크 보기 활성화/비활성화 위치

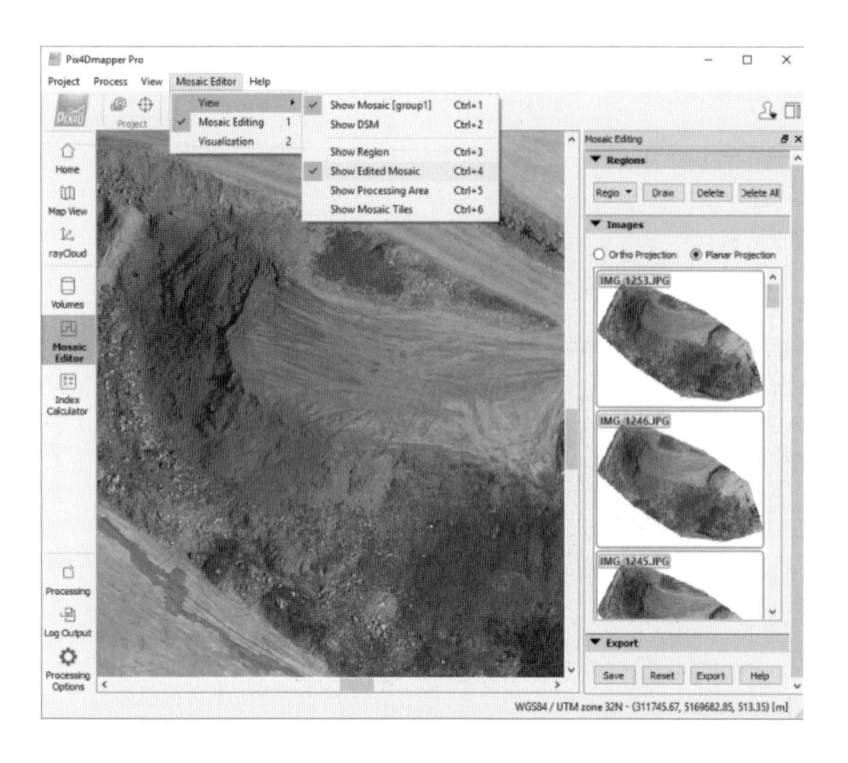

뷰 툴바 Mosaic Editor/View

- 메뉴바에서 View > Mosaic Editor를 클릭하여 열 수 있다. (step 3. DSM, Orthomosaic and Index가 완료되어야 가능함)
- mosaic editor에 적용된 변경사항은 3. DSM, Orthomosaic and Index의 결과인 모자이크가 아닌 로컬 사본에 적용
- Show Processing Area
  - 이 옵션은 기본적으로 비활성화 상태이며, Orthomosaic이 생성되는 영역인 Processing Area를 표시

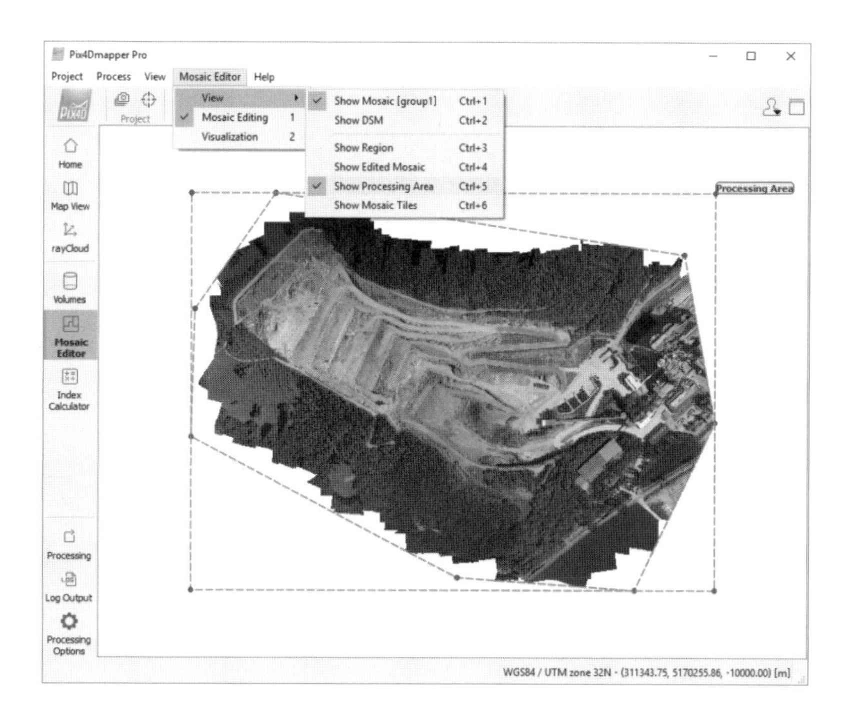

- Show Mosaic Tiles
  - 이 옵션은 기본적으로 비활성화 상태이며, 모자이크를 내보낼 때 생성될 GeoTIFF 모자이크 타일을 표시하고 처리 영역이 수정되면 모자이크 타일도 수정된다.

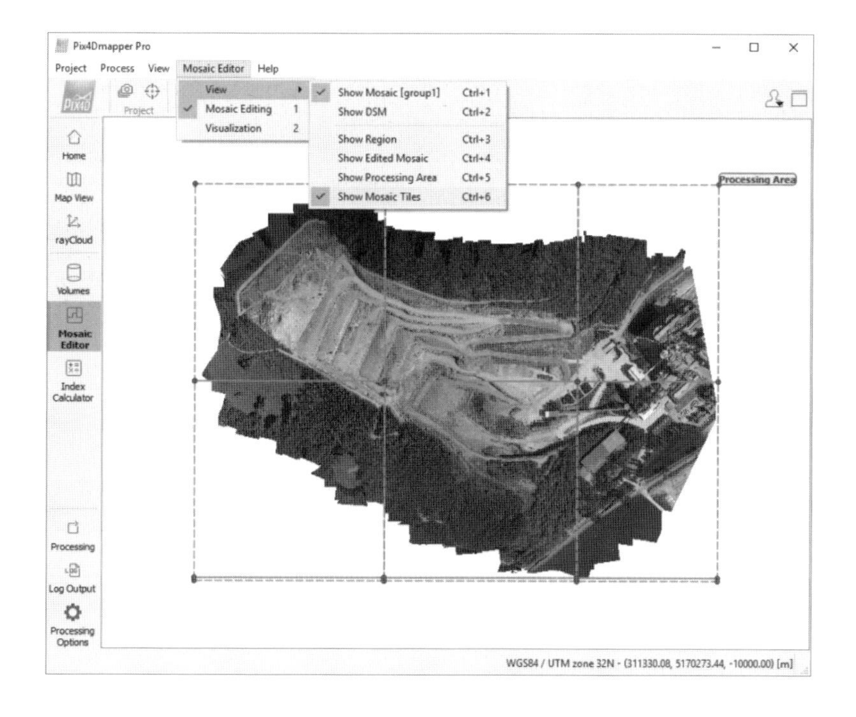

뷰 툴바 Mosaic Editor/Mosaic Editing

- 메뉴바에서 View > Mosaic Editor를 클릭하여 메뉴바에서 Mosaic Editor > Mosaic Editing(step 3. DSM, Orthomosaic and Index가 완료되어야 가능함)

- Regions : 사용자가 선택하여 region(지역)을 지우거나 그릴 수 있다.
- Images : 사용자가 각 region(지역)에 사용할 수 있는 투사 및 이미지를 선택
- Export : 사용자는 변경 사항을 로컬에 저장하거나(변경사항을 내부 임시 파일의 모자이크 보기에 저장) 표시된 모자이크를 재설정하고, 저장된 임시 내부 파일을 내보내 편집된 모자이크를 내보낼 수 있다.

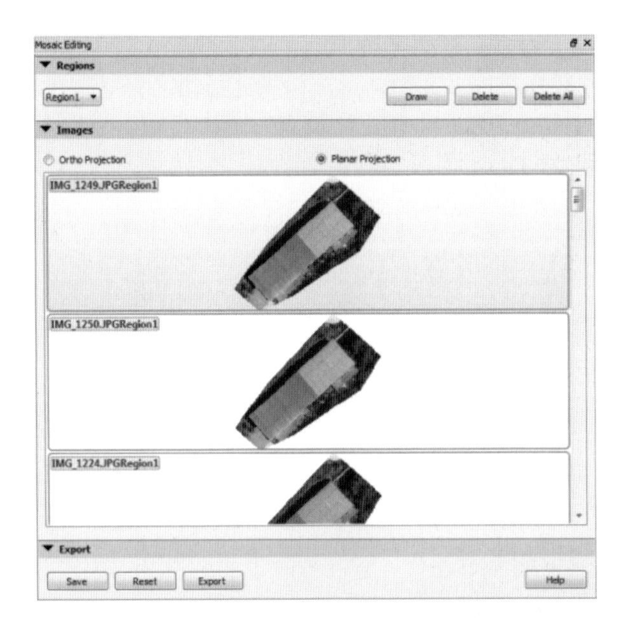

- Images : 선택한 영역에 사용할 수 있는 여러 가지 투영법을 표시
  - 첫 번째 투영법은 가장 수직인 이미지를 선택하여 영역에 사용
  - Ortho Projection(직교 투영) : 직교 투영은 거리를 보존하며 측정 응용 프로그램 전용의 모자이크에 사용할 수 있다.
  - Planar Projection(평면 투영) : 평면 투영은 거리를 유지하지 않지만 건물 모서리와 같은 예리한 전이에서 직각 투영보다 왜곡이 적어서 측정 응용 전용 모자이크에는 평면 이미지를 사용하지 않는 것이 좋으며, 기본적인 사용은 orthomosaic의 시각적 측면을 향상시키는 것이다.
- Export : 선택한 영역에 사용할 수 있는 여러 가지 투영법을 표시
  - 변경사항을 로컬에 저장(변경사항을 내부 임시 파일의 모자이크 보기에 저장)

- 표시된 모자이크를 재설정
- 저장된 임시 내부 파일을 내보내 편집 된 모자이크를 내보냄

뷰 툴바 Mosaic Editor/Visualization

- 메뉴바에서 View > Mosaic Editor를 클릭하여 메뉴바에서 Mosaic Editor > Mosaic Editing(step 3. DSM, Orthomosaic and Index가 완료되어야 가능함)
- 이 보기는 비표준 원본 이미지(밴드당 16비트)에 매우 유용하며, 사용자가 빨간색, 초록색 및/또는 파란색으로 간주되는 대역을 지정할 수 있다.

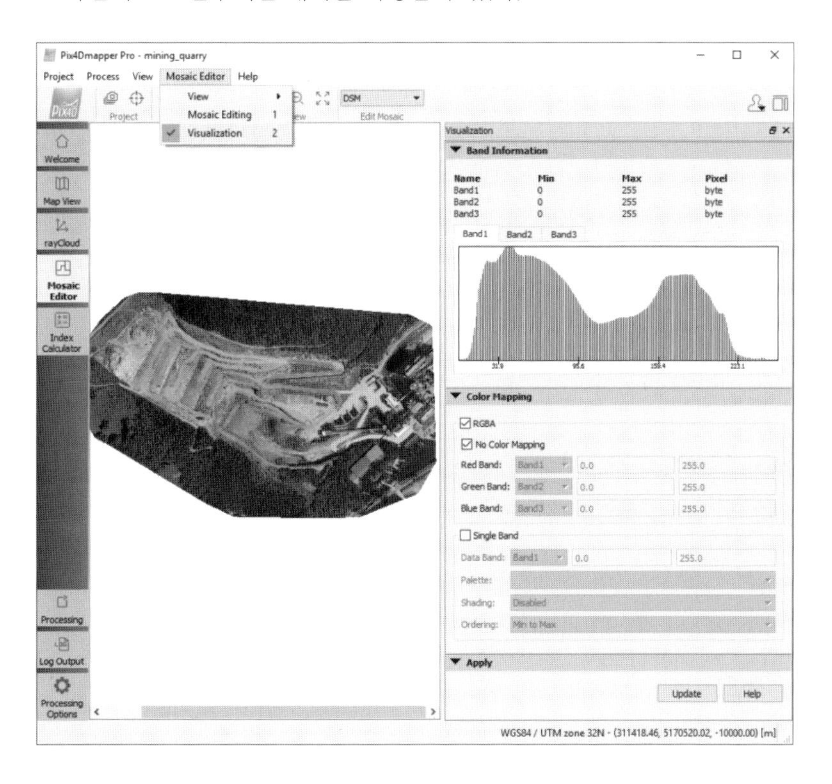

- 밴드정보 : 모자이크 그룹/DSM/DTM의 다른 밴드에 대한 정보를 표시한다.
- 색상맵핑 : 사용자가 각 픽셀 및 시각화 규칙에 대한 시각화를 위해 고려해야 할 값을 변경할 수 있다.
- 적용 : 사용자가 변경사항을 적용, 시각화 매개변수가 모자이크 뷰에서 사용되는 것으로 간주한다.
- Band Information : 모자이크 그룹/DSM/DTM의 다른 밴드에 대한 정보를 표시
  - Name : 밴드 이름
  - Min : 밴드의 모든 픽셀에 대한 최소 픽셀값
  - Max : 밴드의 모든 픽셀에 대한 최대 픽셀값
  - Pixel : 데이터 유형, 각 밴드의 정보를 저장하는 데 사용되는 바이트 수

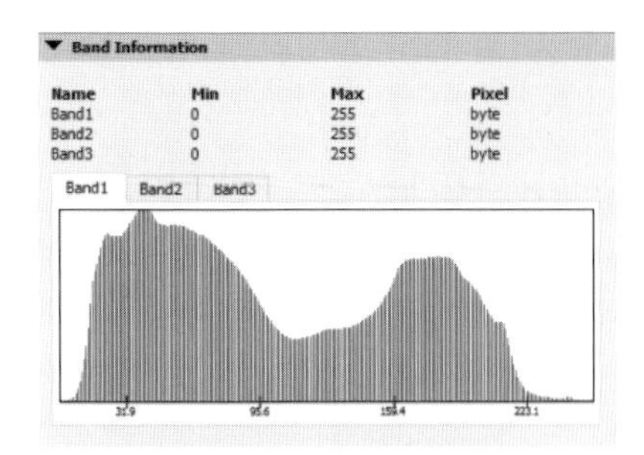

- 밴드 히스토그램 섹션에는 밴드당 하나의 탭이 있다.
- 막대그래프는 모델에서 각 밴드에 대해 특정 값을 갖는 픽셀 수를 표시한다.

뷰 툴바 Mosaic Editor/Visualization

- 메뉴바에서 View > Mosaic Editor를 클릭하여 메뉴바에서 Mosaic Editor > Mosaic Editing(step 3. DSM, Orthomosaic and Index가 완료되어야 가능함)
- 이 보기는 비표준 원본 이미지(밴드당 16비트)에 매우 유용하며, 사용자가 빨간색, 초록색 및/또는 파란색으로 간주되는 대역을 지정할 수 있다.
- Color Mapping : 사용자가 각 픽셀 및 시각화 규칙에 대한 시각화를 위해 고려해야 할 값을 변경할 수 있다.

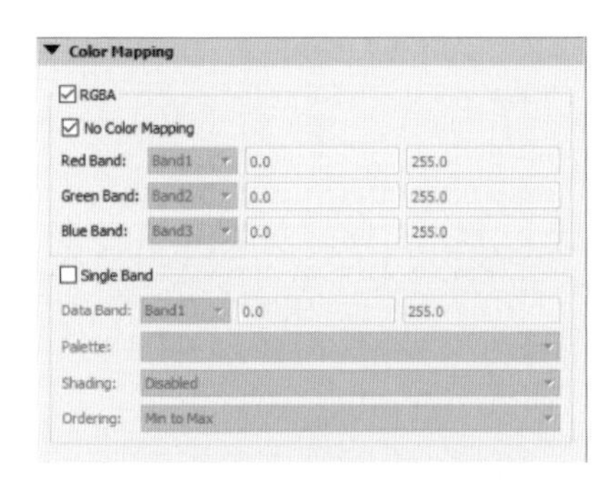

- RGBA : 모자이크에 대해 기본적으로 선택되고, 항상 3개의 밴드를 사용하며, 최종 색상은 3개 밴드의 값의 조합으로 시각화
  - No color mapping : 기본적으로 선택되며 원본 모자이크 파일의 값을 사용
  - Red band : 색상 맵핑을 선택하지 않은 경우 회색으로 표시되며, 시각화를 위해 어느 밴드가 빨간색 밴드로 간주될지 선택
  - Green band : 색상 맵핑을 선택하지 않은 경우 회색으로 표시되며, 시각화를 위해 어느 밴드가 초록색 밴드로 간주될지 선택
  - Blue band : 색상 맵핑을 선택하지 않은 경우 회색으로 표시되며, 시각화를 위해 어느 밴드가 파란색 밴드로 간주될지 선택
- Single Band : DSM/DTM에 기본적으로 선택되고, 하나의 밴드만 사용할 수 있으며, 시각화된 최

종 색상은 한 밴드의 값만 고려한다.

- Data band : 사용자가 시각화에 사용할 밴드를 선택
  - Palette : 사용자가 선택한 밴드의 값을 시각화하기 위해 색상 팔레트를 선택
  - Atlas : 아틀라스 표준 팔레트를 사용하고 DSM에 기본적으로 선택, 낮은 값에는 파란색, 중간 값에는 노란색, 높은 값에는 빨간색을 사용하는 팔레트를 사용
  - HSV : HSV 표준 팔레트를 사용
  - RdYlGn : 낮은 값은 빨간색, 중간 값은 노란색, 높은 값은 초록색이며 농업에 사용
  - Thermal : 낮은 값은 파란색, 높은 값은 빨간색이며, 온도 측정에 사용
  - Spectral : 시각적 스펙트럼의 모든 색상을 사용함. 여러 다른 값을 구별해야 할 때 사용
  - Grays : 그레이 스케일을 사용
  - Blues : 블루 스케일을 사용
  - Red : 레드 스케일을 사용
- Shading : 사용자가 모델의 각 픽셀값을 기반으로 조명을 사용하여 음영을 사용/사용 중지 할 수 있다.
  - Enabled : 기본적으로 선택되며 음영을 사용
  - Disabled : 음영을 사용하지 않음
- Ordering : 사용자가 선택한 색상 분포를 뒤집을 수 있다.
  - Min to Max : 기본적으로 선택되며, 선택한 팔레트의 표준 색상 분포를 사용
  - Max to Min : 선택한 팔레트의 선택된 색상 분포를 반전시킴

뷰 툴바 ndex Calculator

- 메뉴바에서 View > Index Calculator를 클릭(step 1. Initial Processing가 완료되어야 가능함)
- DSM은 Reflectance Maps(반사율 맵)를 생성하는 데 사용
- Reflectance Maps는 이미지의 각 그룹의 각 밴드에 대해 생성되지만 이미지 그룹의 수에 관계없이 하나의 DSM만 생성된다.
- Reflectance Maps는 각 픽셀의 반사율값을 포함하고 Index map(색인지도)을 생성하는 데 사용된다.
- Index map는 이미지 중 1개 이상의 그룹에서 일부 특정 band(들)를 사용하여 계산된다. 따라서 하나 이상의 Reflectance Maps(반사도지도)의 정보가 사용된다.
- 만약에 Region이 그려져 있다면 Index Maps와 Colored Index Maps는 단지 이 지역에 대해 생성된다.
- Colored Index Maps는 Index Maps의 명확한 색상규칙을 적용하여 생성되며, RGB 값을 가진 래스터 파일이다.
- Colored Index Maps가 이미 존재한다면, 새로운 Colored Index Maps는 기존의 것에 중첩된다.
- Single Band : DSM/DTM에 기본적으로 선택되고, 하나의 밴드만 사용할 수 있으며 시각화된 최종 색상은 한 밴드의 값만 고려한다.

- 모든 결과물은\project_name\4_index로 저장된다.
- 인덱스 계산기를 사용하여 생성한 결과물은 다음 단계/작업 중 하나라도 시작되면 인덱스 계산기의 모든 출력이 삭제된다. (stcp 1. Initial Processing, step 2. Point Cloud and Mesh, step 3. DSM, Orthomosaic and Index, Reoptimize, Rematch and Optimize)
- 결과물을 저장하려면 백업이 필요하다.

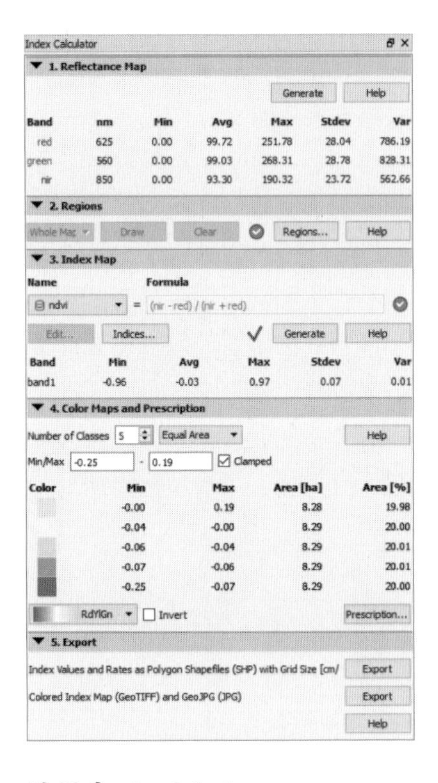

Band	nm	Min	Avg	Max	Stdev	Var
red	625	0.00	99.72	251.78	28.04	786.19
green	560	0.00	99.03	268.31	28.78	828.31
nir	850	0.00	93.30	190.32	23.72	562.66

Band	Min	Avg	Max	Stdev	Var
band1	-0.96	-0.03	0.97	0.07	0.01

Color	Min	Max	Area [ha]	Area [%]
	-0.00	0.19	8.28	19.98
	-0.04	-0.00	8.29	20.00
	-0.06	-0.04	8.29	20.01
	-0.07	-0.06	8.29	20.01
	-0.25	-0.07	8.29	20.00

뷰 툴바 ndex Calculator

- 메뉴바에서 View > Index Calculator를 클릭(step 1. Initial Processing가 완료되어야 가능함)
- 반사율 맵의 여러 밴드를 결합하는 수식을 사용하여 각 픽셀의 "색"을 계산하는 Index Map/Index Grid를 생성한다.
- 컬러 맵핑을 적용하여 Index Map을 colored Index Map으로 시각화
- 지리 참조된 colored Index Map 내보내기
- Index Map의 클래스에 주석을 달아 응용 프로그램 맵 생성
- 트랙터 콘솔에서 shape file로 Application Map을 가져올 수 있다.
- 인덱스 계산기 보기를 선택하면 아래 요소가 기본 창에 표시된다.
  - Menu bar entry(메뉴 막대 입력) : 메뉴 막대에 표시된 추가 항목
  - Toolbar(툴바) : 표준 툴바와 인덱스 계산기와 관련된 몇 가지 추가 버튼
  - Index View(색인 보기) : 기본 창에 표시된다. 처음으로 프로젝트의 인덱스 계산기를 열면 이 계산기는 비어 있다. 반사도 맵이 하나 이상 생성되면 기본적으로 프로젝트가 닫히기 전에 표시된

마지막 인덱스가 표시된다.

- Index Calculator sidebar(인덱스 계산기 사이드 바) : 기본적으로 인덱스 보기의 오른쪽에 표시된다. [정보] 정보 표시 반사율지도(들)의 색인지도를 하고, 생성하고 편집할 수 있는 도구를 제공한다.
- Status bar(상태표시줄) : 기본 창의 오른쪽 하단에 표시된다. 반사율 지도/인덱스 지도 위로 마우스를 가져갈 때 인덱스값, 좌표계 및 좌표를 표시

• Menu bar entry

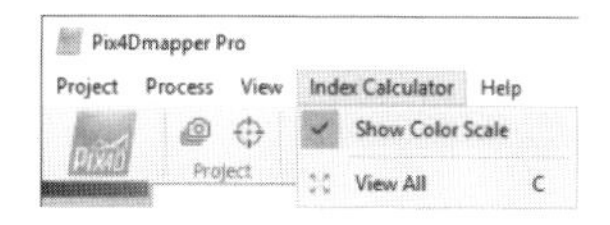

- Show Color Scale(색상 스케일 표시) : 기본적으로 선택되며, 인덱스 보기의 오른쪽 위에 표시되는 인덱스 맵의 컬러 스케일 그래픽을 표시하거나 감춘다.
- View All : 축소 및 확대되어, 반사맵 전체 또는 Index Map이 Index View에 표현된다.

• Toolbar

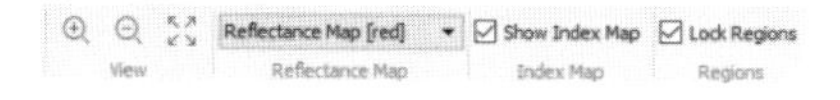

- Standard toolbar : 표준 도구 모음
- Toolbar extra buttons(툴바 추가 버튼)
  - View : Zoom In, Zoom Out, View All
  - Reflectance map
  - Index Map
  - Regions

뷰 툴바 Index Calculator

• 메뉴바에서 View > Index Calculator를 클릭(step 1. Initial Processing가 완료되어야 가능함)
• 반사율 맵의 여러 밴드를 결합하는 수식을 사용하여 각 픽셀의 “색”을 계산하는 Index Map/Index Grid를 생성한다.
• Reflectance map(반사율 지도)

- 기본적으로 첫 번째 대역의 반사율 맵이 표시되며, 드롭다운 목록에는 반사율 맵을 숨기고 다른 대역의 반사율 맵을 선택하는 옵션이 있다.

- Index map(색인 맵)
  - Standard toolbar : 표준 도구 모음
  - Toolbar extra buttons(툴바 추가 버튼)

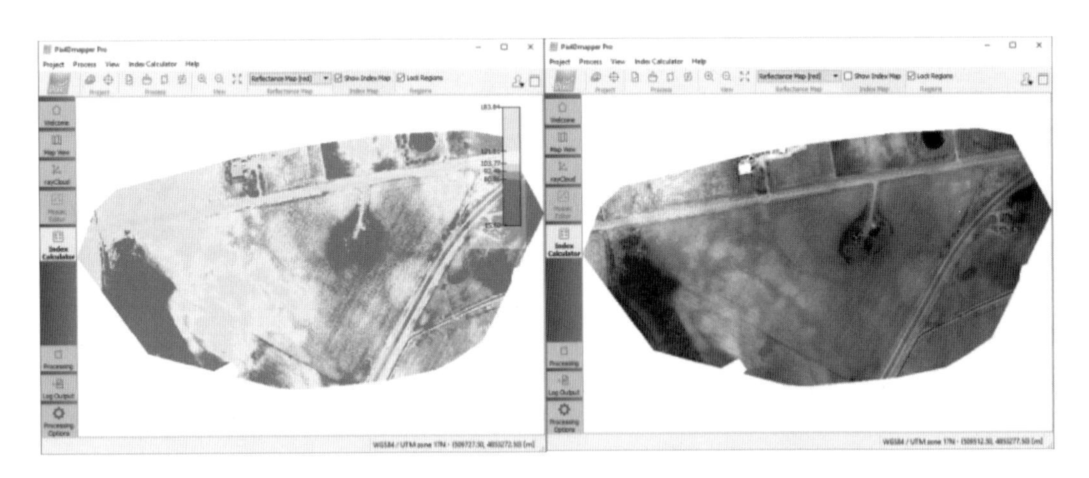

- 기본적으로 인덱스 맵 표시 상자가 선택되며, 이 옵션은 생성된 색인 맵을 반사도 맵 위에 표시하고 중첩할지 여부를 제어한다.

뷰 툴바 Index Calculator

- 메뉴바에서 View > Index Calculator를 클릭(step 1. Initial Processing가 완료되어야 가능함)
- 반사율 맵의 여러 밴드를 결합하는 수식을 사용하여 각 픽셀의 "색"을 계산하는 Index Map/Index Grid를 생성한다.
- Regions(지역)

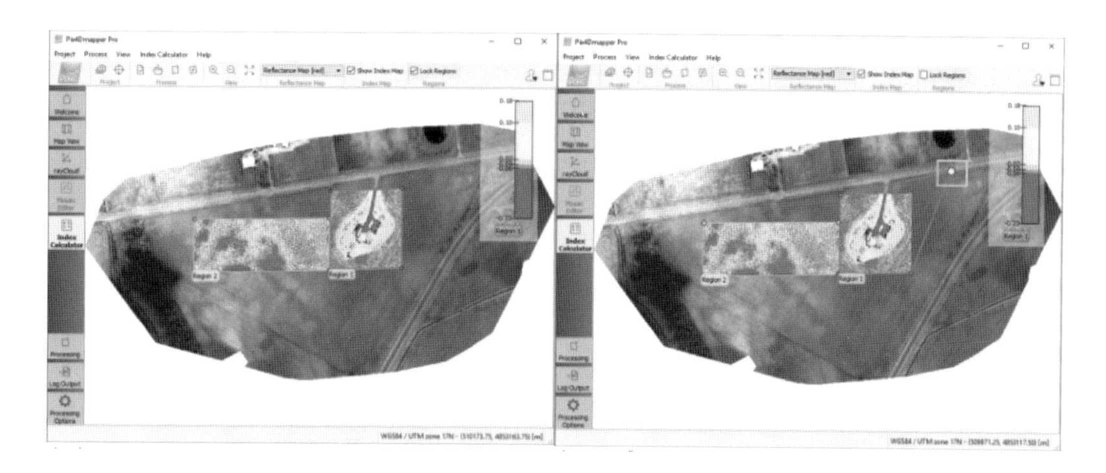

- 기본적으로 영역 잠금 상자가 선택되며, 지역을 그린 후에 인덱스 보기에 표시되고, Lock Regions가 선택된 경우에는 잠금 지역의 프레임 위치에 고정되며, 영역 잠금 상자의 선택을 해제하여 전체 영역 또는 단일 꼭짓점을 드래그하여 이전에 그려진 영역을 편집할 수 있다.

- Index View
  - 처음 프로젝트의 인덱스 계산기를 열면 비어 있으며, 하나 이상의 반사도 맵이 생성되면 기본적으로 프로젝트가 닫히기 전에 표시된 마지막 반사도 맵/인덱스 맵이 표시된다.
- Index Calculator sidebar
  - 사이드 바는 반사율지도(들)와 색인지도를 생성하고 편집할 수 있는 도구를 제공

- Status bar(상태바)
  - 기본 창의 오른쪽 하단에서 반사율 맵/인덱스 맵이 인덱스 뷰에 로드된 경우 다음 정보가 표시

WGS84 / UTM zone 17N - (510197.50, 4853252.50) [m]

  - Index Value : 현재 마우스 위치에 있는 Index의 픽셀값을 표시하며, 인덱스 뷰 위로 마우스를 이동하면 값이 변경

- Output Coordinate System : 선택된 출력 좌표계를 표시
- Coordinates : Reflectance Map/Index Map 각 포인트의 (X, Y) 좌표를 미터/피트로 표시하며, Reflectance Map/Index Map 위로 마우스를 이동하면 좌표가 변경
- Reflectance Map/Index Map이 적용되는 영역과 적용되지 않는 영역의 좌표가 모두 표시된다.

뷰 툴바 Index Calculator/Sidebar

- 메뉴바에서 View > Index Calculator를 클릭(step 1. Initial Processing가 완료되어야 가능함)
- 1. Reflectance Map(반사율 지도) : Used to : 반사율 지수(Index) 지도를 생성하는 데 사용하고, 한 그룹의 이미지(RGB, NIR 등)마다 하나의 반사율 지도가 생성되며, 반사율에 대한 정보를 표시
- 2. Regions : Used to : 지수 계산이 적용될 특정 영역을 정의
- 3. Index Map : Used to : 색인을 생성, 보기 또는 편집하거나 색인 보기에 표시할 색인을 선택할 수 있고, 선택한 색인에 대한 정보를 표시
- 4. Color Maps and Prescription : Used to : 색인값을 기반으로 색인 맵을 분류
- 5. Export : Used to : 지수값과 처리율을 다각형 모양 파일로 내보내고, 색상 맵핑을 위해 선택한 클래스를 사용하여 선택한 색인 맵을 내보낼 수 있다.

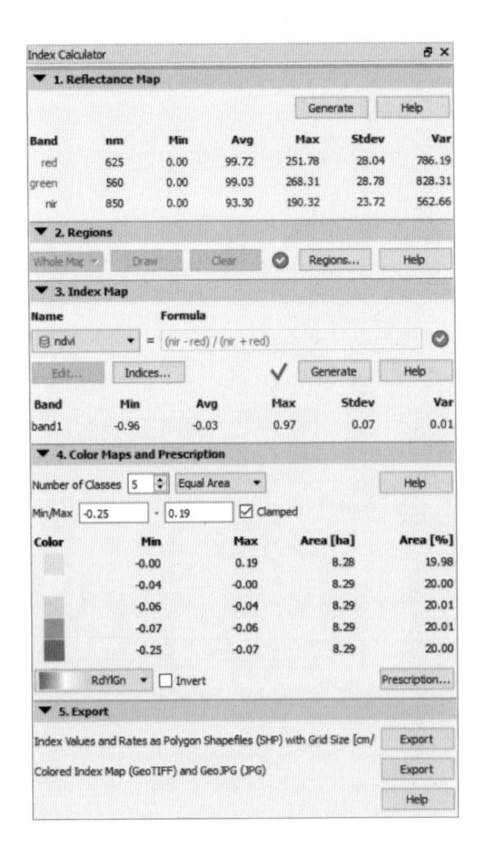

뷰 툴바 Processing

- 메뉴바에서 View > Processing을 클릭(프로젝트가 로드되거나 작성되면 사용 가능)

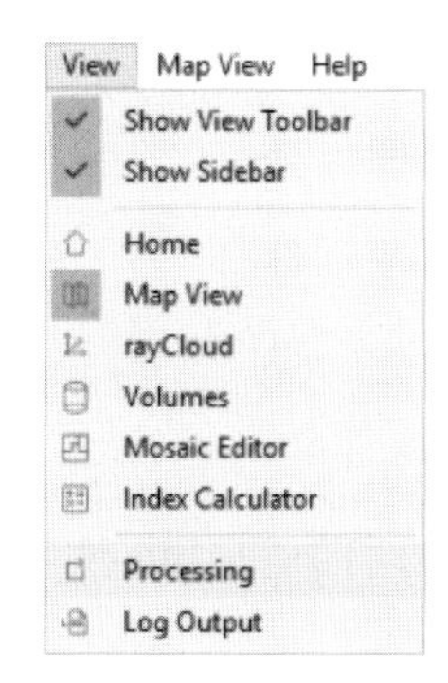

- Processing bar(처리 바)는 프로젝트를 단계별로 처리, 수행하며, 첫째 줄의 처리단계(Initial Processing, Point Cloud and Mesh, DSM, Ortjomosaic and Index), 둘째, 셋째 줄의 진행 표시(Current, Total), 넷째 줄의 작업 버튼(Output Status, Start, Cancel, Help)으로 구성되어 있다.
  - 출력 상태(Output Status) : 출력 상태 팝업을 연다.
  - 시작(Start) : 선택한 처리 단계의 작업 수행 시작
  - 취소(Cancel) : 처리를 취소
  - 도움말(Help) : Pix4Dmapper 도움말

▸ Processing

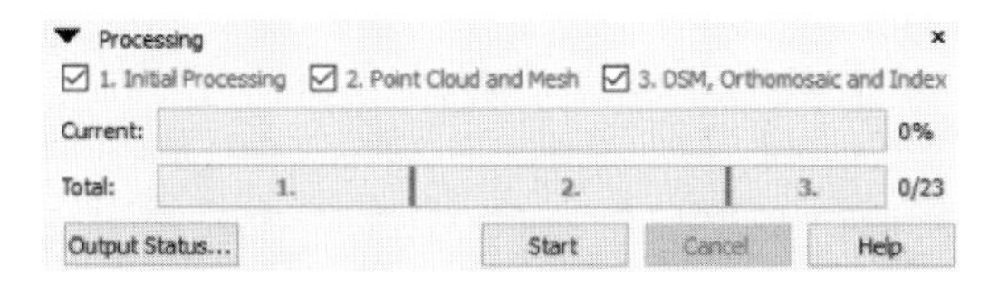

  - 1. Initial Processing : 소프트웨어의 고급 자동 공중삼각측량(AAT) 및 BAND(Bundle Block Adjustment)를 사용하여 이미지에서 키포인트를 자동으로 추출하여 내부 및 외부 카메라 매개변수를 계산, 부족한 3D 점군이 계산되고 저해상도 DSM 및 Orthomosaic가 생성되어 품질 보고서에 표시

※ 이 단계를 다시 처리하면 1단계의 기존 출력이 삭제되고 덮어 써 2단계 및 3단계(이전에 완료된 경우)의 출력이 삭제된다.

  - 2. Point Cloud and Mesh : 조밀한 3D 점군과 3D 텍스처 메쉬를 생성

※ 이 단계를 다시 처리하면 2단계의 기존 출력이 삭제되고 덮어 씌워지고 3단계(이전에 완료된 경우)의 출력이 삭제된다.

  - 3. DSM, Orthomosaic and Index : DSM, orthomosaic, 반사율 맵 및 인덱스 맵을 생성

※ 이 단계를 다시 처리하면 이 단계의 기존 출력이 삭제되고 덮어 쓴다.

▸ Current : 백분율로 각 하위 단계의 처리 상태를 표시

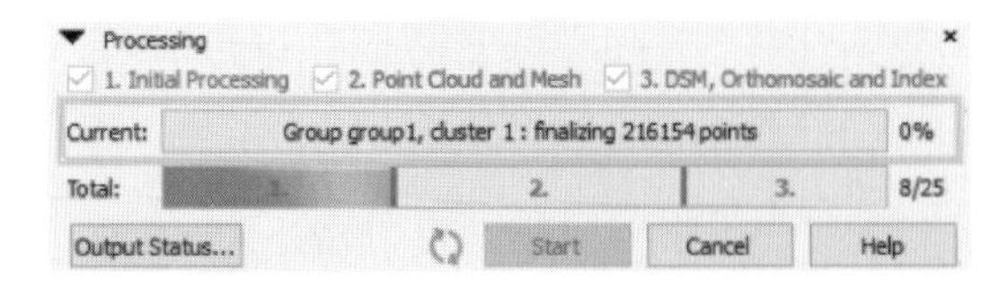

▸ Total : 완료된 하위 단계의 수로 선택된 모든 처리 단계의 처리 상태를 표시

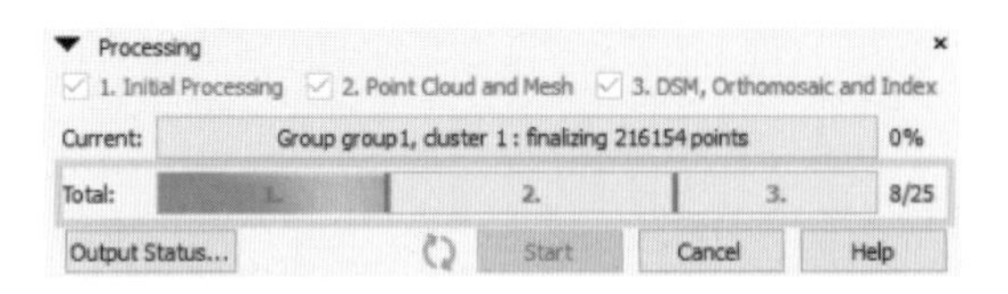

뷰 툴바 Log Output

- 메뉴바에서 View > Log Output을 클릭(프로젝트가 로드되거나 작성되면 사용 가능)

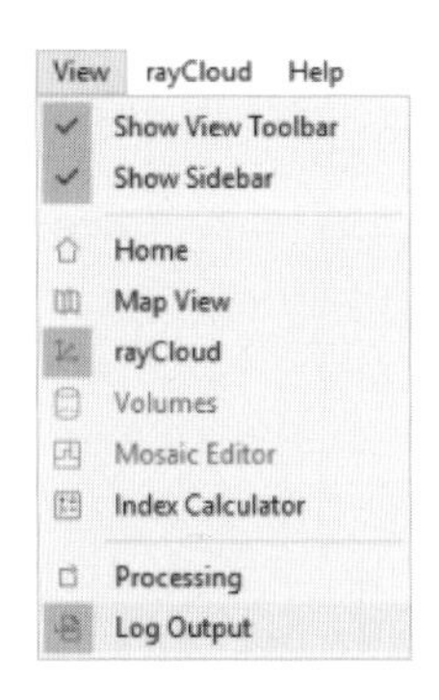

▸ Log Output(로그 출력)은 프로젝트의 처리에 관한 유용한 정보인 처리 중 단계와 하위 단계, 취해진 조치, 처리 중 경고 및 오류 등을 설명

※ Pix4Dmapper는 로그 파일(project_name.log)을 project_name 출력 폴더에 저장한다.

※ 로그 출력 막대에 표시된 로그 파일은 Pix4Dmapper가 닫힐 때마다 지워지며, 다음에 소프트웨어를 열면 로그 파일이 처음부터 다른 작업을 등록하기 시작한다.

▸ Levels

- [Info] 로그 파일에 일반 정보를 표시, 텍스트가 검은 색으로 표시
- [Warning] 로그 파일에 처리 경고 메시지를 표시, 텍스트가 노란색으로 표시
- [Error] 로그 파일에 처리 오류 메시지를 표시, 텍스트가 빨간색으로 표시
- [Processing] 로그 파일에 처리 단계 및 하위 단계 및 해당 상태를 표시, 텍스트가 초록색으로 표시
- [UI] : 사용자 인터페이스에서 사용자가 수행하는 작업을 표시, 텍스트가 파란색으로 표시

▸ Options

- Full Headers : 전체 헤더(날짜, 시간, % RAM, % CPU)를 표시
- Wrap Lines : 주 창(Main Window)이 매우 작으면 줄을 바꿀 수 있음

- Search Engine : 특정 키워드, 숫자의 문자를 검색할 수 있으며, 검색 결과는 기본 창에 표시
- ▸ Clear Log : 메인창에 표시되는 로그를 지운다.

※ 출력 폴더 project_name에 저장된 로그 파일은 삭제되지 않는다.

※ 로그가 기본창에서 삭제되면 다시 가져올 방법이 없다.

- Main window : 로그를 표시
  - 표시된 정보는 선택한 레벨 및 옵션에 따라 다르며, 검색 엔진에서 키워드, 문자 또는 숫자를 사용하면 표시된 로그에 이러한 요소가 포함된 문자열만 표시된다.

3) Pix4D mapper Pro 실습(데모)

1 Pix4Dmapper를 실행한다.

2 Demo Project 탭을 선택한다.

3 점선으로 표시된 Demo Project를 클릭한다.

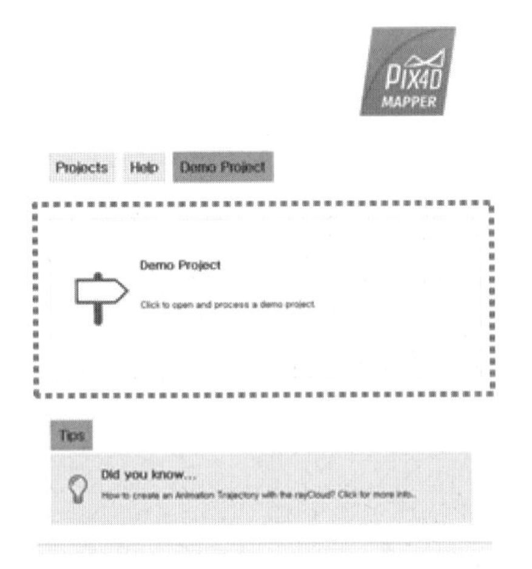

4 아래 팝업창은 도움말 웹사이트를 열 것인지 묻는 내용으로서 Cancel을 선택한다.

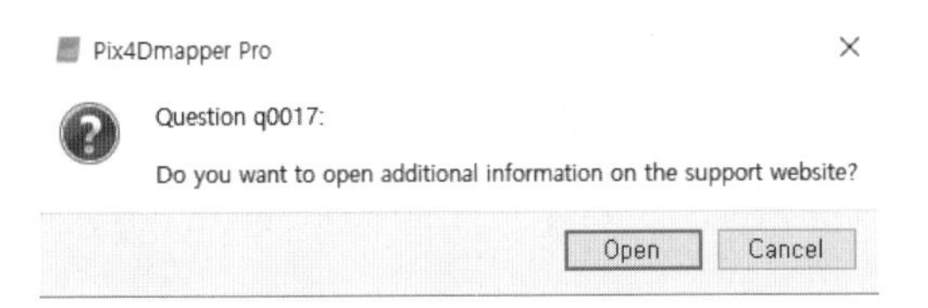

5 데모버전 데이터를 선택하면 뷰 툴바의 Map View가 활성화되어 나타난다.

- 붉은색 선은 분석사이트를 나타내며, 초록색 선은 드론의 비행경로를 보여준다.
- 파란색 점은 GCP 위치를 나타내고, 붉은색 점은 사진을 촬영한 위치를 나타낸다.

6 좌측하단 뷰 툴바에서 Processing 탭을 선택하여, 1. Initial Processing, 2. Point Cloud and Mesh, 3. DSM, Orthomosaic and Index를 모두 선택한 뒤 Start를 클릭하여 프로그램 분석을 실행한다.

- 분석이 진행되면서 붉은색이었던 점과 선이 점차 초록색으로 변환되며, 좌측 하단의 1. Initial Processing, 2. Point Cloud and Mesh, 3. DSM, Orthomosaic and Index들도 분석이 끝나면 붉은색에서 초록색으로 변환된다.

- 분석이 끝날 때마다 결과 파일이 팝업창으로 생성되고, 해당 폴더에 자동 저장된다.

7 뷰 툴바 Map View 상태의 사용자 화면

- 메뉴바에 Map View가 생성된다.
- Processing Area에 대한 draw(그리기), 벡터 파일(*.shp, *.kml)로 내보내기, 그리기 수정(edit), 제거(remove)가 가능하다.

- 툴바의 뷰(View)가 줌(zoom) 기능이 활성화되고, 배경을 Satellite 모드와 Maps 모드 두 가지 중 선택이 가능하다. 아래 그림은 Maps 모드로 전환한 경우이다.

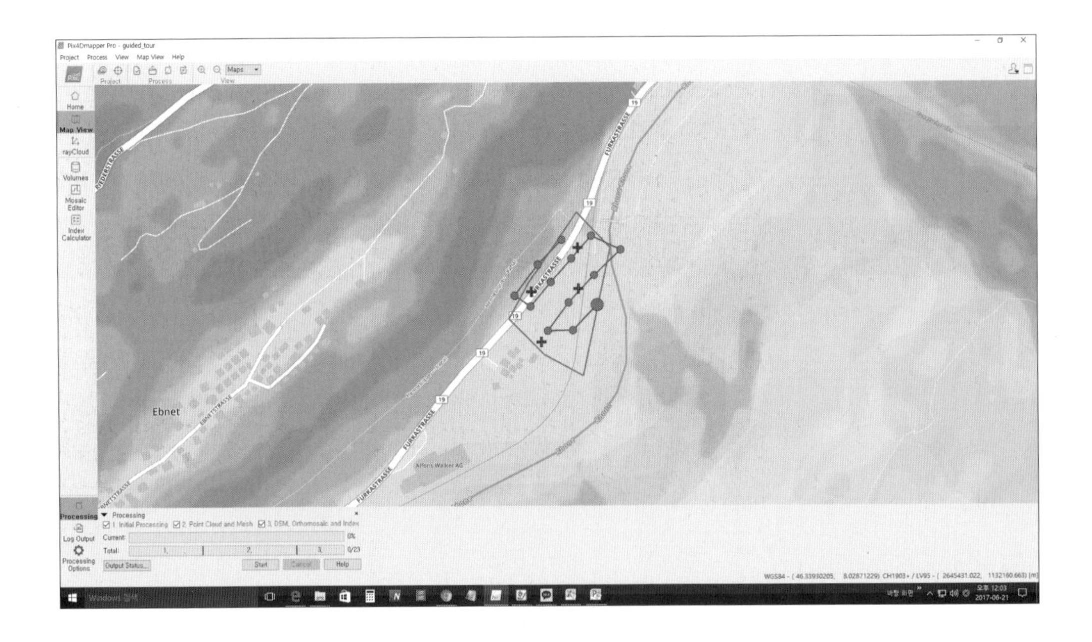

8 뷰 툴바의 rayCloud 상태 사용자 화면

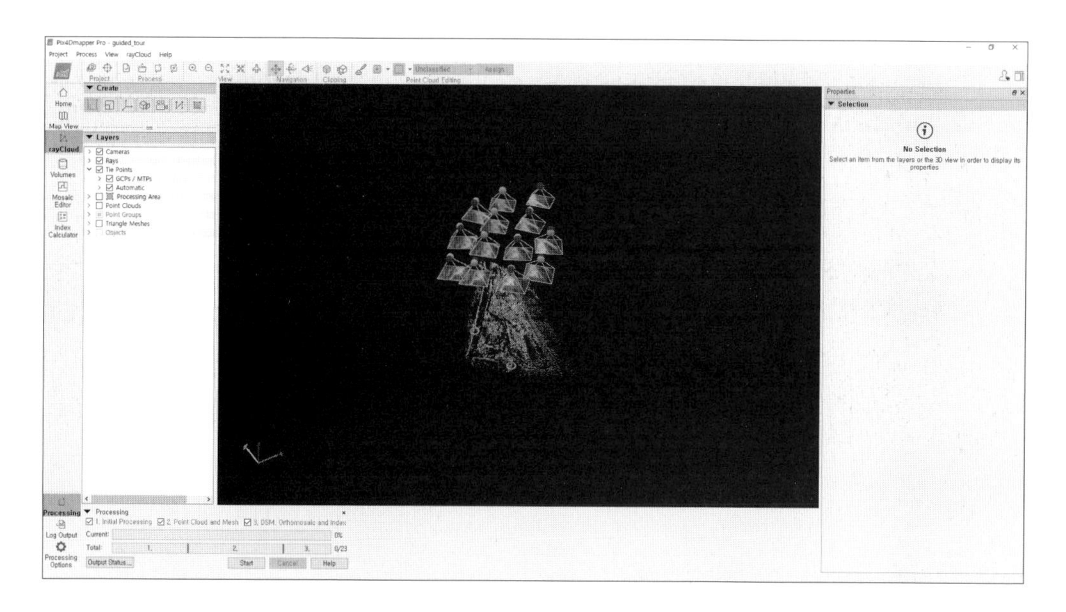

9 뷰 툴바의 Volumes 상태 사용자 화면

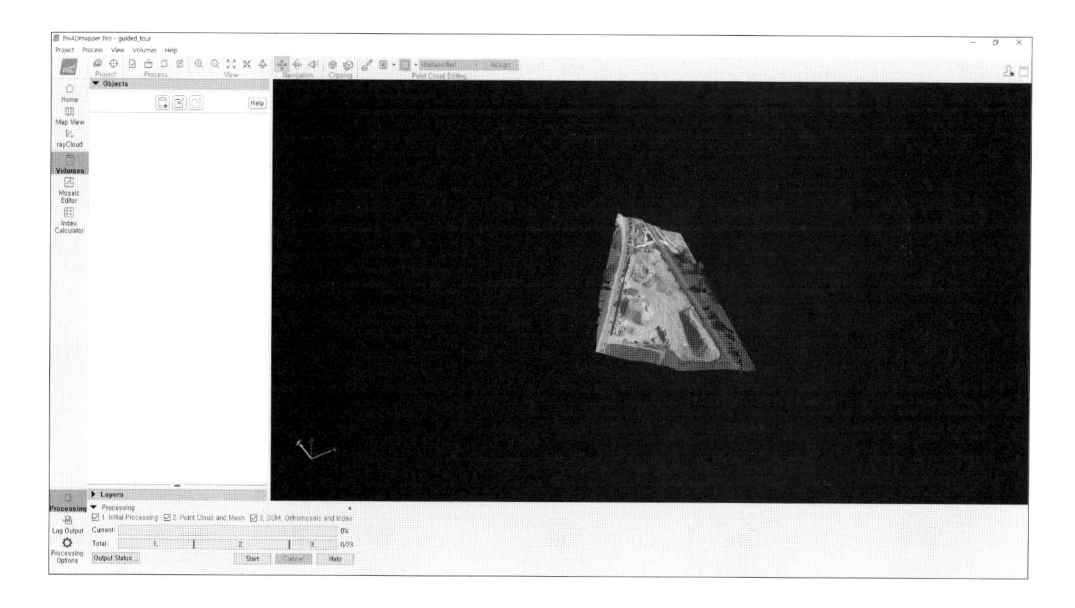

10 뷰 툴바의 Mosaic Editor 상태 사용자 화면

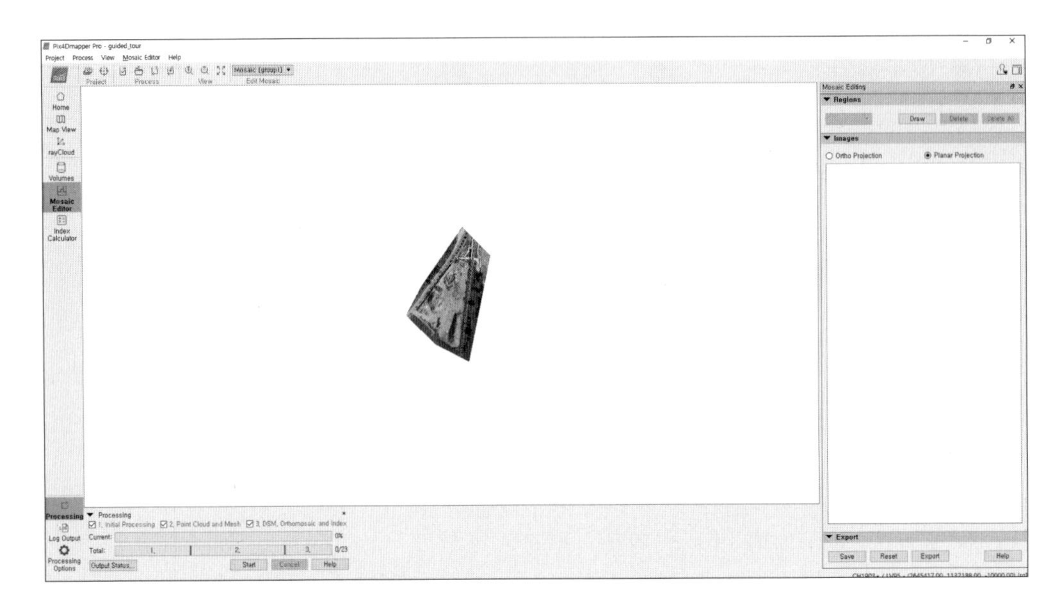

11 뷰 툴바의 Index Calculator 상태 사용자 화면

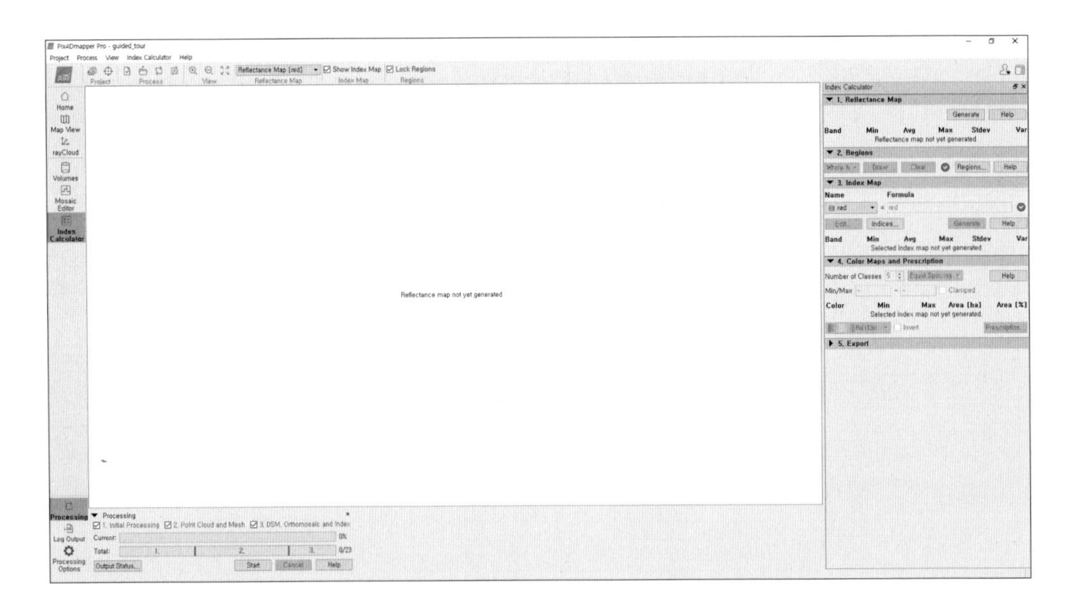

프로젝트 만들기 실습

1) 새 프로젝트 만들기

1 Pix4Dmapper를 실행한다.

2 New Project를 선택한다.

※ 기존 프로젝트는 Open Project에서 경로를 찾아서 실행한다.

※ 최근 열람한 프로젝트는 빠른 선택을 할 수 있도록 아래와 같이 제공된다.

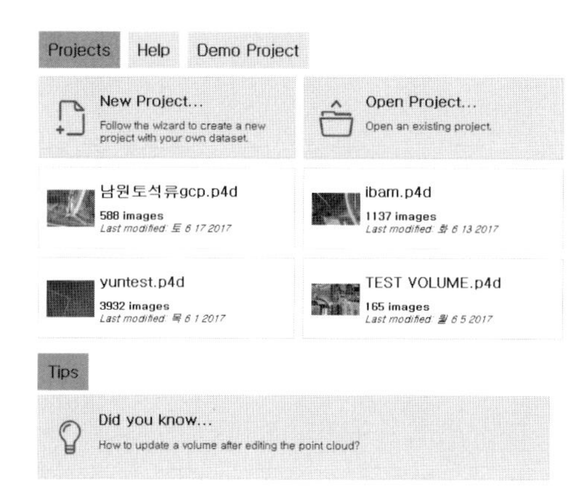

3 Name에 새로운 프로젝트 이름을 입력한다.

4 Create in에 프로젝트를 저장할 경로를 선택한 후 Select folder를 클릭한다.

※ Use As Default Project Location : 프로젝트 저장을 위한 폴더로 기본 폴더를 지정한다.

2) 이미지 가져오기

1 Add Images 클릭하여 이미지를 추가한다.

2 이미지 선택 팝업에서 이미지가 저장되어 있는 폴더를 선택하여 가져올 이미지를 선택한다. (여러 개의 이미지 선택 가능) 이후 Open을 누른다.
※ 여러 폴더에서 이미지를 가져올 때 파일 이름이 같아서는 안 되며, 한글명이 아닌 영문명으로 저장된 이미지 이름을 사용하기를 권장한다.

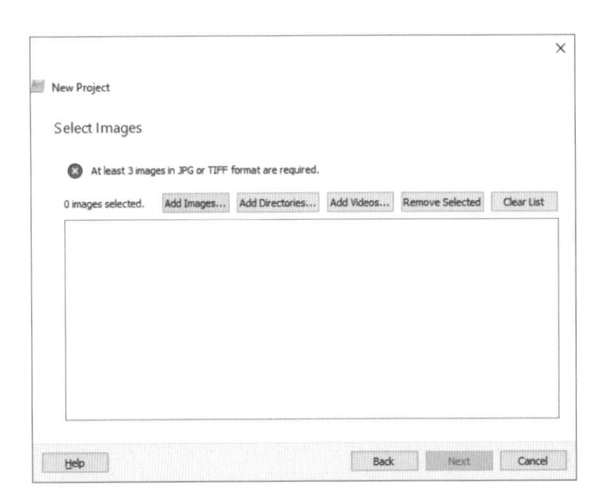

3 (선택 사항) 이미지 목록을 선택(Ctrl+click이나 Shift+click으로 여러 이미지 선택)하거나 Remove Selected를 클릭하여 이미지를 삭제할 수 있다.

4 (선택 사항) Clear List를 통해 추가된 이미지 목록을 취소할 수 있다.
※ 이미지는 *.jpg, *.jpeg, *.tif, *.tiff 파일만 불러올 수 있다. 기본적으로 지원되는 모든 이미지 형식은 선택 가능하지만, 이미지를 필터링하려면 이미지의 형식을 JPEG(*.jpg, *.jpeg) 혹은 TIFF(*.tif, *.tiff)로 변경해야 한다.
※ 다른 폴더에 저장된 이미지를 선택하는 것이 가능하다. 즉 일부 이미지는 어느 한 폴더에서 불러오고, Add images를 클릭하여 다른 폴더의 이미지를 추가할 수 있다.
※ 소프트웨어는 이미지가 촬영된 순서로 EXIF의 촬영 날짜별로 영역을 설정하도록 되어 있다.

3) 이미지 속성 구성

1 새 프로젝트를 열면 4개 섹션으로 이미지 속성 윈도우를 표시한다.

- Image Coordinate System(이미지 좌표 시스템) : 이미지의 위치 좌표가 기준이 되는 좌표 시스템을 선택
- Geolocation and Orientation(위치 정보 및 방향) : 좌표를 불러온 후, 선택한 이미지를 불러온다.

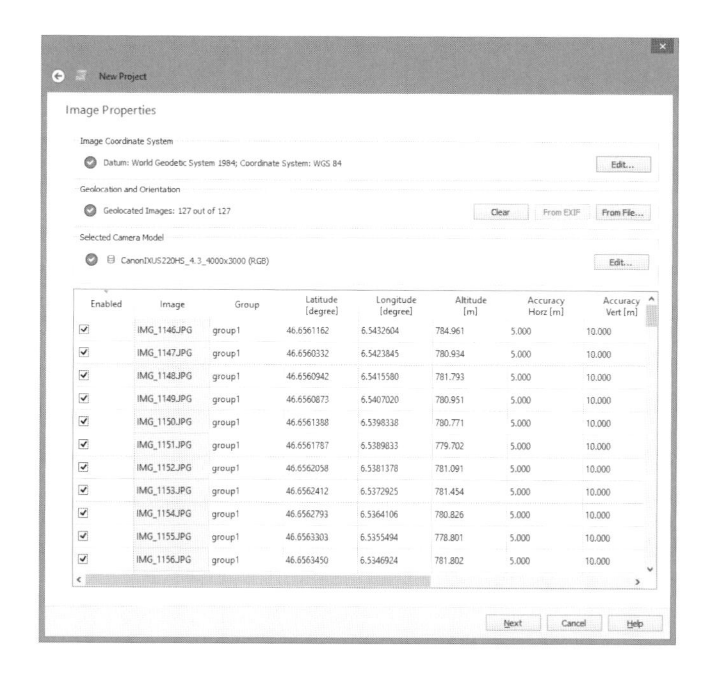

- Selected Camera Model(카메라 모델 선택) : 이미지의 카메라 모델을 선택
- 이미지 테이블 : 선택된 이미지뿐만 아니라 각 이미지의 그룹, 위치, 위치 정확성, 방향, 이미지를 사용하거나, 사용하지 않은 경우까지 표시된다(활성화된 이미지는 처리에 반영된다).

  ※ 카메라 모델은 Pix4Dmapper 프로젝트를 실행하기 위해 각 이미지별로 정의되어야 하며, 모델의 파라미터는 이미지를 캡처하는 카메라에 따라 달라진다. 대부분의 카메라는 EXIF 형식의 이미지 메타데이터에 카메라 이름을 저장한다.

  ※ EXIF 데이터가 있는 경우, 카메라 모델은 이미지 EXIF 데이터에서 가져온 이름으로 식별되며, 이 이름은 EXIF ID라고 하며 동일한 EXIF ID를 갖는 모든 이미지의 카메라 모델을 연결하는 데 사용된다.

  ※ 카메라 모델 섹션의 이미지 속성 윈도우에는 선택된 카메라 모델이 표시된다.
- 유효 : 카메라 모델이 유효한 경우, 초록색으로 표시된다. 이미 Pix4Dmapper의 카메라 모델 데이터베이스에 카메라 모델이 존재하거나 사용자의 카메라 모델 데이터베이스에 저장되는 새로운 카메라 모델을 생성하기에 충분한 정보가 이미지의 EXIF 데이터 내에 존재할 경우 카메라 모델은 유효하며, 카메라 모델이 EXIF 데이터에서 검색될 경우 카메라 모델 파라미터를 체크하기를 권장하며, 필요한 경우 이것을 수정해야 한다.
- 유효하지 않음 : 카메라 모델이 유효하지 않은 경우, 붉은 십자가가 표시된다. Pix4Dmapper의 카메라 모델이 데이터베이스 내에 없거나 혹은 이미지 EXIF 데이터에 충분한 정보가 없는 경우 유효하지 않으며, 이 경우 카메라 모델은 편집 기능으로 정의할 필요가 있다.

4) 실행 옵션 템플릿 선택

1 필요한 견본(분석환경)을 선택한다(작업 실행 전에 변경 및 수정할 수 있다).

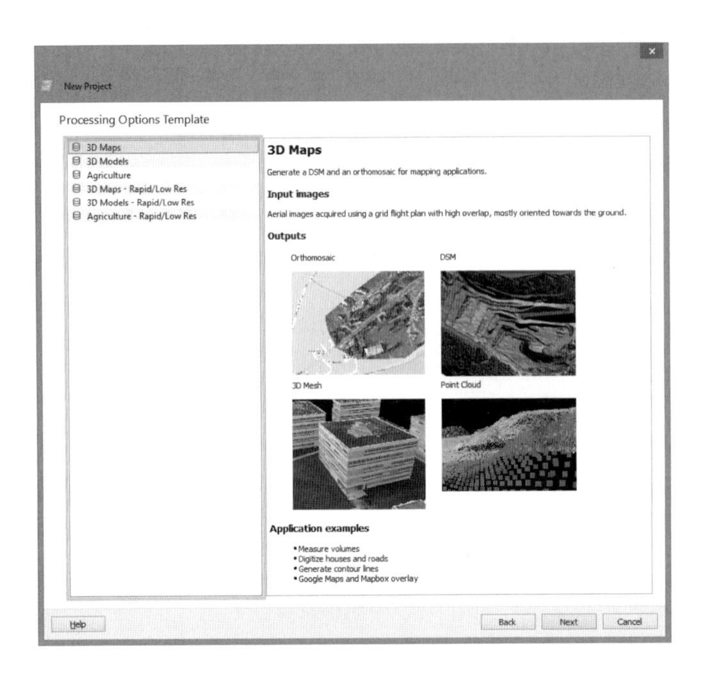

처리 옵션 템플릿	특성
3D 지도	• DSM, 정사영상, 3D 모듈(점군, 3D 메쉬) 생성 • 전형적인 출력 : 비행사진이 격자무늬 • 적용 예시 : 지적도, 채석장 등
3D 모델	• 3D 모델 생성(점군, 3D 질감 메쉬) • 전형적인 출력 : 높은 중복의 이미지 • 어플리케이션 예시 : 건물, 물체, 지형 이미지, • 실내 이미지와 시각화 등의 3D 모델
농업(다중분광스펙트럼/NDVI)	• 식생지수(NDVI) 등의 다양한 지수, 반사율 등 제공 • 전형적인 출력 : 다중스펙트럼 이미지, 카메라 • 어플리케이션 예시 : 농업관리
3D 지도-빠른/저해상	• 3D 지도 견본을 빠르게 처리하지만, 결과물의 정확도와 해상도는 낮음
3D 모델-빠른/저해상	• 3D 모델 견본을 빠르게 처리하지만, 결과물의 정확도와 해상도는 낮음
농업(다중분광스펙트럼/NDVI)	• 빠른/저해상 • 다중분광스펙트럼, NDVI 등을 빠르게 처리하지만, 결과물의 정확도와 해상도는 낮음

5) 출력/GCP 좌표계 선택

1 출력물의 좌표계 변경

- 기본적으로 입력된 GCP(Ground Control Point, 지상기준점)의 좌표계는 앞에서 선택된 좌표계이다.
- 기본적인 단위는 m(meter)이다.
- 이미지에 지리적 위치가 있다면, 기본적으로 Auto detected(자동 감지)되어 이미지의 동일한 좌표계를 표시한다.
- 이미지에 지리적 위치가 없다면, 기본적으로 Arbitrary Coordinate System(임의 좌표계)가 선택된다.

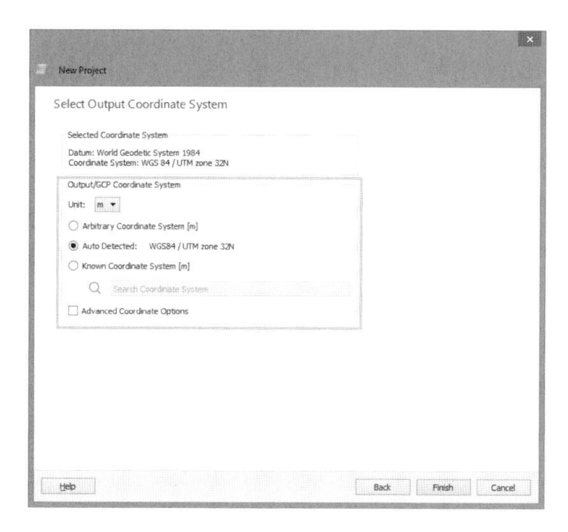

2 Finish를 열어 프로젝트를 생성한다.

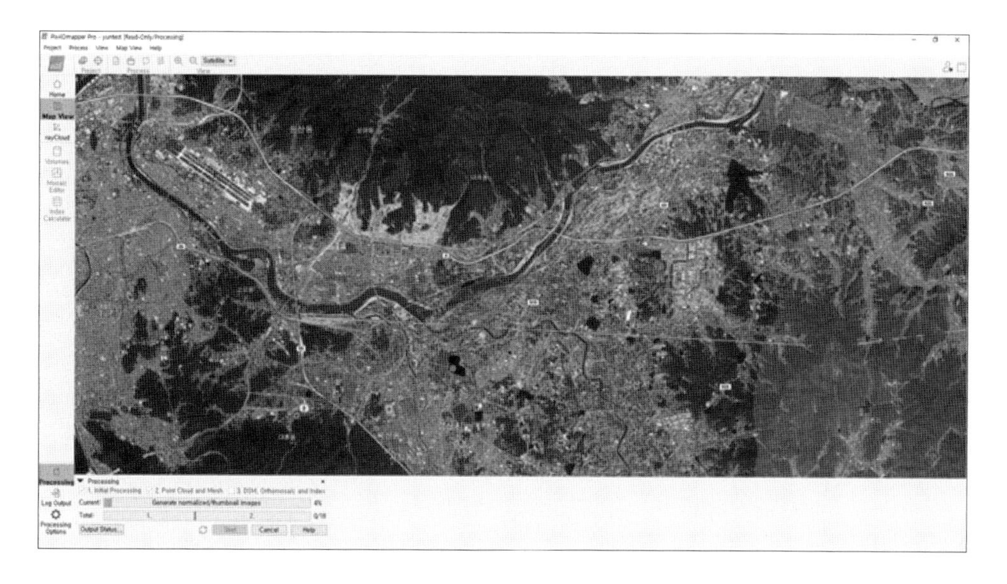

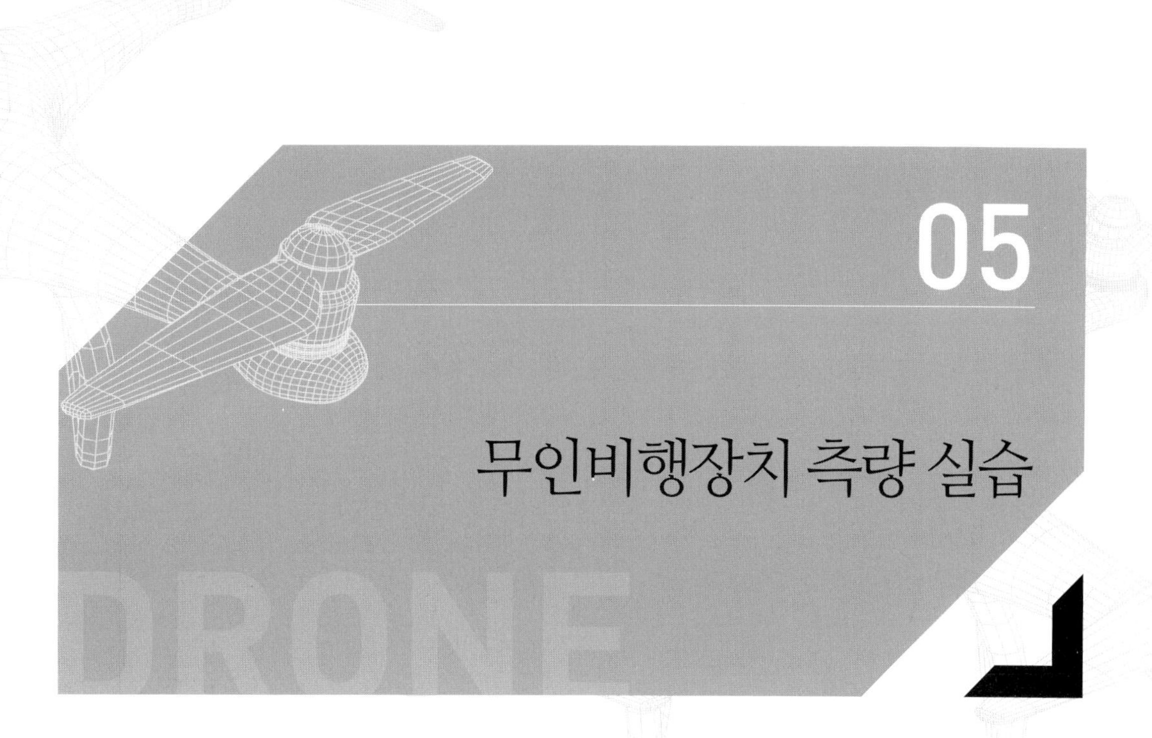

들어가면서

이 장에서는 지금까지 살펴본 자료 처리에 대한 이해를 바탕으로 실제 자료를 이용하여 자료 처리를 실습하고자 한다. 4장의 자료 처리 과정의 자세한 설명을 참고하면 자료 처리 능력을 보다 향상시킬 수 있을 것이다.

이 장에서 자료 처리를 위한 실습 장소로 '경북 의성군 단촌면 하화리 북의성 IC교차로 인근'의 부지를 선택했다. 드론으로 촬영한 사진영상이 많을수록 자료 처리 시간이 길어지게 된다. 또한 자료 처리 시간이 길어질수록 자료 처리 과정에 대한 이해도가 낮아지게 되므로 교육적으로 비교적 짧은 시간에 자료 처리를 할 수 있으면서도 자료 처리 과정에 대한 이해도를 높일 수 있는 지리적, 지형적으로 특징적인 곳으로 이 부지를 선택했고, 드론을 활용한 사진영상 촬영 및 수치지도의 정밀도 향상을 위해 GCP[1]에 대해 정밀한 GPS 측량을 수행했다.

1. GCP(Ground Control Point) : 지상기준점(地上基準點)
① 기본 측량 및 공공 측량에 의하여 위치를 표시한 삼각점 또는 지적 도근점 등을 말한다.
② 원격 탐사에서 영상 좌표계와 지도 좌표계 사이의 좌표 변환식을 구하기 위해 사용하는 기준점. 지상기준점을 선정할 때는 영상과 지도(또는 수치지도)의 두 좌표계에서 공통적으로 분명한 좌표를 선정한다.
③ 절대 표정에 사용하는 이미 알고 있는 좌표점을 말한다.

조사지역 전경 (모자이크) 사진

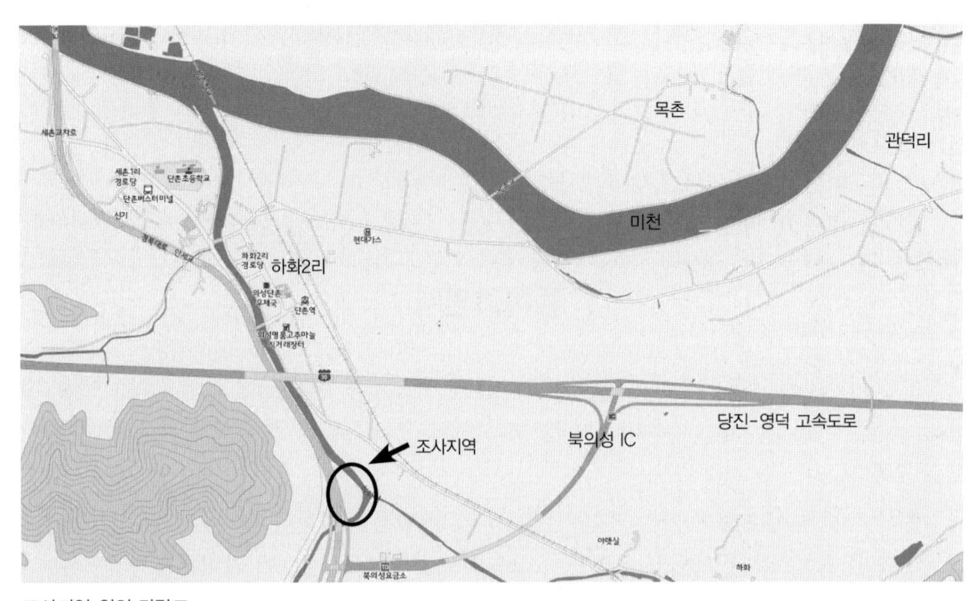

조사지역 위치 간략도

자료 처리 실습지역의 주변 지도 및 위성영상

이 장에서는 Pix4D mapper Pro를 활용하여 부록 CD에서 제공하고 있는 실제로 드론으로 촬영한 영상 이미지를 가지고 정사영상을 구축하고 현황선 입력 작업을 통하여 지형도를 작성하는 과정을 학습하도록 한다.

(출처 : 지형 공간정보체계 용어사전, 2016, 저자 : 이강원, 손호웅, 출판사 : 구미서관)

참고 ▶ 드론 항공사진측량 자료 처리 알고리즘 요약

'드론 항공사진측량'은 용어가 의미하듯 드론을 활용하여 공중(空中)에서 촬영한 영상으로부터 자료 처리를 통하여 측량성과물을 생산하는 작업을 통칭한다. 일반적으로 드론(Drone) 또는 무인기(Unmanned Aerila Vehicle, UAV)은 비행 시, 바람에 취약하기 때문에 항공기보다 자세각의 변화가 심할 수밖에 없다. 한편, 항공기에 탑재하는 항공카메라가 아닌 '일반 카메라'를 드론에 탑재하여 사용하므로 영상왜곡이 크게 나타나며, 저가의 GPS 및 IMU 등에 의한 외부표정요소가 부정확하므로 항공사진측량 자료 처리 방법으로는 드론 영상을 처리하기가 어렵다.

일반적으로 '드론 항공사진측량'에서는 특징점(key point) 추출 알고리즘인 'SIFT(Scale Invariant Feature Transform)' 방법과 2차원 영상들로부터 3차원 형상을 구현하는 'SfM (Structure from Motion)' 방법을 이용하여 외부표정요소에 관계없이 자동으로 수많은 영상들을 정합(matching)하고, 점군(點群, point cloud)을 생성하여 수치지도(DEM)와 정사영상을 제작하는 기술이 적용된다.

SIFT(Scale Invariant Feature Transform)는 용어가 의미하듯 드론으로 취득한 수많은 각각의 영상에서 동일 대상체(형체)의 크기(축척, scale)나 회전에 관계없이 특징점들을 추출하는 방법이다. 이 방법은 1차적으로 해상도를 낮추어 가는 가우시안 피라미드(Gaussian Pyramid)의 스케일 공간에서 영상의 밝기가 국부적으로 최대 또는 최소인 특징점 후보(key point candidate)들을 추출하고, 명암비가 낮은 특징점을 필터링하여 영상 정합(matching)에 사용할 특징점을 선별한다. 2차적으로 선택된 특징점들을 중심으로 주변 영역의 영상 차분을 통해 구한 그래디언트(gradient)를 통해 방향 성분을 구하고, 얻어진 방향성분을 중심으로 관심 영역을 재설정하여 특징점의 크기를 검출하여 '서술자(descriptor)'를 생성한다. 이렇게 특징점 추출과 서술이 완료되면 서술자를 이용하여 2개의 영상에서 공통된 특징점을 자동으로 정합한다.[2] 즉, SIFT는 영상의 축척과 회전에 관계없을(invariant, 不變) 뿐만 아니라, 밝기(명암) 변화 및 다양한 카메라 촬영위치에 관계없기(不變) 때문에 외부표정요소의 정확도와 관계없이 항공사진에 비해 상대적으로 작은 면적에서의 수많은 드론영상의 정합에 매우 적합한 방법이다.

SfM(Structure from Motion)[3]은 SIFT에 의해 정합된 영상을 번들조정(Bundle Adjustment, 광속[光速]조정)하여 대상물과 카메라 촬영 위치관계를 동시에 복원하여 3차원 점군을 생성하는 자료 처리 알고리즘[4]으로서, 다시점(多視點) 영상과 움직임 기반구조를 이용한 3차원 점군 생성방법으로서, 외부표정요소 및 지상기준점 좌표 없이 카메라의 자세와 영상 기하를 재구성할 수 있다. 여기서 다시점이란 드론이 공중(空中)을 비행하면서, 즉 위치를 바꿔가면서 다양한 위치에서 촬영한 영상을 의미한다.

일반적인 다시점 영상으로부터 3차원 점군 생성 알고리즘은 다음 페이지의 그림과 같다.

SIFT 처리단계, 즉 대응점 탐색 단계에서는 각각의 영상에 대하여 특징점을 추출한다. 움직임 기반 구조가 다시점 영상들 사이에서 추출된 특징점들을 쉽게 인식할 수 있도록, 크기와 회전에 대하여 불변성을 가진 특징 기술자를 사용한다. 특징점 추출 및 정합은 외형상의 대응점일 뿐이지 실제 3차원 장면에서의 동일한 대응점을 보장하지 않는다. 따라서 영상 간 평면 사영변환(Homography)을 추정하는 방법으로 대응점 탐색의 정확성을 확인하는 기하학적 검증 과정을 거친다. 충분한 양의 특징점 켤레(pair)가 제대로 사영변환 될 경우에만 검증되었다고 할 수 있다.

---

2. Lowe, D. (2004), Distinctive image features from scale-invariant keypoints, *International Journal of Computer Vision*, 60 (2), 91-110.

3. 이강원, 손호웅(2017), (개정증보판) 드론 · 원격탐사 · 사진측량, 구미서관(학술원 우수학술도서).
J. Schonberger, J. Frahm, 2016, Structure-from-Motion Revisited, Conference on Computer Vision and Pattern Recognition.

4. Darren Turner, 2012, An Automated Technique for Generating Georectified Mosaics from Ultra-High Resolution Unmanned Aerial Vehicle (UAV) Imagery, Based on Structure from Motion (SfM) Point Clouds, Remote Sensing, 4(5), 1392-1410.

SfM 처리단계, 즉 점증적 복원 단계는 카메라의 움직임과 복원된 3차원 점군을 얻어낸다. 먼저 2개 시점 영상을 기반으로 최초의 3차원 복원 모델을 초기화하며, 시점 상의 2차원 특징점과 실제 관측된 3차원 장면에 해당하는 점과의 내응 관계를 포함하고 있어야 한다. 이후 나머지 다시점 영상들을 하나씩 추가하는 영상정합 과정을 거친다. 이 과정은 Perspective-n-Points(PnP) 알고리즘을 통해 카메라 움직임 정보를 추정하여 카메라 내부 매개변수를 획득[5]할 수 있으므로, Triangulation 과정에서는 추가된 시점 영상에 대한 새로운 3차원 장면 점을 획득한다.[6] 하지만 앞의 두 과정에서 얻은 카메라 움직임 정보와 3차원 장면 점들은 촬영 환경 등의 외부 요인으로 이상치(outlier)에 오염되어 있는 경우가 많다. 이러한 이상치 오류 누적을 완화하기 위하여 Bundle Adjustment 과정을 거치게 된다. 마지막으로 이상치를 제거하는 알고리즘이 추가될 수 있으며, 이러한 과정이 모든 다시점 영상들에 적용된 후 움직임 기반 구조 알고리즘은 복원된 3차원 점군을 출력하고 종료된다.

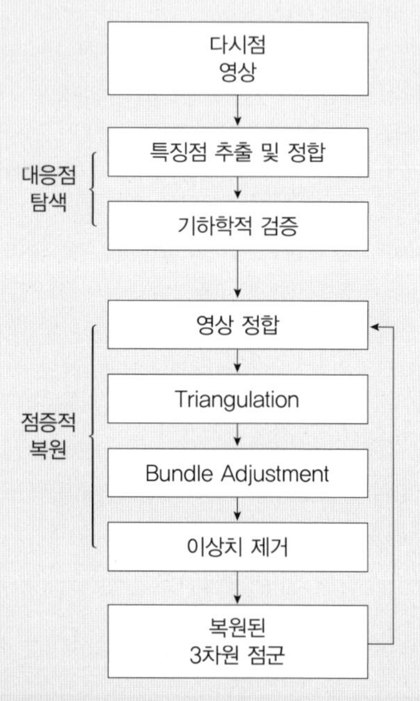

다시점 영상과 움직임 기반구조를 이용한 3차원 점군 생산 알고리즘

출처 : 고재련, 호요성(2016), 다시점 영상과 움직임 기반 구조를 이용한 3차원 점군 생성 방법, 한국스마트미디어학회 & 한국전자거래학회 2016년도 추계학술대회 논문집, pp. 91-92.

5. V. Lepetit, F. Moreno-Noguer, P. Fua, 2009, EPnP: An Accurate O(n) Solution to the PnP Problem, *International Journal of Computer Vision*, vol. 81, pp. 155-166.
6. R. Hartly, P. Sturm, 1997, *Triangulation*, *Computer Vision and Image Understanding*, vol. 68, pp. 146-157.

참고 : 자료처리 실습을 위한 사진을 포함한 각종 자료들을 이 책을 출간한 출판사 시그마프레스(www.sigmapress.co.kr)의 인터넷 홈페이지에 업로드했습니다. 홈페이지 상단의 '고객센터' 메뉴에서 '일반자료실'에 들어가면 자료처리 실습 자료를 찾아볼 수 있으며, 다운로드할 수 있습니다.

실습자료의 구성

1) 실습자료

- 실습자료는 1개의 폴더와 6개의 파일로 구성되어 있다.

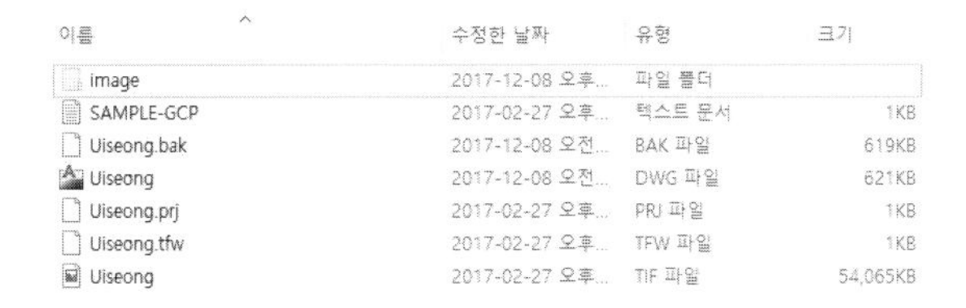

▸ image 폴더
 - 총 24개의 실제 의성군 일부분에 대한 드론 촬영 이미지 파일

▸ SAMPLE-GCP
 - 프로젝트 실습에 필요한 GCP 데이터가 기록된 문서 파일

▸ Uiseong.tif(Uiseong.prj, Uiseong.tfw 포함)
 - 실습 과정 완료 후 생성되는 정사영상 결과물

▸ Uiseong.dxf(Uiseong.bak 포함)
 - 정사영상 결과물에 현황선 등 작업을 한 후 CAD 파일로 불러들여 현황도 작업을 완료한 후 결과 파일

2) 실습을 위한 사전작업

- CD 구성 모든 파일을 D:\Project_Uiseong 폴더를 생성하여 옮긴다.

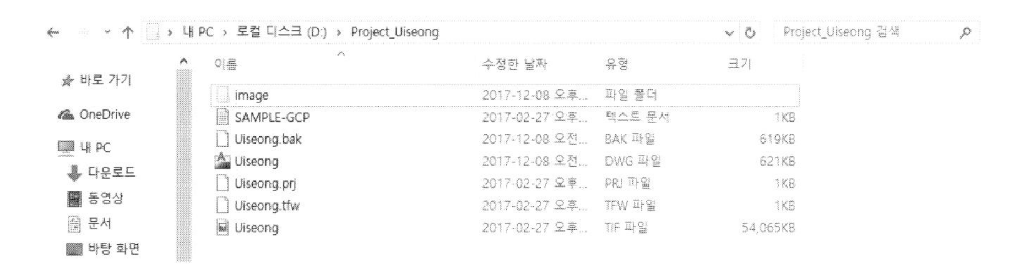

참고

❶ 이 책의 5.1 Pix4D mapper Pro 프로그램 소개에서 제시한 컴퓨터 사양을 확인하고 소프트웨어를 설치한다.

❷ Project 실습 예제는 실제 분석 과정을 학습하는 내용으로 진행 과정 중 상세한 용어나 화면 내용에 대한 설명은 5장을 참고하기 바란다.

Project 실습

1 Pix4Dmapper를 실행한다.

2 New Project를 선택한다.

- 혹은 오른쪽 그림과 같이 Project 메뉴에서 New Project을 클릭한다.
- 기존 프로젝트는 Open Project에서 경로를 찾아서 실행한다.
- 최근 열람한 프로젝트는 빠른 선택을 할 수 있도록 아래와 같이 제공된다.

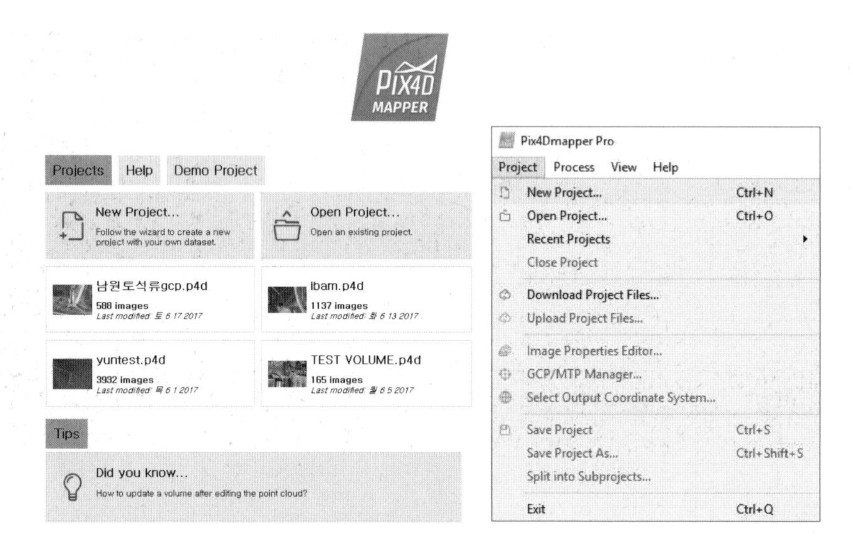

3 Name에 새로운 프로젝트 이름을 입력한다.

- 프로젝트 이름은 Uiseong으로 한다.

4 Create in에 프로젝트를 저장할 경로를 선택한 후 Select folder를 클릭한다.

- 지정경로는 D:/Project_Uiseong으로 한다.
- Use As Default Project Location : 프로젝트 저장을 위한 기본 폴더를 지정한다.

(1) 이미지 가져오기

1 Add Images 클릭하여 이미지를 추가한다.

2 이미지 선택 팝업에서 이미지가 저장되어 있는 image 폴더를 선택하여 가져올 이미지를 선택한다. 이후 Open을 누른다.

- 여러 폴더에서 이미지를 가져올 때 파일 이름이 같아서는 안 되며, 한글명이 아닌 영문명으로 저장된 이미지 이름을 사용하기를 권장한다.
- Add Images : 사진 불러오기
- Add Directories : 사진이 있는 폴더 불러오기
- Remove Selected : 불러온 사진 선택 후 삭제
- Clear List : 불러온 사진 전부 삭제

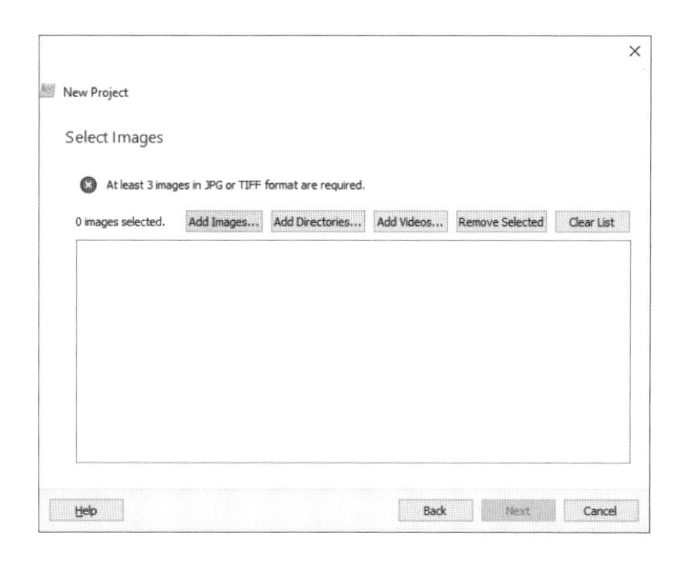

3 (선택 사항) 이미지 목록을 선택(Ctrl + click이나 Shift + click으로 여러 이미지 선택)하거나 Remove Selected를 클릭하여 이미지를 삭제할 수 있다.

- 이미지는 *.jpg, *.jpeg, *.tif, *.tiff 파일만 불러올 수 있다. 기본적으로 지원되는 모든 이미지 형식은 선택 가능하지만, 이미지를 필터링하려면 이미지의 형식을 JPEG(*.jpg, *.jpeg) 혹은 TIFF(*.tif, *.tiff)로 변경해야 한다.
- 다른 폴더에 저장된 이미지를 선택하는 것이 가능하다. 즉 일부 이미지는 어느 한 폴더에서 불러오고, Add images를 클릭하여 다른 폴더의 이미지를 추가할 수 있다.
- 소프트웨어는 이미지가 촬영된 순서로 EXIF의 촬영 날짜별로 영역을 설정하도록 되어 있다.

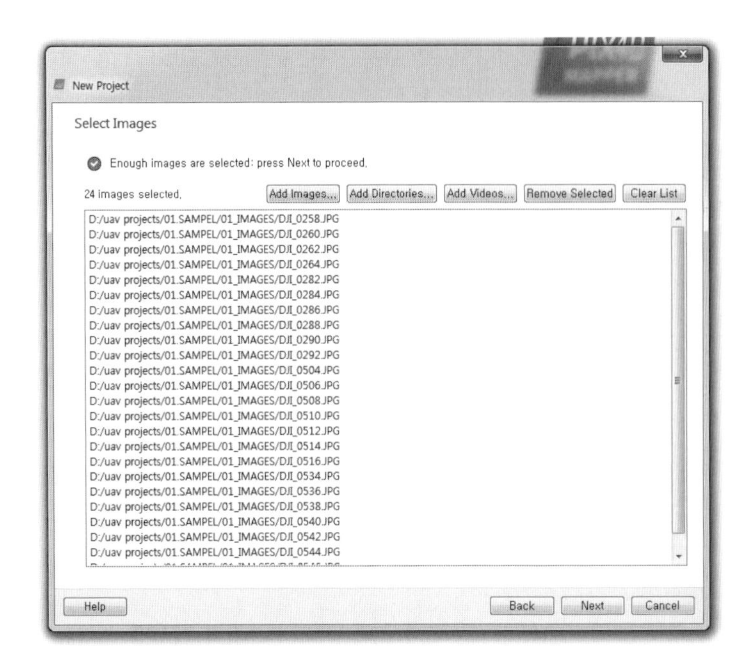

(2) 이미지 속성 및 결과물 좌표계 선택

1 이미지 속성 확인

- Coordinate System : WGS84 좌표계인지 확인한다.
- Geolocated Images : 사진 수량 24장을 모두 불러왔는지 확인한다.

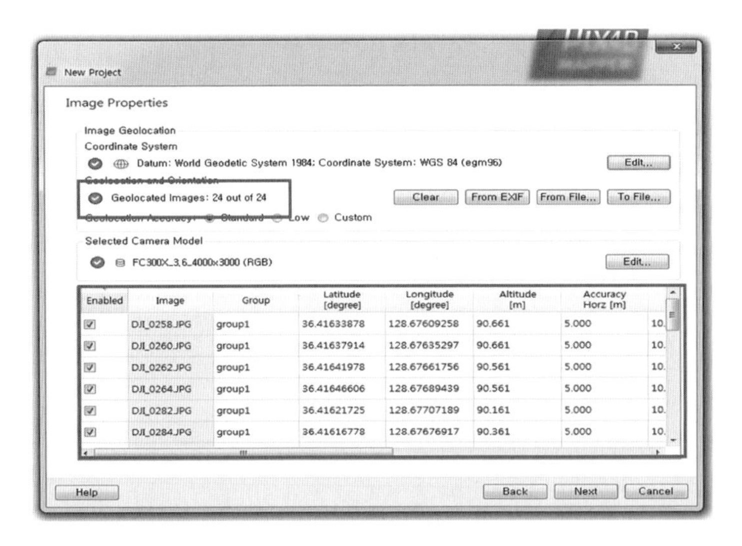

2 결과물 좌표계 선택

- 이미지가 지리적 위치가 있다면, 기본적으로 Auto detected(자동 감지)가 선택되어 이미지의 동일한 좌표 시스템을 표시한다.
- 이미지에 지리적 위치가 없다면, 기본적으로 Arbitrary Coordinate System(임의적인 좌표 시스

템)이 선택된다.

- 본 실습예제의 이미지는 지리적 위치가 포함되어 있으므로 Auto Detected가 감지되며, Finish를 클릭한다.

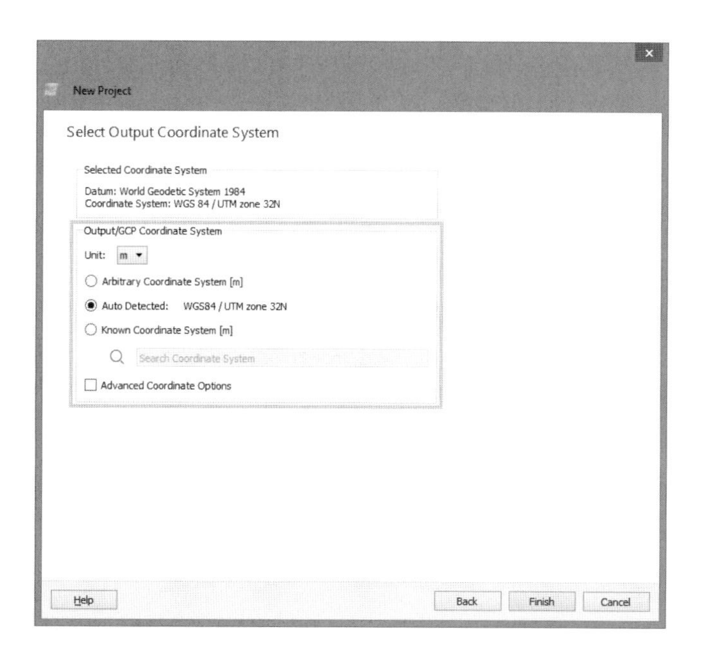

(3) 실행 옵션 템플릿 선택

1 DSM, 정사영상, 3D모듈(점군, 3D 메쉬) 생성을 위하여 3D Maps를 선택한다.

처리 옵션 템플릿	특성
3D 지도	• DSM, 정사영상, 3D 모듈(점군, 3D 메쉬) 생성 • 전형적인 출력 : 비행사진이 격자무늬 • 적용 예시 : 지적도, 채석장 등
3D 모델	• 3D 모델 생성(점군, 3D 질감 메쉬) • 전형적인 출력 : 높은 중복의 이미지 • 어플리케이션 예시 : 건물, 물체, 지형 이미지, • 실내 이미지와 시각화 등의 3D 모델
농업(다중분광스펙트럼/NDVI)	• 식생지수(NDVI) 등의 다양한 지수, 반사율 등 제공 • 전형적인 출력 : 다중스펙트럼 이미지, 카메라 • 어플리케이션 예시 : 농업관리
3D 지도-빠른/저해상	• 3D 지도 견본을 빠르게 처리하지만, 결과물의 정확도와 해상도는 낮음
3D 모델-빠른/저해상	• 3D 모델 견본을 빠르게 처리하지만, 결과물의 정확도와 해상도는 낮음
농업(다중분광스펙트럼/NDVI) 빠른/저해상	• 다중분광스펙트럼, NDVI 등을 빠르게 처리하지만, 결과물의 정확도와 해상도는 낮음

2 Finish 열어 프로젝트 생성한다.

(4) 프로젝트 생성 확인 및 프로세싱 옵션 선택

1 프로젝트가 생성되었는지 확인한다.

- 빨간 점 : 드론이 촬영한 위치 : 위치가 맞지 않으면 사진에 있는 WGS84 좌표계 오류 및 파일 오류

2 위 그림에서 Processing Options를 선택, 혹은 아래 그림과 같이 메뉴바 Process에서 선택한다.

3 아래 우측과 같이 Resources and Notifications : 컴퓨터 사양 사용 및 e-mail 알림 창이 생성된다.

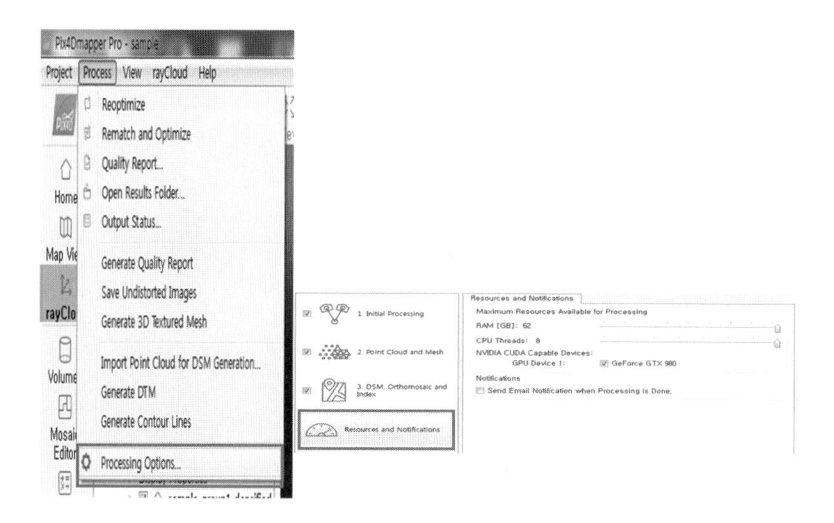

(5) Initial Processing

1 General

- Keypoint image Scale은 full(전체)을 선택한다.
- Quality Report는 결과물에 대한 보고서를 보여주는 것으로 선택하는 것이 좋다.

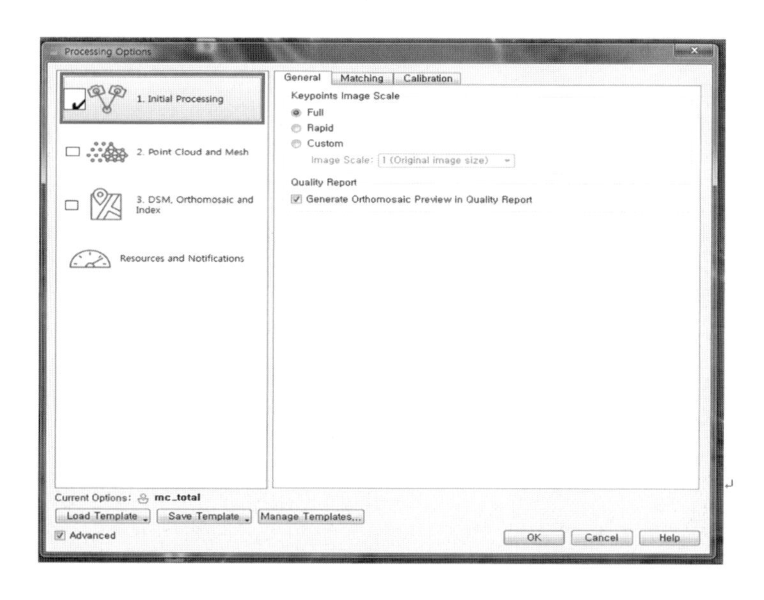

2 Matching

- Aerial Grid or Corridor(항공 그리드)를 선택한다.
- Matching Strategy(매칭 방법)는 기하학적으로 검증된 매칭을 위해 선택한다.

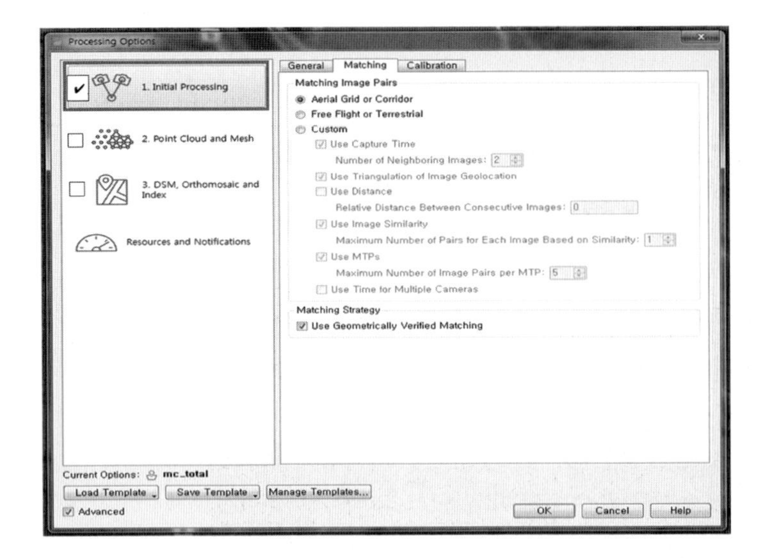

3 Calibration

- 화면과 같이 키포인트(Keypoints, 특징점) 대상의 숫자(Targeted Number)는 자동으로 선택하고 Calibration은 표준을 선택한다.
- 또한 Rematch도 자동으로 선택하고, 필요에 따라 Pre-Processing과 Export를 선택한다.

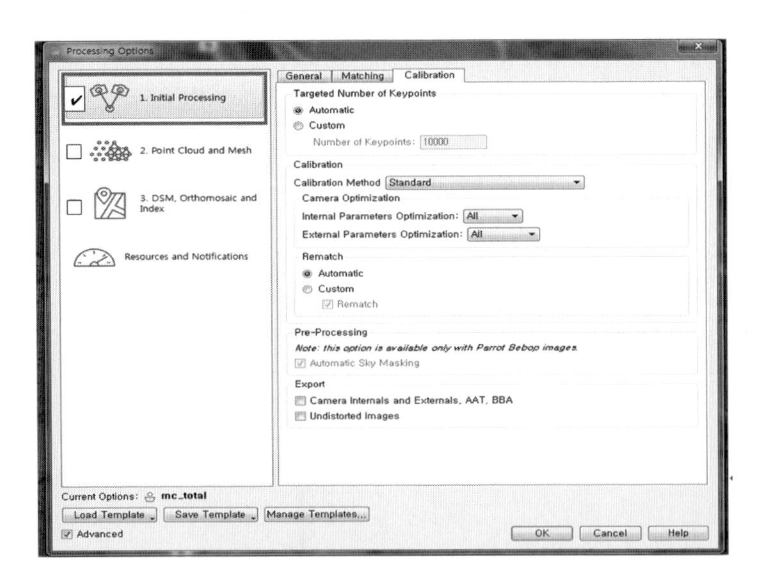

4 Initial Processing : Initial Processing만 클릭 후 Start

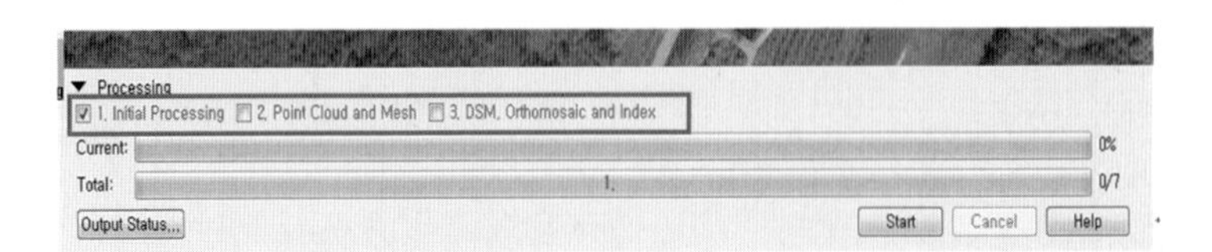

5 Initial Processing 완료 화면

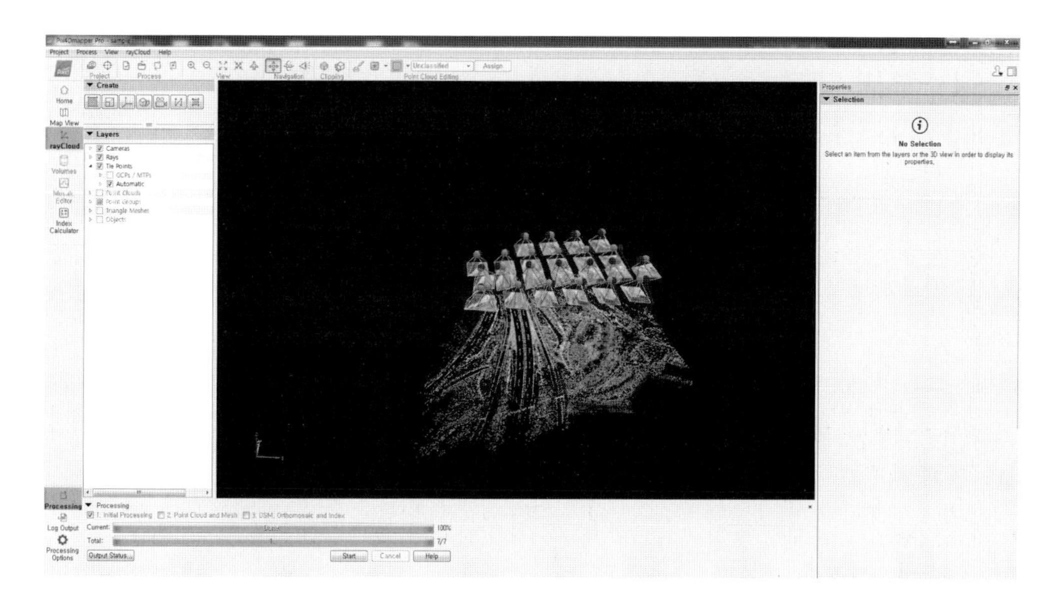

(6) GCP 입력

PIX4D에서는 기본적으로 TM좌표[7](평면직각좌표)를 사용한다. 자료 처리 실습을 위한 부지에서의 지상기준점(GCP)의 좌표는 다음 페이지의 표와 같다. 실습예제 부지의 지리적 위치가 '경북 의성군'(128° 40′)이므로, TM좌표는 동부원점 기준으로 원점가산치 적용한 좌표이다.

7. 우리나라의 직각좌표는 TM(Transverse Mercator, 횡단 머케이터) 방법으로 표시한다. X축은 좌표계 원점의 자오선에 일치해야 하고, 진북방향을 정(+)으로 표시하며, Y축은 X축에 직교하는 축으로서 진동방향을 정(+)으로 한다. 「공간정보 구축 및 관리 등에 관한 법률 시행령」 제7조제3항에 의거 우리나라 직각좌표의 원점은 다음과 같다.

직각좌표계 원점

명칭	원점의 경위도	투영원점의 가산(加算)수치	원점축척 계수	적용 구역
서부 좌표계	경도 : 125° 00′ E 위도 : 38° 00′ N	X(N) 600,000m, Y(E) 200,000m	1.0000	124°~126° E
중부 좌표계	경도 : 127° 00′ E 위도 : 38° 00′ N	X(N) 600,000m, Y(E) 200,000m	1.0000	126°~128° E
동부 좌표계	경도 : 129° 00′ E 위도 : 38° 00′ N	X(N) 600,000m, Y(E) 200,000m	1.0000	128°~130° E
동해 좌표계	경도 : 131° 00′ E 위도 : 38° 00′ N	X(N) 600,000m, Y(E) 200,000m	1.0000	130°~132° E

실습예제에서 제공하는 지상기준점(GCP)의 좌표

GCP	좌표				높이 (정표고)
	위 · 경도		TM좌표 (동부 원점 기준)		
	위도	경도	X(m)	Y(m)	
GCP1	128° 40′ 32.21″	36° 24′ 54.50″	424177.23400	170909.74100	138.631
GCP2	128° 40′ 32.48″	36° 24′ 53.39″	424143.10100	170916.14900	137.438
GCP3	128° 40′ 33.54″	36° 24′ 54.41″	424174.37100	170942.85300	134.946
GCP4	128° 40′ 34.51″	36° 24′ 53.25″	424138.66900	170966.76000	141.116
GCP5	128° 40′ 36.42″	36° 24′ 55.40″	424204.79600	171014.65900	134.338
GCP6	128° 40′ 34.45″	36° 24′ 56.99″	424253.77500	170965.72900	140.661
GCP7	128° 40′ 35.17″	36° 24′ 52.86″	424126.54600	170983.21900	147.992

1 GCP 입력

- GCP 입력 : 좌표 개념을 파악하고 입력한다.
  - Pix4d의 경우 X, Y, H좌표는 지도의 Y, X, Z와 같다.
  - 따라서 측량값의 X, Y 값의 위치를 바꿔서 적용해야 한다.
- GCP값을 Tie Point 상에 입력하기 위해서는 두 가지 방법을 사용할 수 있다.
- 첫 번째 방법은 측량을 통하여 획득한 GCP 성과파일(SAMPLE_GCP)을 메뉴에 있는 GCP/MTP Manager를 실행하여 Import GCPs from file 기능을 통해 자동 입력하고 정확한 위치정보를 입력할 수 있다.

※ 드론의 GPS 정도가 좋지 않을 경우 첫 번째 방법은 측량좌표와 드론의 위치정확도가 많이 차이가 발생하여 GCP작업이 어려운 경우가 발생한다. 이러한 경우 두 번째 방법을 사용한다.

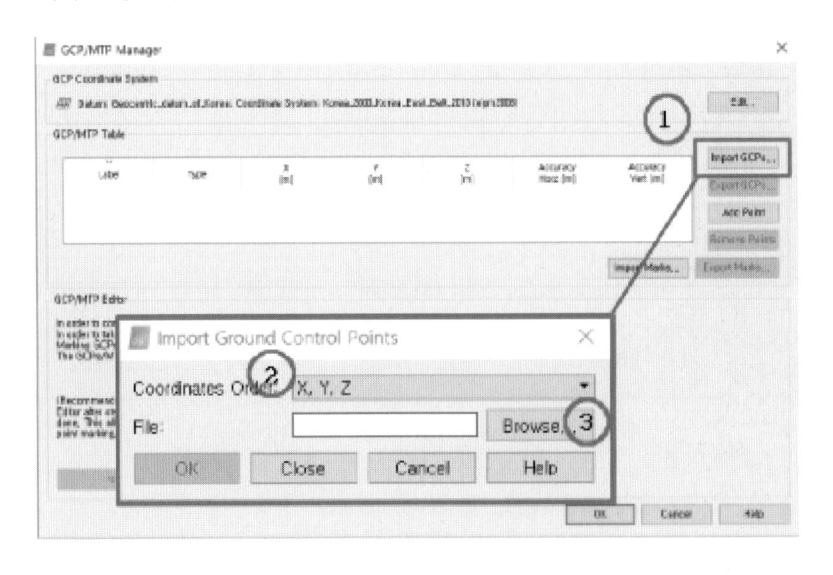

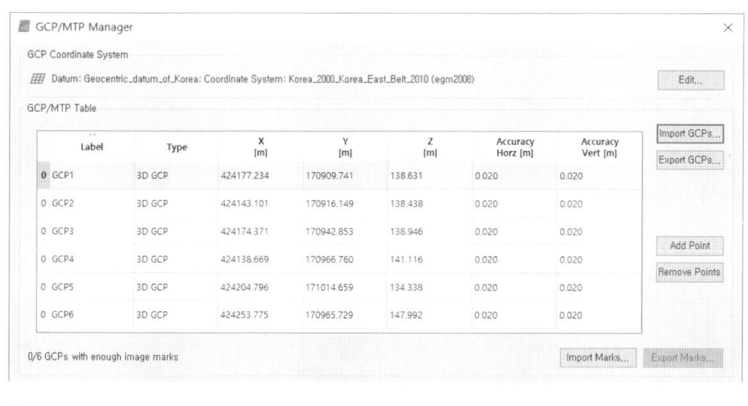

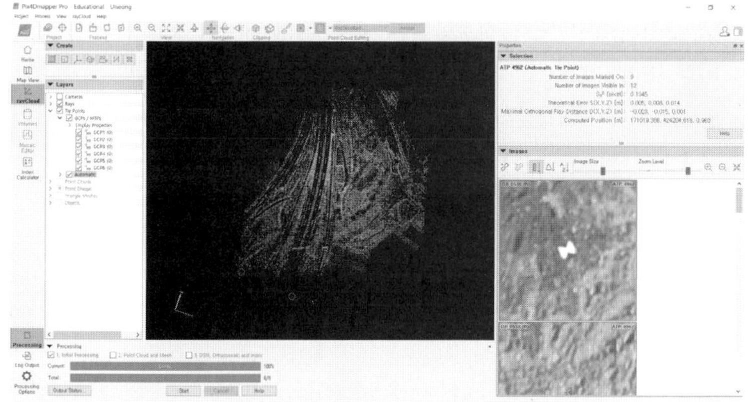

- 두 번째 방법은 rayCloud( ) 상에서 GCP의 인근 점군(point-cloud)을 클릭하여 위치지역의 촬영사진에서 정확한 GCP 사진들을 찾아 측량좌표를 입력하는 방법이 있다.
  - GCP 5번 지상기준점의 GCP 입력작업을 진행해보면 다음과 같다.

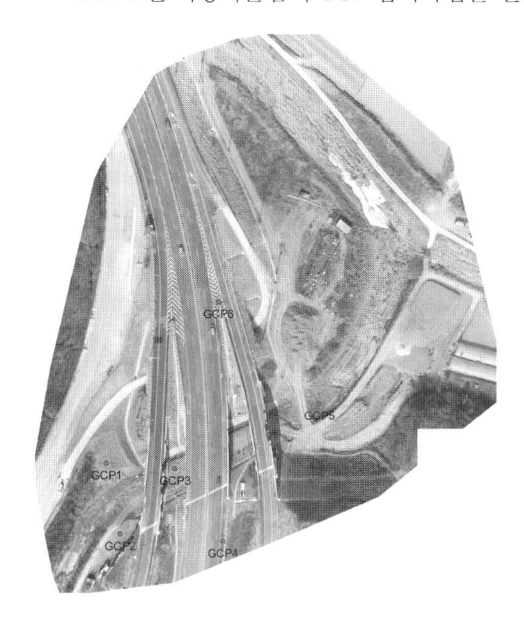

실습지역 정사영상 GCP 위치도

① '실습지역 정사영상 GCP 위치도' 그림과 같이 정사영상에서 GCP5의 위치를 확인하고 rayCloud의 인근 점군을 클릭한다.

② Properties의 Images 창에 있는 New Tie Point( )를 클릭하고 사진들 상에서 Zoom 기능을 이용하여 정확한 GCP의 위치를 선정한다.

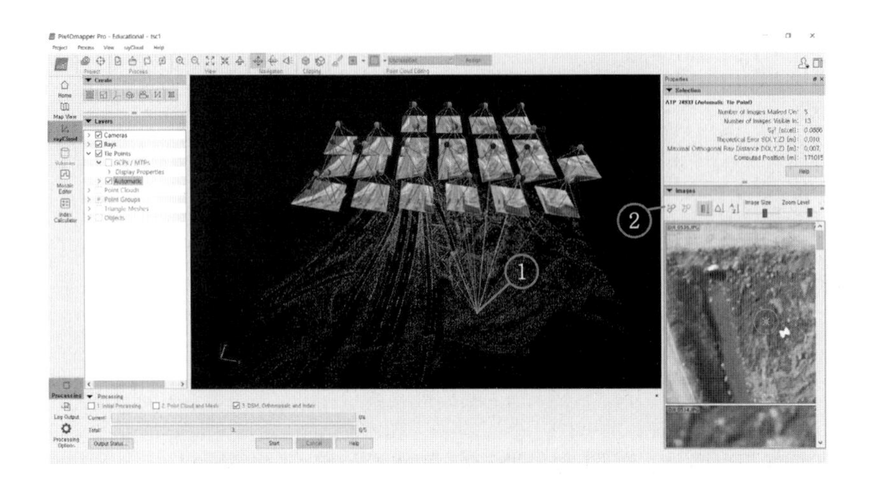

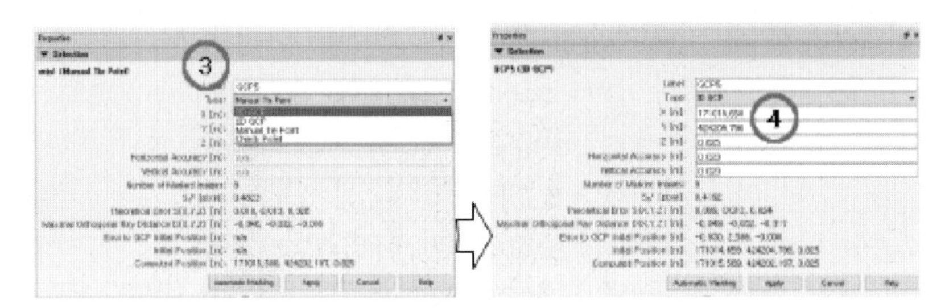

③ 3D GCP를 선택하고,

④ GCP5의 좌표값(171014.659, 424204.796, 134.338)을 입력한다.

⑤ 촬영사진들 상의 정확한 GCP의 위치를 클릭하여 Theoretical Error S(X, Y, Z)를 최소화하여 정도를 높인다. 단, 측량 시의 측정 장비의 정도와 날씨, GPS 및 지형여건에 따라 정도와 오차는 달라질 수 있으며, Error to GCP Initial Position과 Maximal Orthogonal Ray Distance D(X, Y, Z)를 통해 오차의 정도를 예상할 수 있다.

⑥ Automatic Marking 기능을 사용하면 GCP 선정시간을 단축할 수 있다.

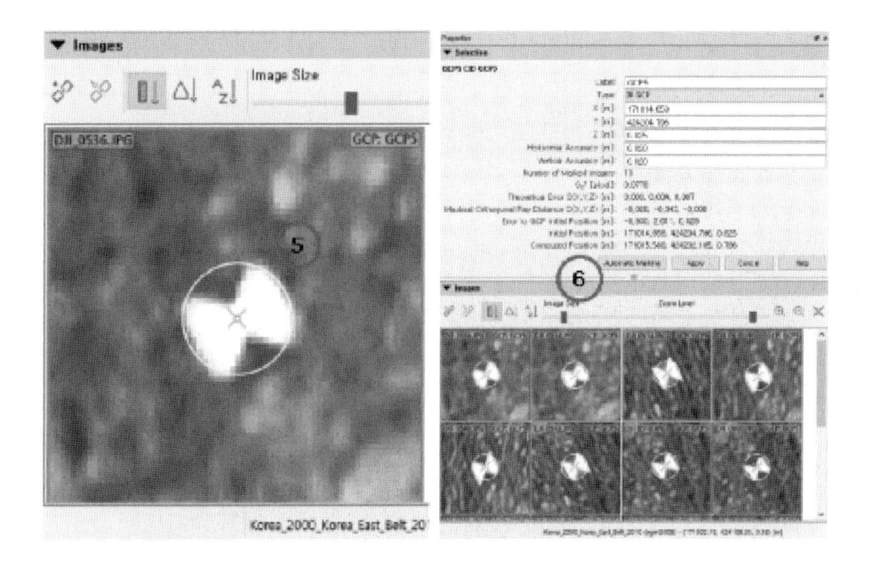

2 GCP 입력 완료 후 메뉴바 Process에서 Reoptimize를 클릭한다.

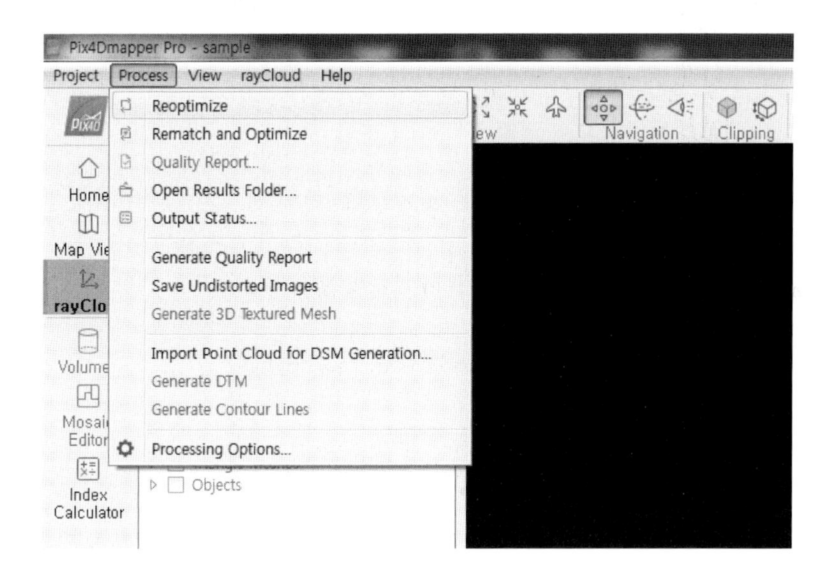

3 Reoptimize 후 결과 화면에 GCP 점이 표시되는지 확인한다.

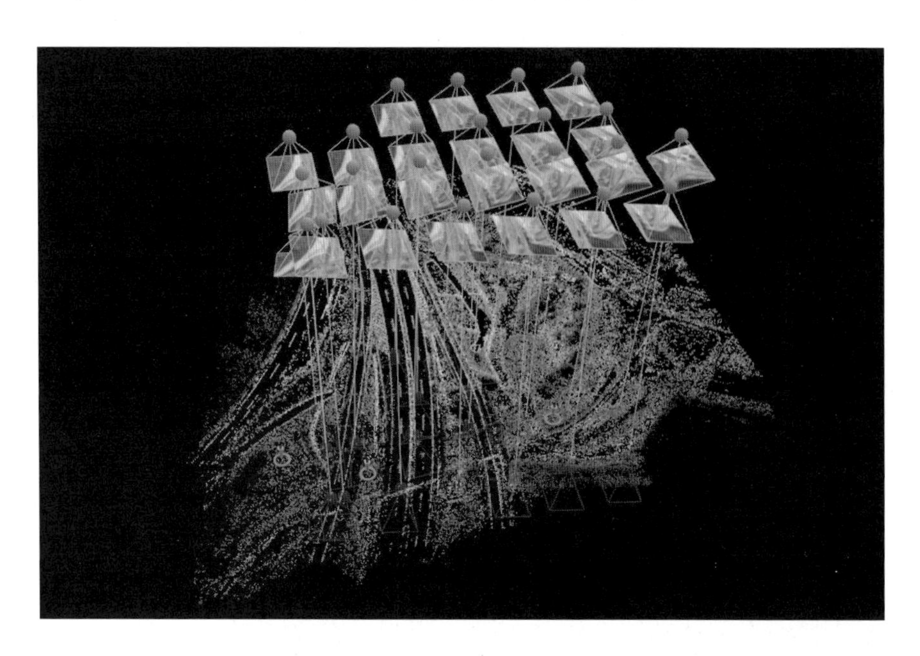

(7) Point Cloud and Mesh,

1 Point Cloud

- image Scale은 1/2 default 값을 선택하고, 점군의 밀도는 Optimal(최적)로, Matches는 3으로 지정한다.
- 파일을 내보낼 필요가 있을 때 파일 형태를 선택하여 내보낸다.

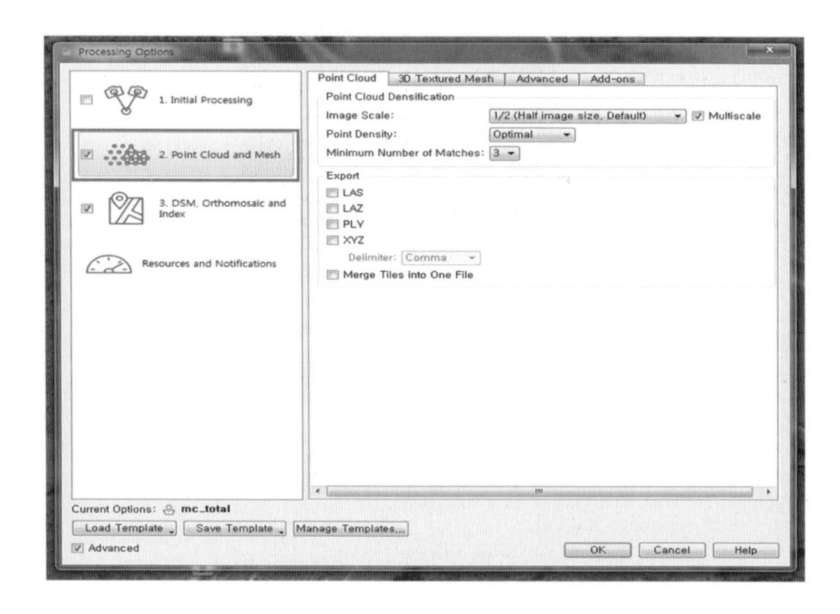

2 3D Textured Mesh

- Generate 3d Textured Mesh를 선택하고, 세팅은 디폴트(default)값을 선택한다.
- 파일을 내보낼 필요가 있을 때 파일 형태를 선택하여 내보낸다.

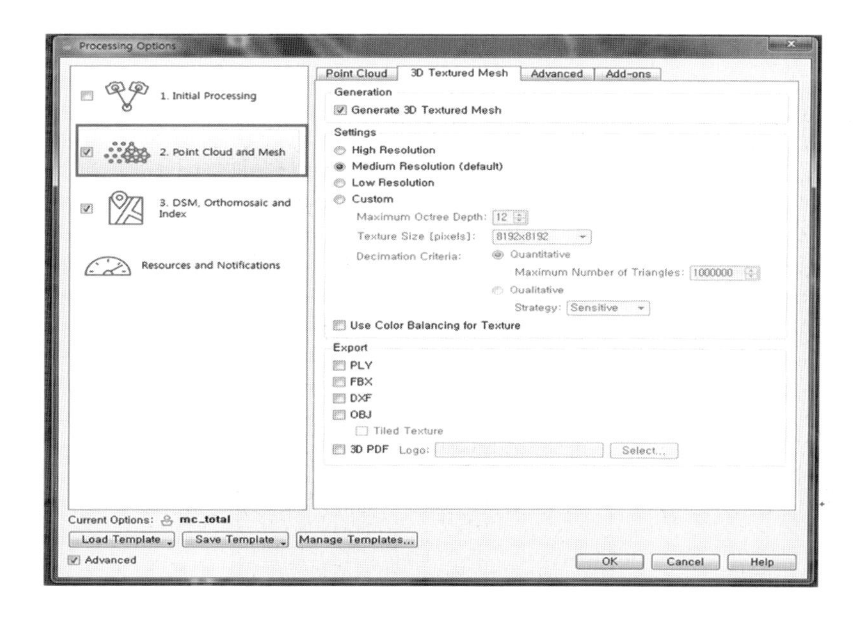

3 점군 생성 화면

- Point Cloud(점군은 점군 데이터를 말하는데 이를 통하여 3차원 VR(Virtual Reality) 모델링 작업을 수행할 수 있도록 아래와 같이 3차원 공간정보(x, y, z)를 가진 수많은 점들(점군, point cloud)을 생성하는 것을 말한다.

4 3D Textured Mesh 화면

- Mesh는 Point Cloud의 경우 점군으로 이루어져 점들로 표현이 되어 있고 점이 없는 곳은 그림의 왼쪽 하단, 오른쪽과 같이 빈 공간으로 표현되는데, 이를 삼각망(TIN)[8]을 통하여 값을 생성하여 부드러운 형태의 표면을 생성한 것을 말한다.

5 Advanced & Add-ons

- 이 두 가지 창은 점군의 밀도에 관한 사항으로 선택되어 있는 디폴트값을 그대로 유지한다.
- 필요에 따라 화면 매칭 크기나 이미지 그룹 등을 지정할 수 있다.

---

8. TIN(Triangulated Irregular Network, 불규칙 삼각망) : 공간을 불규칙한 삼각형으로 분할하여 생성된 일종의 공간자료구조, 지형의 경사, 체적, 표면길이, 단면도의 생성, 하천, 선향, 체적, 표면길이, 단면도의 생성, 하천, 선의 생성, 능선추출, 가시도 분석 등을 포함한 지표면 및 지형분석. TIN 자료의 구성요소는 다음과 같다.

- Nodes : TIN을 구성하는 기본요소로 높이(H)값을 가지며, 노드를 이용하여 삼각망이 구성된다.
- Edges : 삼각망을 구성하는 노드는 가장 가까운 노드끼리 연결되어 '변'을 구성한다. 각 변은 2개의 노드를 가지나 각 노드는 여러 개의 변을 구성한다.
- Triangle : X, Y, Z값을 갖는 3개의 노드를 중심으로 구성된다. 체적, 단면도, 가시도 분석에 사용되는 정보를 갖는다.
- Hull : TIN을 구성하고 있는 모든 포인트를 포함하는 폴리곤(polygon)으로서, TIN에서 내삽 가능한 범위이다. HULL의 외부에 대한 정보는 유추할 수 없다.

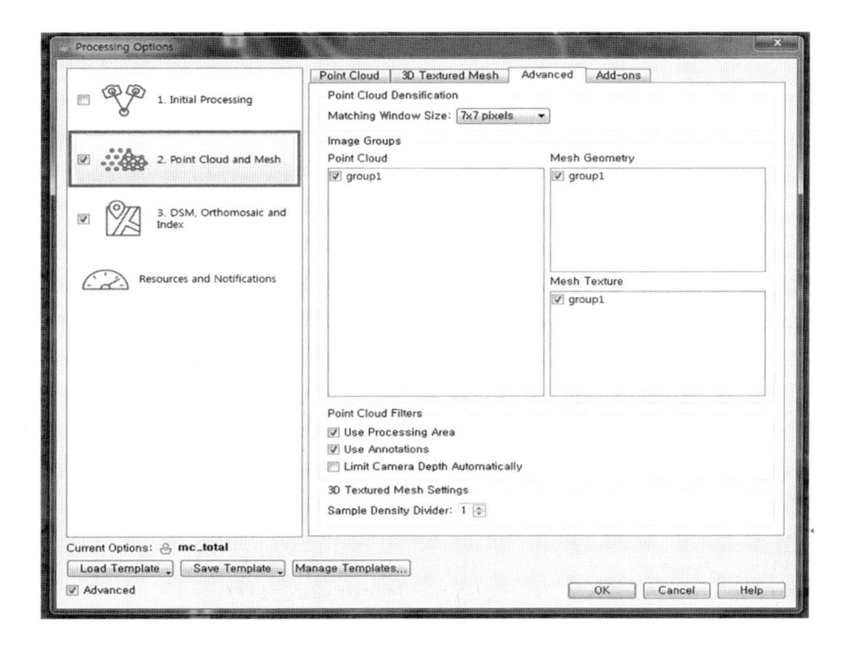

(8) DSM, Orthomosaic and Index

1 DSM and Orthomosaic

- Resolution에서 픽셀당 크기는 자동으로 선택한다. 필요시 Custom으로 지정한다.
- 최적의 영상자료 취득을 위하여 DSM Filters도 모두 체크하고, Raster DSM과 Orthomosaic에서 GeoTIFF를 선택하여 결과물을 생성한다.

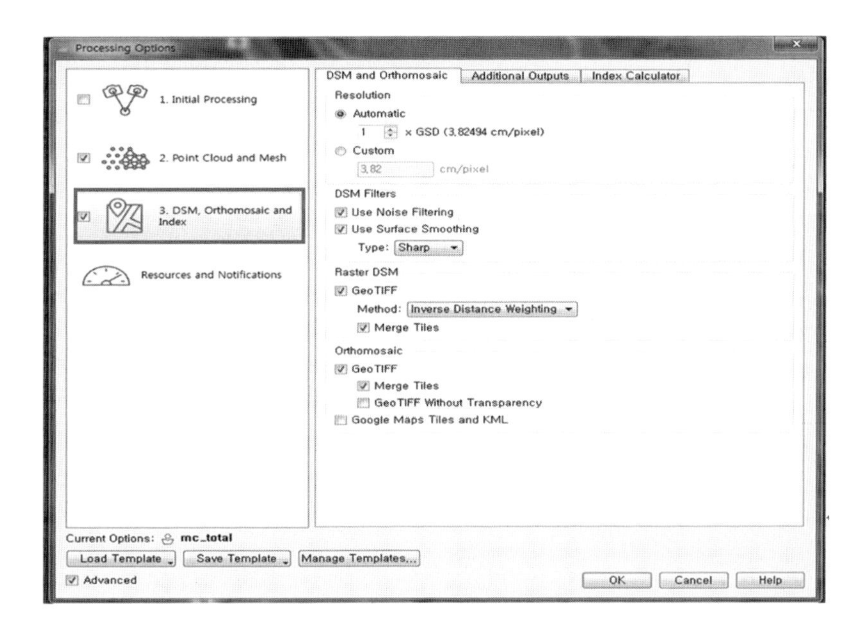

2 Additional Outputs

- 추가적인 결과물 생성을 위한 옵션은 일반적으로 자동 세팅값을 그대로 사용한다
- DTM의 해상도를 Automatic으로 해서 19.12cm/pixel(5×3.82494cm/pixel)로 선택한다.
- Contour Lines(등고선)은 필요에 따라 파일 형태를 선택하고, 나머지 옵션값은 그림과 같이 조절한다.

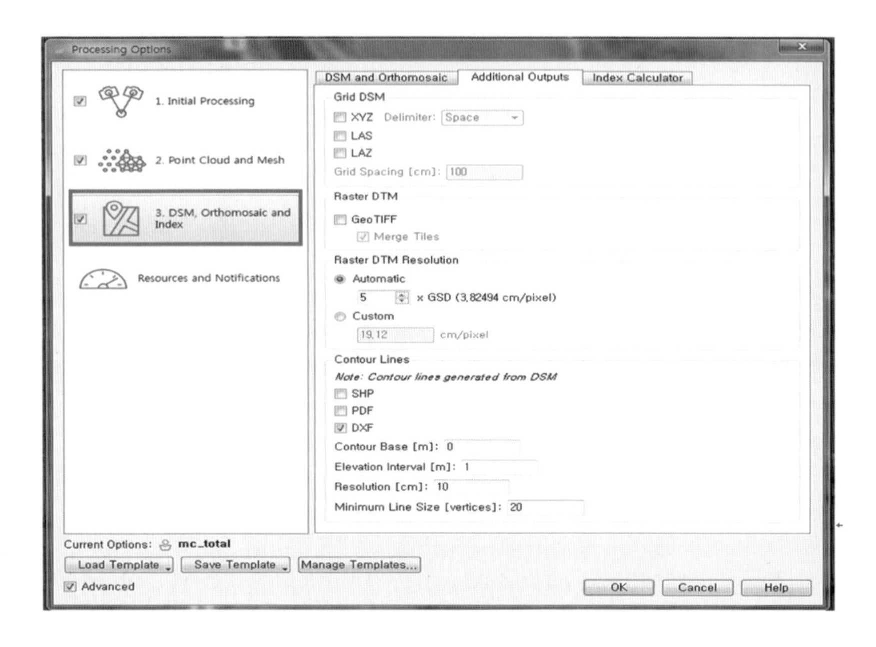

3 DSM 생성 결과

- 수치표면모델(Digital Surface Model, DSM)은 실세계의 모든 정보, 즉 지형, 수목, 건물, 인공 구조물 등을 표현한 모형이다.
- 선형 작업 혹은 지도 제작 시 건물 외곽선 추출 등에 활용된다.

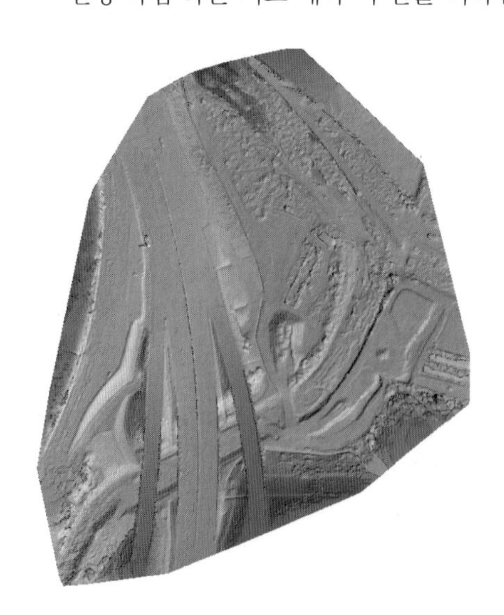

4 DTM 생성 결과

- 수치지형모델(Digital Terrain Model, DTM)과 수치표고모델(Digital Elevation Model, DEM)은 불규칙한 지형 기복을 3차원 좌표 형태로 구축함으로써 국가지리정보체계 구축 사업 지원과 국토 개발을 위한 도시 계획, 입지 선정, 토목, 환경 분야 등에 활용된다.
- 이러한 수치표고 자료는 Contour Lines(등고선) 생성을 위하여 사용한다.

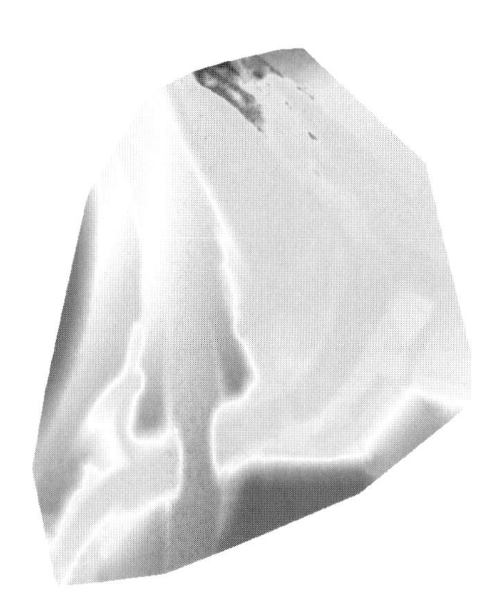

5 Index Calculator

- Index Calculator는 RGB값 등이 필요할 경우에만 옵션을 설정하여 사용하며, 그 외에는 프로세싱 시간 단축을 위하여 설정하지 않는다.
- 설정값은 그림과 같이 Indices에서 모든 값을 선택하여 설정한다.

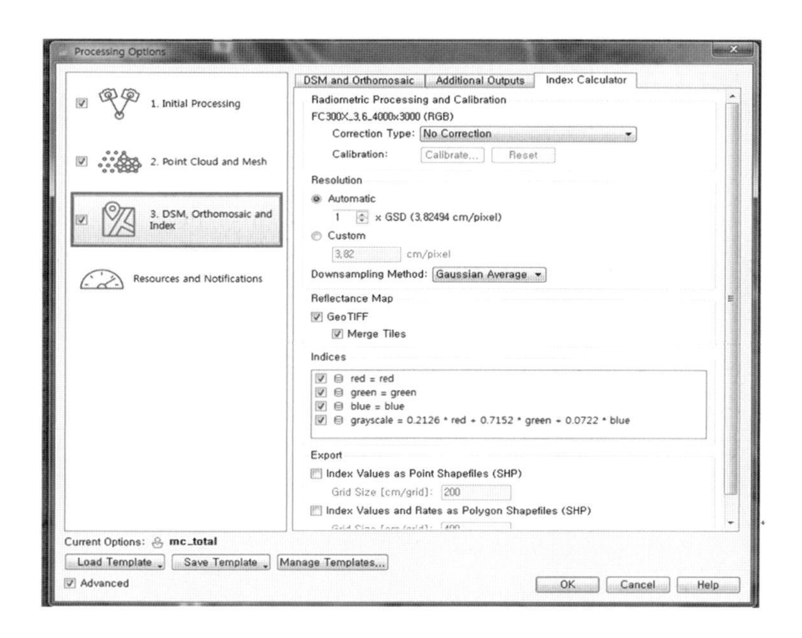

6 Point Cloud and Mesh, DSM, Orthomosaic and Index 체크 후에 Start를 클릭한다.

- 모든 값을 설정한 후 최종적으로 프로세싱을 실행한다.

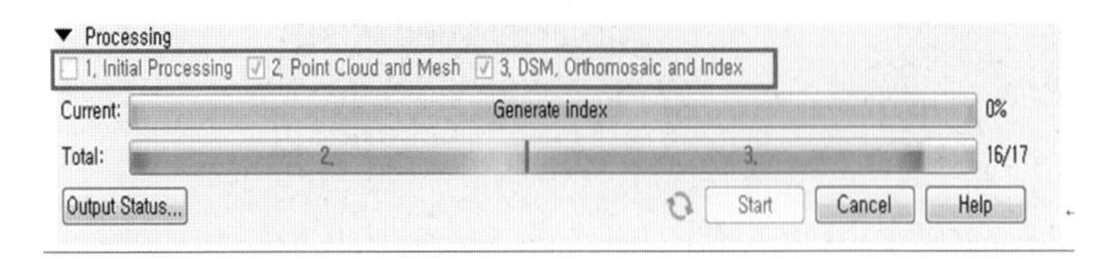

(9) 결과 보고서 생성

1 결과 보고서 확인

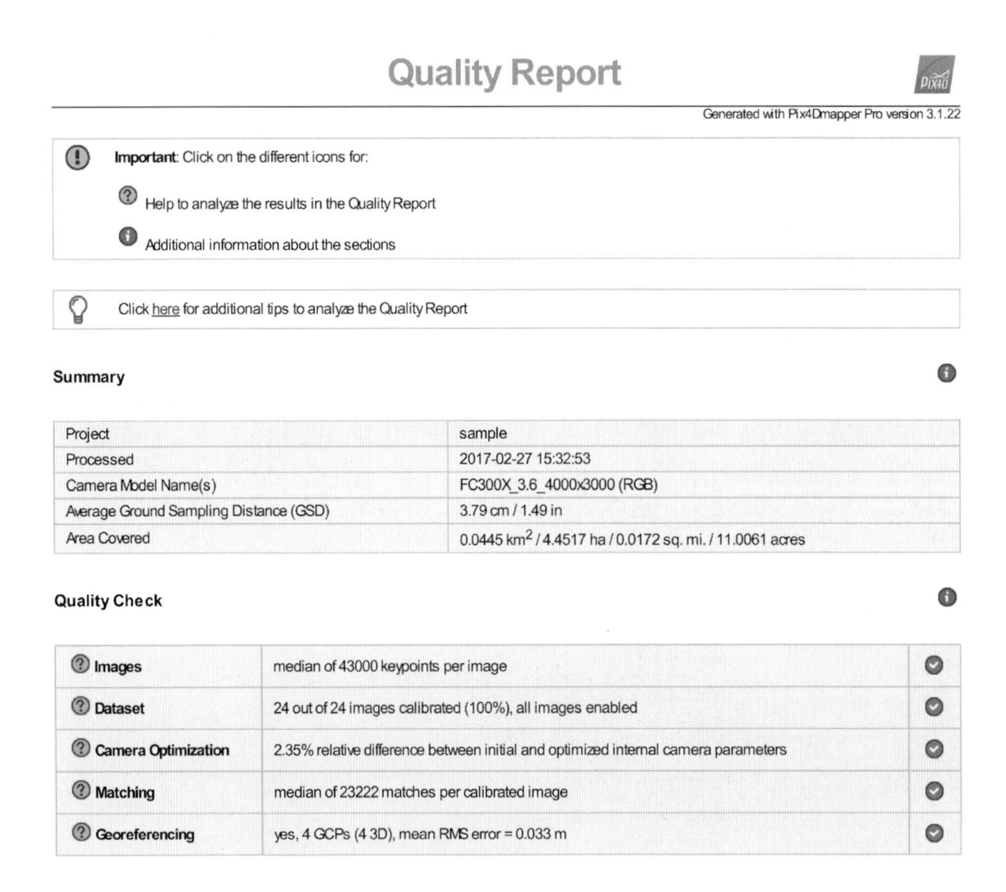

Quality Report

Generated with Pix4Dmapper Pro version 3.1.22

Important: Click on the different icons for:

Help to analyze the results in the Quality Report

Additional information about the sections

Click here for additional tips to analyze the Quality Report

Summary

Project	sample
Processed	2017-02-27 15:32:53
Camera Model Name(s)	FC300X_3.6_4000x3000 (RGB)
Average Ground Sampling Distance (GSD)	3.79 cm / 1.49 in
Area Covered	0.0445 km^2 / 4.4517 ha / 0.0172 sq. mi. / 11.0061 acres

Quality Check

Images	median of 43000 keypoints per image
Dataset	24 out of 24 images calibrated (100%), all images enabled
Camera Optimization	2.35% relative difference between initial and optimized internal camera parameters
Matching	median of 23222 matches per calibrated image
Georeferencing	yes, 4 GCPs (4 3D), mean RMS error = 0.033 m

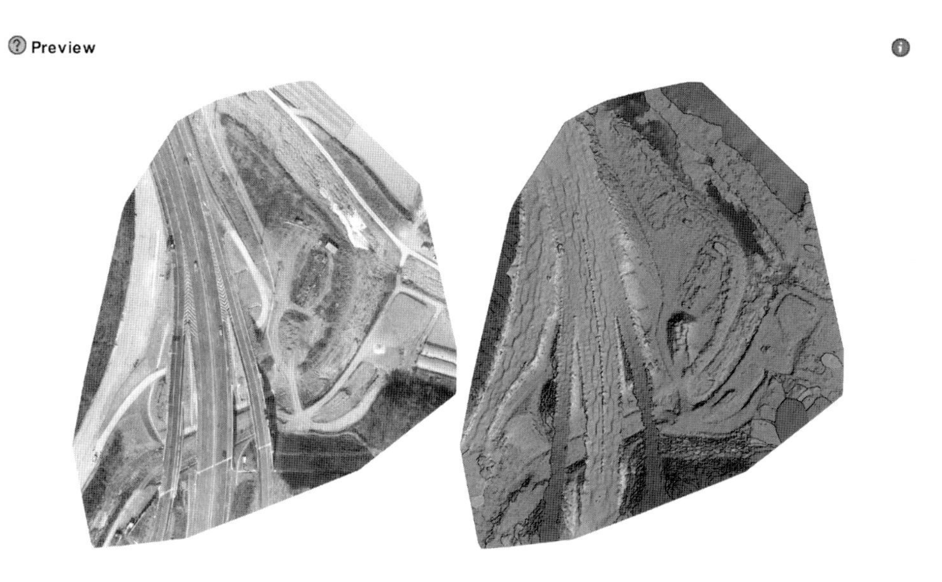

Figure 1: Orthomosaic and the corresponding sparse Digital Surface Model (DSM) before densification.

(10) 현황선 작업

1 정사영상 확인

- Mosaic Editor를 클릭한다.

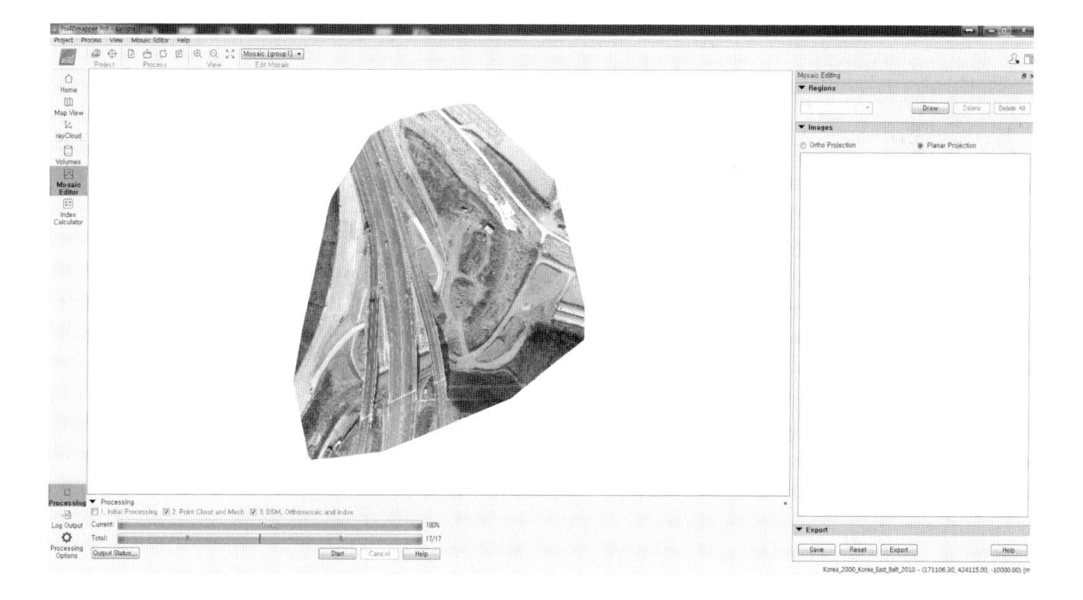

2 정사영상에 현황선 그리기

- rayCloud – Triangle Meshes만 체크한다.
- Create – New Polyline을 클릭한다.

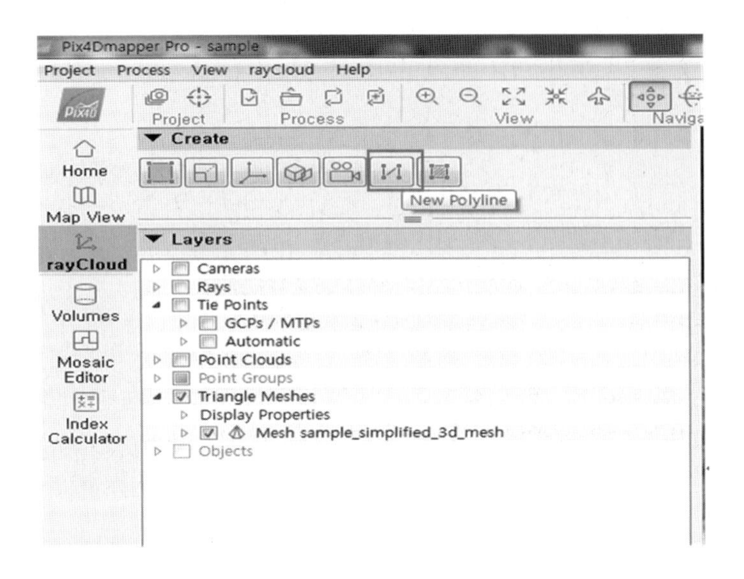

3 정사영상 위에 도로선을 따라 현황선을 그린다.

- 화면에서 필요한 점을 클릭한 후, 마우스 오른쪽 버튼을 클릭한다.

4 Polyline 1이 생성됨(다량의 Polyline을 생성할 수 있다.)

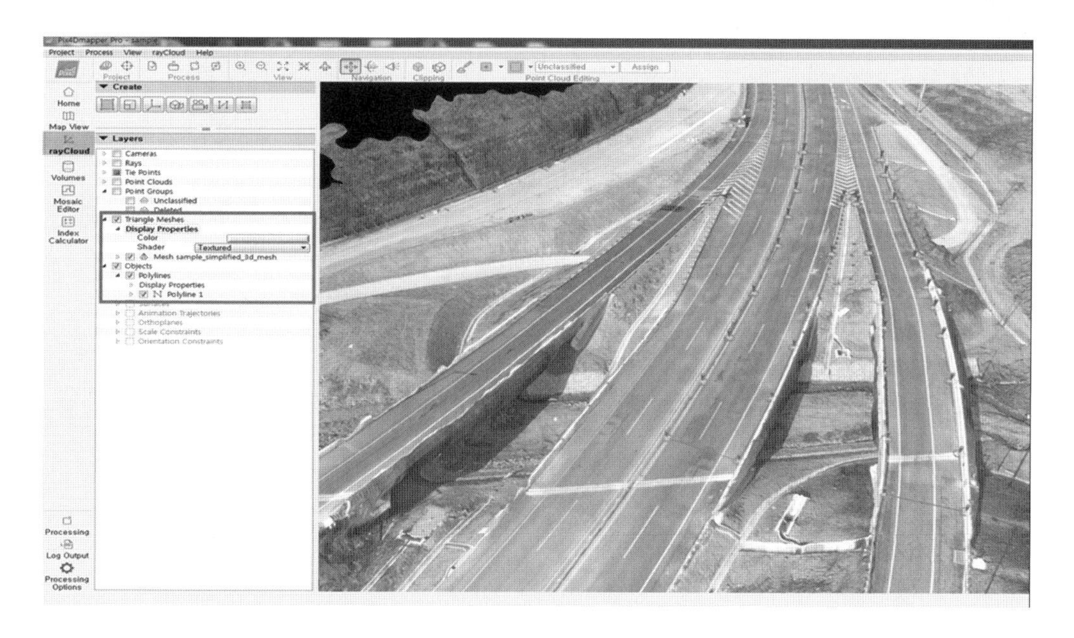

5 현황선 편집

- 왼쪽 뷰 툴바의 rayCloud 밑에 Objects에서 생성된 현황선을 편집 가능하다.
- 삭제, 이름 변경, Export는 Polyline 1 선택 후 마우스 오른쪽 버튼을 클릭한다.

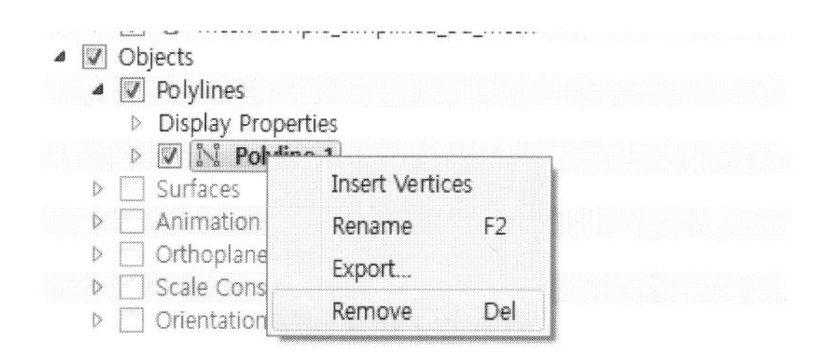

- Export를 클릭하면, 다음과 같이 네 가지의 경우로 내보낼 수 있다.
- 원하는 파일 형식을 선택한 후 OK한다.

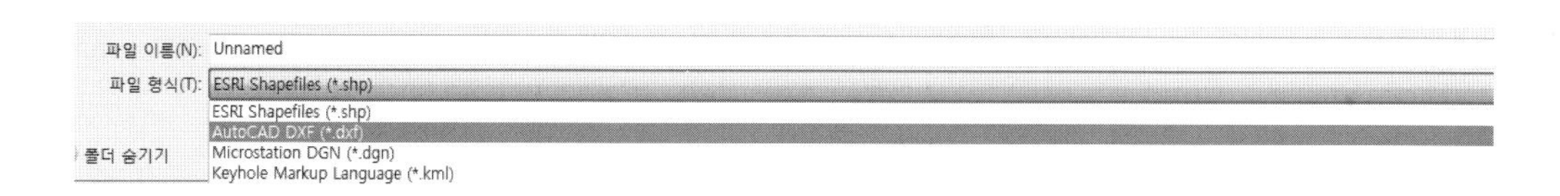

6 현황선 확인(Autocad)

- AutoCAD DXF로 Export하면 vertices와 lines 파일로 나오게 된다.
- 이미 측량된 도면에 lines를 삽입하면 다음과 같은 측량 도면이 생성된다.

- 위 작업에 따른 최종 현황도 작성 결과 생성 파일은 CD에 첨부된 Uiseong.dxf 파일을 참고하기 바란다.

(11) 체적 산정

1 왼쪽 사이트 뷰 툴바에서 Volume을 선택하면 파란색과 같은 Volume을 생성할 수 있고 추가 생성 버튼(검은색)을 클릭하여 초록색과 같은 새로운 체적을 생성한다.

- 화면에서 필요한 점을 클릭한 후, 마우스 오른쪽 버튼을 클릭하여 새로운 체적 대상을 생성한다.

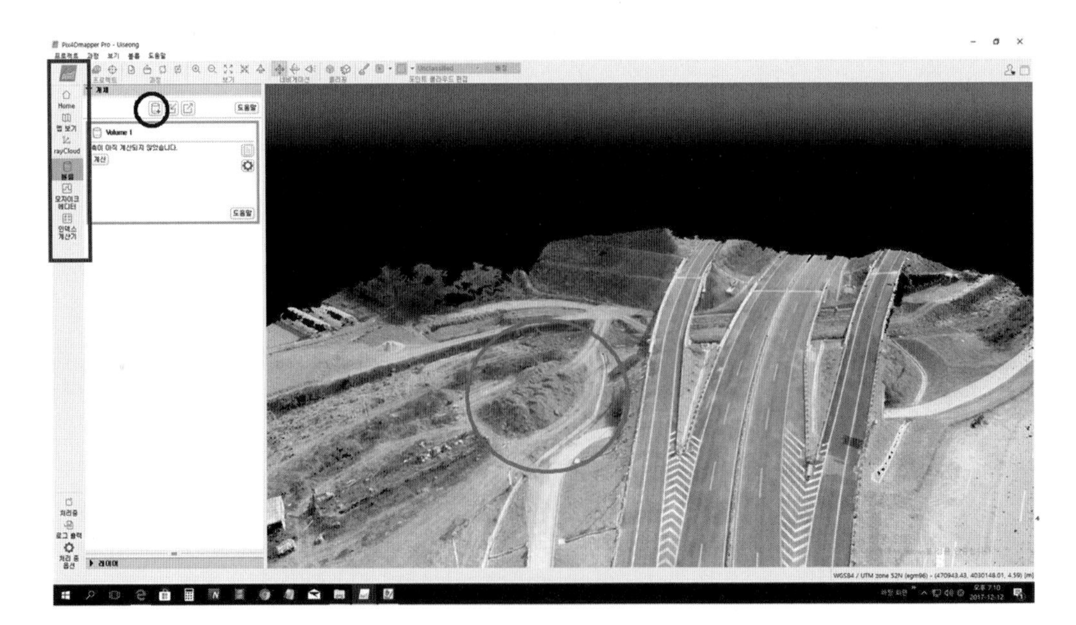

- 새로운 Volume 분석 대상을 선택한 후 Calculate를 실행하면 아래와 같이 대상의 Volume을 측정하게 된다.

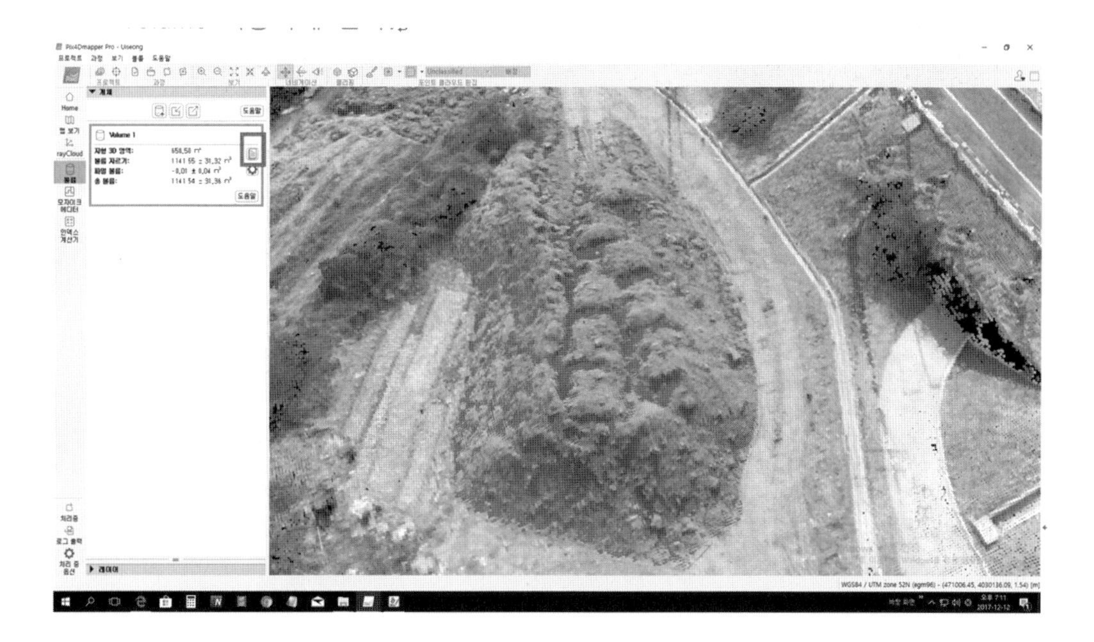

2 네모 박스의 아이콘을 클릭하여 아래 표와 같이 체적값과 그에 따른 오류값을 결과로 얻을 수 있다.

Name	지형3D영역 (m^2)	볼륨 채우기 (m^3)	볼륨 채우기 오류 (m^3)	볼륨 자르기 (m^3)	볼륨 자르기 오류 (m^3)	전체 볼륨 (m^3)	전체 볼륨 오류 (m^3)
Volume 1	658.497	−0.00577	0.037406	1141.55	31.3239	1141.54	31.3614

부록

부록 1. 「항공사진측량 작업규정」 주요 규정 발췌

부록 2. 「무인비행장치 이용 공공측량 작업지침」

DRONE

부록 1. 「항공사진측량 작업규정」 주요 규정 발췌

[시행 2016. 11. 17] [국토지리정보원고시 제2016-2609호, 2016. 11. 17, 타법개정]

제1장 총칙

제1조(목적) 이 규정은 측량 · 수로조사 및 지적에 관한 법률 제12조 및 같은 법 시행규칙 제8조에 의하여 국토지리정보원이 행하는 수치지형도 및 지형도(이하 "지도"라 한다) 제작을 위한 항공사진측량 방법의 제반사항을 규정하여 작업방법, 규격, 정확도 등의 통일을 기하는 데 그 목적이 있다.

제2조(용어의 정의) 이 규정에서 사용하는 용어의 정의는 다음 각 호와 같다.

1. "항공사진측량"이라 함은 대공표지설치, 항공사진촬영, 지상기준점측량, 항공삼각측량, 세부도화 등을 포함하여 수치지형도 제작용 도화원도 및 도화파일이 제작되기까지의 과정을 말한다.
2. "대공표지"라 함은 항공삼각측량과 세부도화 작업에 필요한 지점의 위치를 항공사진상에 나타나게 하기 위하여 그 점에 표지를 설치하는 작업을 말한다.
3. "항공사진촬영"이라 함은 항공기에서 항공사진측량용 카메라를 이용한 항공사진 또는 영상의 촬영을 말하며, 필름의 노출과 현상, 사진의 인화, 건조까지의 사진처리와 디지털항공사진을 제작, 출력하는 과정을 포함한다.
4. "항공사진"은 항공사진측량용 카메라로부터 촬영된 "아날로그항공사진"과 "디지털항공사진"으로 분류하며 디지털항공사진은 "디지털항공사진측량용 카메라로 촬영한 영상" 또는 "항공사진측량용 카메라로 촬영한 필름을 항공사진전용스캐너로 독취한 영상"을 말한다.
5. "지상기준점측량"이라 함은 항공삼각측량 및 세부도화 작업에 필요한 기준점의 성과를 얻기 위하여 현지에서 실시하는 지상측량을 말한다.
6. "항공삼각측량"이라 함은 도화기 또는 좌표측정기에 의하여 항공사진상에서 측정된 구점의 모델좌표 또는 사진좌표를 지상기준점 및 GPS/INS 외부표정 요소를 기준으로 지상좌표로 전환시키는 작업을 말한다.
7. "세부도화"라 함은 기준점측량 성과와 도화기를 사용하여 요구하는 지역의 지형지물을 지정된 축척으로 측정묘사 하는 실내작업을 말하며 좌표전개, 정리점검, 가편집데이터 제작을 포함한다.
8. "수정도화"라 함은 최신의 항공사진을 이용하여 세부도화데이터, 가편집데이터 등을 수정하는 도화작업을 말한다.
9. "내부표정"이라 함은 촬영 당시 광속의 기하상태를 재현하는 작업으로 기준점 위치, 렌즈의 왜곡, 사진의 초점거리와 사진의 주점을 결정하고 부가적으로 사진의 오차를 보정하여 사진좌표의 정확도를 향상시키는 것을 말한다.
10. "상호표정"이라 함은 세부도화 시 한 모델을 이루는 좌우사진에서 나오는 광속이 촬영면상에 이루는 종시차를 소거하여 목표 지형지물의 상대위치를 맞추는 작업을 말한다.
11. "절대표정"이라 함은 축척을 정확히 맞추고 수준을 정확하게 맞추는 과정을 말한다.
12. "지상표본거리(GSD, Ground Sample Distance)"라 함은 각 화소(Pixel)가 나타내는 X, Y 지상거

리를 말한다.

제4조(위치의 기준) 위치의 기준은 측량 · 수로조사 및 지적에 관한 법 제6조 규정에 의한다.

제5조(투영방법) 투영방법은 측량 · 수로조사 및 지적에 관한 법 제6조 규정에 따른 기준을 사용하며 각 원점의 좌표는 X(N) 600,000m, Y(E) 200,000m로 하며, 좌표계 X축상에서의 축척계수는 1.0000으로 한다. 다만, 단일평면좌표계의 경우는 투영원점의 수치를 X(N) 2,000,000m, Y(E) 1,000,000m으로 하며, 좌표계 X축상에서의 축척계수는 0.9996으로 한다.

제2장 대공표지

제7조(재료) 대공표지는 합판, 알루미늄, 합성수지, 직물 등으로 내구성이 강하여 후속작업이 완료될 때까지 보존될 수 있어야 한다.

제8조(형상 및 크기) 대공표지는 설치목적, 항공사진의 축척, 지형의 배색, 관측 장비 등을 고려하여 형상, 크기, 색을 결정하며 표준양식은 〈별표 1〉과 같다.

[별표 1] 대공표지 표준양식

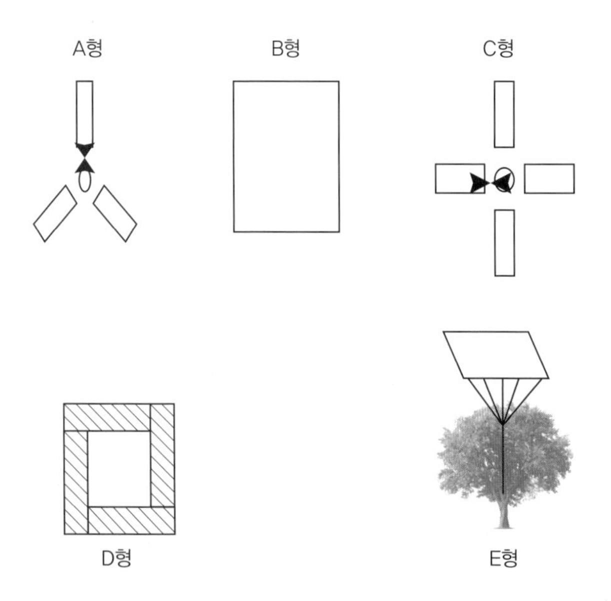

A, B, C형 : 지상 점
D형 : 지상 점 또는 옥상 점
E형 : 수목 위 설치 점

제9조(설치방법) 대공표지의 설치는 다음 각 호의 방법에 의한다.

1. 대공표지는 사전에 토지소유자와 협의하여 설치하는 것을 원칙으로 한다.
2. 설치장소는 천정으로부터 45° 이상의 시계를 확보할 수 있어야 하며, 식별이 용이한 배경을 선택하여야 한다.
3. 지상에 적당한 장소가 없을 때에는 수목 또는 지붕 위에 설치할 수 있으며 수목에 설치할 때는

직접 페인트로 그릴 수도 있다.

4. 표석이 없는 지점에 설치할 때는 중심말뚝을 설치하여 그 중심을 표시한다.
5. 대공표지의 보존을 위해 표지판 상 1/3을 이용하여 다음 각 목을 표시한다.
   가. 계획기관명
   나. 작업기관명
   다. 파손엄금
   라. 보존기간(연월일)
6. 대공표지 설치를 완료하면 지상사진을 촬영하고 〈별표 2〉의 대공표지점의 조서를 작성해야 한다.

[별표 2] 대공표지점의 조서

<table>
<tr><td>점번호</td><td colspan="2"></td><td>1/50,000 도엽명</td><td></td><td>작업자</td><td></td></tr>
<tr><td>표지양식</td><td colspan="2"></td><td>표지크기</td><td></td><td>검사자</td><td></td></tr>
<tr><td>표지색</td><td colspan="2"></td><td>표지높이</td><td></td><td>설치연월일</td><td></td></tr>
<tr><td>좌표원점</td><td colspan="6"></td></tr>
<tr><td rowspan="4">점의
좌표</td><td></td><td colspan="2">X</td><td colspan="2">Y</td><td>H</td></tr>
<tr><td>본점</td><td colspan="2"></td><td colspan="2"></td><td></td></tr>
<tr><td>편심점</td><td colspan="2"></td><td colspan="2"></td><td></td></tr>
<tr><td>예비점</td><td colspan="2"></td><td colspan="2"></td><td></td></tr>
<tr><td colspan="4">확대항공사진 No.
(출력물)</td><td colspan="3">지상사진</td></tr>
<tr><td colspan="4"></td><td colspan="3"></td></tr>
<tr><td colspan="4">점 부근 약도</td><td colspan="3">경로</td></tr>
<tr><td colspan="4"></td><td colspan="3"></td></tr>
</table>

제10조(설치시기 및 관리) 대공표지는 항공사진 및 영상촬영 전 가까운 시일 내에 설치하여야 하며 촬영 시까지 파손 또는 망실되지 않도록 관리하여야 한다.

제11조(확인) ① 촬영 작업 종료 후에는 5배 확대사진 또는 출력하여 대공표지의 상태를 확인하여야 한다.

② 대공표지가 선명하게 확인되지 않을 때에는 전체 대공표지 설치점수의 10%를 넘지 않는 범위 내에서 점각할 수 있다.

제3장 항공사진촬영

제13조(항공사진의 축척) ① 항공사진의 축척은 사용 카메라의 초점거리와 촬영항공기의 지상고도의 비로 산출한다.

② 디지털항공카메라로 촬영한 디지털항공사진의 축척은 지상표본거리로 대체하도록 한다.

③ 도화축척, 항공사진축척 및 지상표본거리의 관계는 〈별표 3〉과 같다.

[별표 3] 도화축척, 항공사진축척, 지상표본거리와의 관계

도화축척	항공사진축척	지상표본거리
1/500~1/600	1/3,000~1/4,000	8cm 이내
1/1,000~1/1,200	1/5,000~1/8,000	12cm 이내
1/2,500~1/3,000	1/10,000~1/15,000	25cm 이내
1/5,000	1/18,000~1/20,000	42cm 이내
1/10,000	1/25,000~1/30,000	65cm 이내
1/25,000	1/37,500	80cm 이내

제15조(항공사진측량용 카메라) 항공사진측량용 카메라는 다음 성능의 것을 표준으로 한다. ① 항공사진측량용 카메라는 필요에 따라 협각, 보통각, 광각, 초광각 렌즈를 선택할 수 있으며 카메라의 적정 성능유지를 위하여 정기적으로 점검을 받아야 한다.

② 항공사진측량용 카메라의 렌즈 왜곡수차는 0.01mm 이하이며, 초점거리는 0.01mm 단위까지 명확하여야 한다.

③ 컬러항공사진을 사용하는 항공사진측량용 카메라는 색수차가 보정된 것을 사용한다.

④ 디지털항공사진카메라는 일정 폭으로 개별영상이 만들어져야 하며, 개별영상은 도화기 등에서 입체시 구현 및 도화가 가능하여야 한다.

⑤ GPS/INS 장치를 이용하여 촬영을 실시하는 경우는 INS가 항공사진측량용카메라 본체에 장착되어 있어야 한다.

⑥ 항공기의 속도로 인한 영상의 흘림을 보정하는 장치(Forward Motion Compensation, Time Delayed Integration) 등을 갖추거나 실제적인 영상보정이 가능한 촬영방식을 이용하여 영상의 품질을 확보할 수 있어야 한다.

⑦ 디지털항공사진카메라는 필요한 면적과 소정의 각 화소(Pixel)가 나타내는 X, Y 지상거리를 확보할 수 있어야 한다.

⑧ 렌즈의 교환 없이 컬러, 흑백 및 적외선 영상의 동시 취득이 가능하여야 한다.

⑨ 디지털항공사진 카메라는 8bit 이상의 방사해상도를 취득할 수 있어야 한다.

⑩ 촬영 작업기관은 디지털항공사진카메라의 적정 성능유지를 위하여 정기적으로 점검을 받아야 한다.

제17조(GPS/INS) GPS/INS 장치는 항공사진의 노출 위치를 계산하기 위하여 항공기에 탑재한 GPS 및 항공사진 노출 시의 기울기를 산출하기 위한 3축 자이로와 가속도계로 구성하는 INS(관성측위장치), 계산 소프트웨어, 컴퓨터 및 주변기기로 구성되는 시스템으로 다음 성능의 것을 표준으로 한다.
① GPS/INS 장치의 성능은 GPS 후처리방법으로 다음 표와 같다.

항목		기준	비고
GPS	위치	0.15m 이하	
	고도	0.15m 이하	
	데이터취득간격	1초 이하	2주파 수신
INS	롤링각	0.010도	촬영 비행 방향 흔들림
	피칭각	0.010도	촬영 비행 방향 직각 흔들림
	헤딩각	0.015도	촬영 비행 방향의 회전
	취득간격	0.005도	

② INS는 3축의 기울기 및 가속도를 계측할 수 있어야 한다.
③ GPS데이터와 INS데이터를 결합하여 항공사진의 노출된 위치 및 자세를 산출하여야 한다.
④ GPS/INS를 항공기에 설치할 때에는 GPS안테나와 항공카메라의 렌즈중심축과의 이격거리를 토털스테이션 등을 이용하여 직접측량 후 그 결과값을 GPS/INS 프로그램에서 직접 활용이 가능하여야 한다.

제18조(검정장) ① 검정장은 항공카메라의 위치정확도와 공간해상도의 검정이 가능한 장소를 말한다.
② 검정장은 평탄한 곳을 선정하되 규격은 3km×3km 이상으로 정한다.
③ 항공카메라 검정을 위한 촬영 시 동서방향을 원칙으로 하며 보정값 산출을 위하여 남북방향으로 최소 2코스 이상 촬영을 실시해야 한다.
④ 위치정확도 검정을 위하여 평면 · 표고 측량이 가능한 명확한 검사점이 있어야 하며, 스트립당 최소 2점 이상 존재해야 한다.
⑤ 공간해상도 검정을 위하여 〈별표 17〉의 규격에 맞는 분석도형이 3개 이상 설치되어 있어야 한다.
⑥ 촬영작업기관은 검정장에 대한 항공사진촬영 전 촬영계획기관과 사전협의를 실시하고 항공촬영을 실시하여야 한다.

[별표 17] 해상도 분석 도형

기준	직경	내부 흑백선쌍 개수
GSD 10cm 초과	4m	16개
GSD 10cm 이하	2m	16개

제19조(검정) ① 검정은 검정장을 이용하여 항공카메라의 위치정확도와 공간해상도의 평가 및 이상 유무를 검사하는 것을 말한다.

② 위치정확도 검정은 검정장의 기준점과 검사점에 대한 항공삼각측량 후 위치정확도를 검정하는 것을 말한다. 검사점의 위치정확도는 제56조 2호를 준용한다.

③ 공간해상도 검정은 항공사진에 촬영된 분석도형의 시각적 해상도(l)와 영상의 선명도(c)를 검정하는 것을 말하며 각각 아래의 식으로 계산한다.

시각적 해상도(l)는

$$l = \frac{\pi \times \text{직경비}\left(\dfrac{\text{내부직경}(d)}{\text{외부직경}(D)}\right)}{\text{흑백선수}} \times \text{실제 외부직경으로 계산하고}$$

$$\text{영상의 선명도}(c) = \frac{\text{시각적 해상도}(l)}{\text{지상표본거리}(GSD)}\text{로 계산한다.}$$

제20조(항공사진의 중복도) 항공사진은 반드시 입체시 사진이어야 하며 중복도는 촬영 진행방향으로 60%, 인접코스 간 30%를 표준으로 하며, 필요에 따라 촬영 진행방향으로 80% 인접코스 중복을 50%까지 중복하여 촬영할 수 있다. 다만, 선형 방식의 디지털카메라에서는 인접코스의 중복만을 적용한다.

제23조(촬영비행조건) 촬영비행은 다음 각 호의 정하는 바에 의한다.

1. 촬영비행은 시정이 양호하고 구름 및 구름의 그림자가 사진에 나타나지 않도록 맑은 날씨에 하는 것을 원칙으로 한다.
2. 촬영비행은 태양고도가 산지에서는 30° 평지에서는 25°이상일 때 행하며 험준한 지형에서는 음영부에 관계없이 영상이 잘 나타나는 태양고도의 시간에 행하여야 한다.
3. 촬영비행은 예정 촬영고도에서 가급적 일정한 높이로 직선이 되도록 한다.

4. 계획촬영 코스로부터 수평이탈은 계획촬영 고도의 15% 이내로 한하고 계획고도로부터의 수직이탈은 5% 이내로 한다. 단, 사진축척이 1/5,000이상일 경우에는 수직이탈을 10% 이내로 할 수 있다.
5. GPS/INS 장비를 이용하여 촬영하는 경우 GPS 기준국은 촬영대상지역 내 GPS상시관측소를 이용하고, 작업 반경 30㎞ 이내에 GPS상시관측소가 없을 경우 별도의 지상 GPS 기준국을 설치하여 한다.
6. GPS 기준국은 GPS상시관측소를 이용하는 경우를 제외하고, 다음에 유의하여 설치 및 관측을 하여야 한다.
   가. 수신 앙각(angle of elevation)이 15도 이상인 상공시야 확보
   나. 수신간격은 항공기용 GPS와 동일하게 1초 이하의 데이터 취득
   다. 수신하는 GPS 위성의 수는 5개 이상, GPS 위성의 PDOP(Positional Dilution of Precision)는 3.5 이하
7. GPS 기준국의 최종 측량성과 산출은 국토지리정보원에 설치한 국가기준점과 GPS상시관측소를 고정점으로 사용하여야 한다.

제24조(사진 및 영상촬영) ① 노출시간은 촬영계절, 촬영시간대, 천후, 대지속도(비행속도), 카메라의 진동, 사진필름의 감도 등 제조건을 감안하여 노출허용한도를 초과 또는 미달해서는 안 되며 최소한 5배 이상 확대할 경우에도 선명도가 유지되어야 한다.
② 카메라는 연직방향으로 향하여 촬영하며 사진화면의 수평면에 대한 경사각은 5그레이드(4.5도) 이내로 한다.
③ 편류각은 촬영코스 방향에서 10그레이드(9도) 이내로 한다.
④ 필름양단의 1m는 촬영에 사용하지 못한다.
⑤ 매 코스의 시점과 종점에서의 사진은 2매 이상 촬영지역 밖에 있어야 한다.
⑥ GPS/INS 장비를 이용하여 촬영할 경우 촬영경로 변경 시 항공기의 회전각은 날개의 수평각이 25° 미만을 유지하여야 한다.

제26조(재촬영 요인의 판정기준) 다음 각 호에 해당하는 경우에는 재촬영하여야 한다.
1. 항공기의 고도가 계획촬영 고도의 15% 이상 벗어날 때
2. 촬영 진행방향의 중복도가 53% 미만인 경우가 전 코스 사진매수의 1/4 이상일 때
3. 인접한 사진축척이 현저한 차이가 있을 때
4. 인접코스 간의 중복도가 표고의 최고점에서 5% 미만일 때
5. 구름이 사진에 나타날 때
6. 적설 또는 홍수로 인하여 지형을 구별할 수 없어 도화가 불가능하다고 판정될 때
7. 필름의 불규칙한 신축 또는 노출불량으로 입체시에 지장이 있을 때
8. 촬영시 노출의 과소, 연기 및 안개, 스모그(smog), 촬영셔터(shutter)의 기능불능, 현상처리의 부적당 등으로 사진의 영상이 선명하지 못할 때
9. 보조자료(고도, 시계, 카메라번호, 필름번호) 및 사진지표가 사진 상에 분명하지 못할 때

10. 후속되는 작업 및 정확도에 지장이 있다고 인정될 때
11. 지상 GPS 기준국과 항공기에서 수신한 GPS신호가 단절되어 GPS데이터 처리가 불가능할 때
12. 디지털항공사진카메라의 경우 촬영코스당 지상표본거리(GSD)가 당초 계획하였던 목표값보다 큰 값이 10% 이상 발생하였을 때

제4장 지상기준점 측량

제36조(측량의 구분) 지상기준점 측량은 평면기준점 측량과 표고기준점 측량으로 구분하며 그 실시 방법은 다음 각 호와 같다.

1. 평면기준점 측량 : 삼변, 삼각, 다각, GPS측량
2. 표고기준점 측량 : 직접 수준 측량
3. 불가피한 경우에는 다른 방법에 의할 수도 있다.

제37조(선점) 지상기준점 측량의 선점은 다음 각 호의 방법에 의하여 실시하여야 한다.

1. 모든 지상기준점은 가급적 인접모델에서 상호 사용할 수 있도록 하고 사진 상에서 명확히 분별될 수 있는 지점으로 천정부터 45° 이상의 시계로 한다.
2. 선점의 위치는 반영구 또는 영구적이며 경사변화가 없도록 한다.
3. 지형지물을 이용한 평면기준점은 선상 교차점이 적합하며 가상적인 표시는 피하여야 한다.
4. 표고기준점은 항공사진상에서 1mm이상의 크기로 나타나는 평탄한 위치이며 사진 상의 색조가 적절하여야 하며 순백색 또는 흑색 등의 단일색조를 가진 곳은 가급적 피하여야 한다.
5. 평면기준점의 배치는 전면기준점 측량(FG) 방식에서는 모델당 4점, 항공삼각측량(AT) 방식에서는 블록(Block) 외곽에 촬영 진행방향으로는 2모델마다 1점씩 모델 중복 부분에 촬영방향과 직각방향으로는 코스 중복부분마다 1점씩 배치하는 것을 원칙으로 하고 항공삼각측량의 정확도 향상을 위해 블록의 크기, 모양에 따라 20% 범위 내에서 증가시킬 수 있다.
   가. GPS/INS 외부표정요소값을 이용할 경우에는 블록의 외곽에 우선적으로 배치하되 촬영 진행방향으로 6모델마다 1점 촬영 직각방향으로 코스 중복 부분마다 1점씩 배치하도록 한다.
   나. GPS/INS 외부표정요소값을 이용하는 디지털항공사진카메라의 영상인 경우에는 동일 축척의 항공사진카메라의 6모델에 해당되는 기선장의 거리에 따라 평면기준점을 1점씩 배치하고 촬영 직각방향으로 촬영코스 중복 부분마다 1점씩 배치하는 것을 원칙으로 하되 촬영 횡중복도가 40%가 넘는 경우에는 촬영 2코스당 1점씩 배치할 수 있다.
6. 표고기준점의 배치는 전면기준점 측량(FG) 방식에서는 모델당 6점, 항공삼각측량(AT) 방식에서는 모델당 4모서리에 4점을 배치하는 것을 원칙으로 한다. 단, 필요할 경우 수준노선을 따라 사진상 3~5mm마다 정확한 지점에 표고를 산출할 수 있다.
   가. GPS/INS 외부표정요소값을 이용할 경우에는 블록의 외곽을 우선적으로 배치하되 각 촬영진행방향으로 4모델 간격으로 1점, 촬영 직각방향으로 코스 중복 부분마다 1점씩 배치하도록 한다.
   나. GPS/INS 외부표정요소값을 이용하는 디지털항공사진카메라의 영상인 경우에는 동일 축척

의 항공사진카메라의 4모델에 해당되는 기선장의 거리에 따라 1점, 촬영코스 중복 부분마다 1점씩 배치하는 것을 원칙으로 하되 횡중복도가 40%가 넘는 경우에는 촬영 2코스당 1점씩 배치할 수 있다.

7. 항공삼각측량(AT) 방식 중 독립모델법(Independent Model Method)에 의한 성과계산의 기준이 되는 블록(BLOCK)의 크기는 코스당 모델 수 30모델 이내, 코스 수는 7코스 이내로 전체 200모델을 표준으로 하며 블록의 형상은 사각형을 원칙으로 하며 광속조정법(Bundle Adjustment)의 경우는 모델 수의 제한을 두지 않는다.

제42조(평면기준점 오차의 한계) 모든 작업이 끝난 평면기준점의 오차의 한계는 〈별표 9〉와 같다.

[별표 9] 평면기준점 오차의 한계

도화축척	표준편차
1/500~1/600	±0.1m 이내
1/1,000~1/1,200	〃
1/2,500~1/3,000	±0.2m 이내
1/5,000~1/6,000	〃
1/10,000 이하	±0.5m 이내

제46조(표고기준점 오차의 한계) 모든 작업이 끝난 표고기준점의 오차의 한계는 〈별표 10〉과 같다.

[별표 10] 표고기준점 오차의 한계

도화축척	표준편차
1/500~1/600	±0.05m 이내
1/1,000~1/1,200	±0.10m 이내
1/2,500~1/3,000	±0.15m 이내
1/5,000~1/6,000	±0.2m 이내
1/10,000 이하	±0.3m 이내

제5장 항공삼각측량

제51조(연결점의 선점) 연결점(Pass Point)은 다음 각 호에 의하여 선점하여야 한다.

1. 부근이 되도록 평탄하고 사진상에서 그 위치를 쉽게 관측할 수 있어야 한다.
2. 연속 2모델이 사진상에서 명확한 입체시가 가능하고 인접모델 간의 중복 부분 중간에 위치하여야 한다.
3. 모델중간의 연결점은 주점 부근이어야 하며, 모델 양단의 주점기선에 직각방향으로 주점부터 항

공사진상의 거리 7cm 이상으로 등거리이어야 한다.

4. 후속작업에 필요한 때에는 항공사진상에서 선명한 위치를 보조점으로 선정한다.
5. 디지털항공사진을 이용한 경우 자동매칭에 의한 방법으로 수행하며 각 모델에서 자동매칭이 이루어지지 않은 부분은 위 호를 기준으로 선점하여 연결점을 생성하여야 한다.

제52조(결합점의 선점) 연결점의 결합점(Tie Point)으로 사용할 수 없는 경우 다음 각 호에 의하여 선점하여야 한다.

1. 결합점은 코스 상호 간에 견고하게 연결이 되도록 선점하여야 한다.
2. 가급적 인접코스 간의 중복 부분 중간에 위치하여야 하며 관계되는 항공사진 전체에서 선명한 점이어야 한다.
3. 결합점은 연결점과 동일점일 수도 있다.
4. 디지털항공사진을 이용한 경우 자동매칭에 의한 방법으로 수행하며 각 코스에서 자동매칭이 이루어지지 않은 부분은 위 호를 기준으로 선점하여 결합점을 생성하여야 한다.

제55조(관측) 항공삼각측량의 관측은 다음 각 호에 의한다.

1. 관측 장비는 공간영상도화업에 등록된 도화기 또는 좌표측정기를 사용하여야 한다.
2. 도화기를 이용할 경우 상호표정 후 잔여시차는 0.02mm 이내이어야 한다.
3. 도화기 사용 시 각 모델 또는 블록 내에 포함되는 관측점은 각 2회씩 측정하여 사진좌표를 산출하되 도화기 사용 시는 교차가 평면좌표는 사진상 20μ 이내, 표고좌표는 0.1‰Z 이내, 좌표측정기 사용 시는 X, Y의 각 교차가 사진상 10μ 이내이어야 하며 교차가 허용범위 내에 있을 때에는 그 평균치를 사용하고 교차가 허용범위를 초과하였을 때는 재측정하여야 한다.
4. 디지털항공사진을 이용하여 관측할 경우 X, Y의 각 교차가 0.5픽셀 이내이어야 하며 자동매칭에 의한 방법으로 항공삼각측량을 할 경우 제3호의 과정을 생략 할 수 있다.

제56조(조정계산 및 오차의 한계) 항공삼각측량의 조정계산방법 및 오차의 한계는 다음 각 호에 의한다.

1. 각 사진의 외부표정요소 계산은 코스 또는 블록을 단위로 독립모델법 및 번들법 등의 조정방법에 의해서 결정한다.
2. 조정계산 후의 기준점 잔차, 연결점 및 결합점의 조정값으로부터의 잔차는 평면위치와 표고 모두 다음 표 이내이어야 한다.

도화축척	표준편차(m)	최댓값 (m)
1/500~1/600	0.14	0.28
1/1,000~1/1,200	0.20	0.40
1/2,500~1/3,000	0.36	0.72
1/5,000	0.72	1.44
1/10,000	0.90	1.80
1/25,000	1.00	2.00

3. 조정 계산식은 원칙적으로 사진의 기울기와 투영 중심의 위치를 미지수로 한 투영변환식을 사용하며, 대기굴절 및 지구곡률 보정 등에 한하여 정오차에 대응한 자체검정법(Self-Calibration)을 부가할 수 있다. 다만, 자체검정법은 수치도화 시의 스테레오 모델 구축 시에 재현할 수 있는 것으로 한정한다.
4. 연결점 및 결합점이 작업에 필요한 정도가 될 때까지 오류점의 재관측 및 추가 관측을 자동 및 수동으로 실시하여 재조정 계산을 실시하는 것으로 한다.
5. 기준점으로 계산에 사용하지 않는 점이 있는 경우는 그 점명 및 이유를 계산부에 명기한다.

제6장 세부도화

제62조(도화축척) 도화축척은 원칙적으로 최종도면의 축척과 동일하게 하여야 한다.

제65조(표정) 세부도화의 표정은 다음 각 호의 방법에 의한다.

1. 내부표정은 4개 이상의 지표와 카메라 제원(초점거리, 렌즈왜곡수차 등)을 사용하여야 하며, 그 잔차는 0.02mm이내이어야 하며, 디지털항공사진 또는 항공사진영상(자동입력 항공사진)을 이용할 경우에는 생략할 수 있다.
2. 상호표정의 잔여시차는 0.02mm이내이어야 한다.
3. 대지표정의 평면위치 및 표고의 교차는 〈별표 13〉과 같다.

[별표 13] 대지표정 평면위치 및 표고 교차(세부도화)

도화축척	평면위치의 교차	표고의 차
1/500	0.15m 이내	0.15m 이내
1/1,000	0.20m 이내	0.17m 이내
1/2,500	0.40m 이내	0.30m 이내
1/5,000	0.8m 이내	0.6m 이내
1/10,000	1.0m 이내	1.2m 이내
1/25,000	1.5m 이내	2.0m 이내

제67조(묘사) ① 세부도화의 묘사는 도화축척별로 편리한 방법을 택하며 묘사의 허용범위는 〈별표 14〉와 같다.

③ 세부도화 되는 모든 데이터는 3차원 좌표(X, Y, Z)값이 존재하여야 한다.

④ 곡선데이터의 최소 간격은 축척 1/1,000은 1m, 1/5,000은 5m, 1/25,000은 10m로 하고 중간점을 생략할 수 있는 각도는 1/1,000과 1/5,000은 6°, 1/25,000은 10°를 기준으로 하는 것을 원칙으로 한다.

⑫ 축척별 등고선 간격은 〈별표 15〉와 같다.

[별표 14] 세부도화 묘사오차의 허용범위

도화 축척	표준편차			최대오차		
	평면위치	등고선	표고점	평면위치	등고선	표고점
1/500	0.1m	0.2m	0.1m	0.2m	0.4m	0.2m
1/1,000	0.2m	0.3m	0.15m	0.4m	0.6m	0.3m
1/5,000	1.0m	1.0m	0.5m	2.0m	2.0m	1.0m
1/10,000	2.0m	2.0m	1.0m	4.0m	3.0m	1.5m
1/25,000	5.0m	3.0m	1.5m	10.0m	5.0m	2.5m

[별표 15] 축척별 등고선 간격

축척	계곡선	주곡선	간곡선
1/1,000	5m	1m	0.5m
1/5,000	25m	5m	2.5m
1/25,000	50m	10m	5m

제68조(수정도화) ① 사진판독에 사용하는 사진의 축척은 수정도화 축적과 동일한 것을 원칙으로 한다.
② 사진판독에 의한 수정량 및 수정대상물의 파악은 입체시에 의한 방법과 사진영상 및 확대사진을 이용하는 방법을 병용하여 누락이 없도록 하여야 한다.
③ 절대표정은 기존의 지상기준점, 도화파일 및 GPS/INS 성과를 이용하여 항공삼각측량을 실시하는 것을 원칙으로 하며, 표정이 어려울 경우에는 지상기준점 측량 및 항공삼각측량을 실시하여 보완하여야 한다.
④ 수정도화의 묘사는 제67조를 준용한다.
제70조(도화데이터의 저장매체) 가편집 된 도화데이터는 모델별 또는 도엽별로 편집 저장하여야 하는데 저장매체는 도화데이터를 장기간 보관하는 데 어려움이 없고 데이터의 손상을 방지할 수 있는 전산매체이어야 한다.
제71조(가편집) ① 가편집되는 도화데이터는 세부도화데이터를 기준으로 세부도화데이터에 나타난 사항과 기타 자료에 의하여야 한다.
② 표시하는 대상물의 색은 도로가 적색, 해안 및 하천은 청색, 식생은 녹색, 등고선은 흑색으로 표시함을 원칙으로 하며 기타 표고점, 등고선의 수치 등은 명확하게 나타날 수 있는 색을 선택하여야 한다.
③ 등고선의 편집은 도화데이터를 원칙으로 하나 지형의 고저기복과 지세표현을 명확히 하기 위하여 산지에 한하여 주곡선 간격의 1/3 이내에서 수정 편집할 수 있다.

부록 2. 「무인비행장치 이용 공공측량 작업지침」

[시행 2018. 3. 30] [국토지리정보원고시 제2018-1075호, 2018. 3. 30, 제정]

제1장 총칙

제1조(목적) 이 지침은 「공공측량 작업규정」 제50조의2에 따라 무인비행장치 측량에 필요한 사항을 정하는 것을 목적으로 한다.

제2조(용어의 정의) 이 지침에서 사용하는 용어의 정의는 다음 각 호와 같다.

1. "무인비행장치 측량"이란 무인비행장치로 촬영된 무인항공사진 등을 이용하여 정사영상, 수치표면모델 및 수치지형도 등을 제작하는 과정을 말한다.
2. "무인비행장치"란 「항공안전법 시행규칙」 제5조제5호에 따른 무인비행장치 중 측량용으로 사용되는 것을 말한다.
3. "무인항공사진"이란 무인비행장치에 탑재된 디지털카메라로부터 촬영된 항공사진을 말한다.
4. "무인항공사진촬영"이란 무인비행장치에 탑재된 디지털카메라를 이용한 무인항공사진의 촬영을 말한다.
5. "지상기준점측량"이란 항공삼각측량 등에 필요한 기준점의 성과를 얻기 위하여 현지에서 실시하는 지상측량을 말한다.
6. "항공삼각측량"이란 지상기준점 등의 성과를 기준으로 사진좌표를 지상좌표로 전환시키는 작업을 말한다.
7. "수치도화"란 수치도화시스템으로 지형지물을 수치형식으로 측정하여 이를 컴퓨터에 수록하는 작업을 말한다.
8. "벡터화"란 좌표가 있는 영상 등으로부터 점, 선, 면의 벡터데이터를 추출하는 작업을 말한다.
9. "수치표면자료(Digital Surface Data, DSD)"란 기준좌표계에 의한 3차원 좌표 성과를 보유한 자료로서 지면 및 비지면 자료가 모두 포함된 점자료를 말한다.
10. "수치표면모델(Digital Surface Model, DSM)"이란 수치표면자료를 이용하여 격자형태로 제작한 지형모형을 말한다.

제3조(적용) ① 무인비행장치 측량은 이 지침을 따르는 것을 원칙으로 하며, 지침에 포함되지 아니한 사항은 「항공사진측량 작업규정」, 「영상지도제작에 관한 작업규정」, 「항공레이저측량 작업규정」, 「수치지도 작성 작업규칙」, 「수치지형도 작성 작업규정」, 「공공측량 작업규정」 등을 준용한다.

② 제1항의 경우에도 불구하고 공공측량시행자가 지시 또는 승인한 경우에는 정확도 및 양식 등 필요로 하는 내용을 수정하여 적용할 수 있다.

제4조(위치의 기준) 위치의 기준은 「공간정보의 구축 및 관리 등에 관한 법률」 제6조 및 같은 법 시행령 제7조에 의한다.

제5조(사업자 및 조종자 준수사항) 무인비행장치 측량을 수행하려는 사업자 및 조종자는 「항공안전법」 및 「항공사업법」을 준수하여야 한다.

제6조(사용장비 및 성능기준) ① 무인비행장치는 본 지침에 의한 성과품을 안전하게 취득할 수 있도록 다음의 성능을 갖추어야 한다.

1. 무인비행장치는 계획한 노선에 따른 안전한 이 · 착륙과 자동운항 또는 반자동운항이 가능하여야 한다.
2. 무인비행장치는 기체의 이상 발생 등 사고의 위험이 있을 때 자동으로 귀환할 수 있어야 한다.
3. 무인비행장치는 운항 중 기체의 상태를 실시간으로 모니터링할 수 있어야 한다.

② 무인비행장치에 탑재된 디지털카메라는 최소한 다음의 성능을 갖추어야 한다.

1. 노출시간, 조리개 개방시간, ISO 감도를 촬영에 적합하도록 설정할 수 있거나, 설정되어 있어야 한다.
2. 초점거리 및 노출시간 등의 정보를 확인할 수 있어야 한다.
3. 카메라의 이미지 센서 크기와 영상의 픽셀 수를 확인할 수 있어야 한다.
4. 카메라의 렌즈는 단초점렌즈의 이용을 원칙으로 한다.

③ 수치지형도 제작을 위한 디지털 카메라는 별도의 카메라 왜곡보정(검정)을 수행한 것을 사용하는 것을 원칙으로 한다. 다만, 측량목적 달성에 지장이 없는 경우 공공측량시행자와 협의하여 자체검정(Self-Calibration)방법으로 산출된 보정값을 이용할 수 있다.

제7조(작업순서) 무인비행장치를 이용한 작업절차는 다음과 같으며, 공공측량시행자가 지시 또는 승인한 경우에는 순서를 변경하거나 일부를 생략할 수 있다.

1. 작업계획 수립
2. 대공표지의 설치 및 지상기준점 측량
3. 무인항공사진촬영
4. 항공삼각측량
5. 수치표면모델(DSM) 생성 등
6. 정사영상 제작
7. 지형 · 지물의 묘사
8. 수치지형도 제작
9. 품질관리 및 정리점검

제2장 대공표지 설치 및 지상기준점측량

제8조(대공표지) 대공표지의 설치는 「항공사진측량 작업규정」을 따른다. 다만, 측량목적 달성에 지장이 없는 경우 공공측량시행자와 협의하여 형태 및 설치방법을 달리할 수 있다.

제9조(지상기준점의 배치) ① 지상기준점은 작업지역의 형태, 코스의 방향, 작업 범위 등을 고려하여 외곽 및 작업지역에 〈별표 1〉과 같이 가능한 고르게 배치하되, 작업지역의 각 모서리와 중앙 부분에는 지상기준점이 배치되도록 하여야 한다.

② 지상기준점의 선점은 사진상에서 명확히 분별될 수 있는 지점으로 한다.

③ 지상기준점의 수량은 1km^{2}당 9점 이상을 원칙으로 한다.

④ 제3항에도 불구하고 공공측량시행자가 최종성과품에 대한 충분한 정확도를 확보할 수 있다고 인정한 경우에는 기준점의 배치 수량을 변경할 수 있다. 다만, 기준점의 배치 수량을 변경한 경우에는 작업계획서에 반영하여야 한다.

[별표 1] 지상기준점의 배치

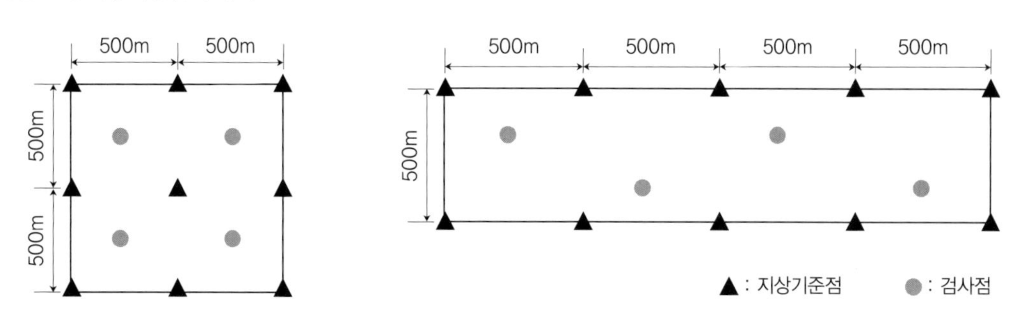

제10조(지상기준점 측량방법) ① 지상기준점 측량방법은 다음 각 호에 따르는 것을 원칙으로 한다.

1. 평면기준점 측량은 「공공측량 작업규정」의 공공삼각점측량이나 네트워크 RTK 측량 방법 또는 「항공사진측량 작업규정」의 지상기준점 측량 방법을 준용함을 원칙으로 한다.
2. 표고기준점 측량은 「공공측량 작업규정」의 공공수준점측량 방법을 준용함을 원칙으로 한다.

② 공공측량시행자가 승인한 경우에는 제1항의 측량방법을 변경할 수 있다.

③ 제1항의 평면 및 표고기준점 정확도는 「공공측량 작업규정」 또는 「항공사진측량 작업규정」에서 정한 바에 따른다.

제11조(검사점 측량방법 등) ① 검사점의 수량은 지상기준점 수량의 최소 1/3 이상으로 하여야 하며, 작업의 난이도에 따라 충분한 수량을 확보하여야 한다. 다만, 검사점의 수량이 3점 이하인 경우에는 3점으로 한다.

② 검사점의 배치는 측량 대상지역에 고르게 분포하되, 지상기준점 인근에 배치하지 않아야 하며, 사진상에서 명확히 분별될 수 있는 지점으로 한다. 정확도가 높은 지점을 선별하여 검사점을 배치해서는 안 된다.

③ 검사점 측량은 지상기준점과 동일한 방법으로 측량함을 원칙으로 한다. 다만, 필요한 경우 네트워크 RTK 측량 방법으로 평면검사점 측량을 수행할 수 있다.

④ 검사점은 데이터 처리 과정에서 점검이나 조정에 사용할 수 없으며, 성과물의 정확도 검증을 위한 검사점으로만 사용되어야 한다.

⑤ 검사점 측량의 정확도는 「공공측량 작업규정」또는 「항공사진측량 작업규정」에서 정한 바에 따른다.

제12조(성과 등) 측량 결과는 다음 각 호와 같이 정리한다.

1. 관측기록부
2. 계산부(네트워크 RTK 측량은 제외)
3. 관측망도(네트워크 RTK 측량은 제외)

4. 점의조서
5. 지상기준점 및 검사점 성과표〈별표 2〉
6. 관측데이터
7. 기타 필요한 성과

[별표 2] 지상기준점 및 검사점 성과표

점번호	X(m)	Y(m)	정표고(m)	구분

가. 구분에는 기준점 또는 검사점으로 기입한다.

제3장 무인항공사진촬영

제13조(촬영계획) ① 촬영계획은 요구 정밀도, 사용 장비, 지형 형상, 기상여건 등을 고려하여 수립한다.

② 중복도는 촬영 진행방향으로 65% 이상, 인접코스 간에는 60% 이상으로 하며, 지형의 기복이 크거나 고층 건물이 존재하는 경우에는 촬영 진행방향으로 85% 이상, 인접코스 간에는 80% 이상으로 촬영하여야 한다.

구분	평탄한 저지대 지역	매칭점이 부족하거나 높이차가 있는 지역	높이차가 크거나, 고층 건물이 있는 지역
촬영 방향 중복도	65% 이상	75% 이상	65% 이상
인접코스 중복도	60% 이상	70% 이상	65% 이상

③ 무인항공사진의 지상표본거리는 공공측량시행자와 협의하여 결정하되, 「항공사진측량 작업규정」의 축척별 지상표본거리 이내이어야 한다.

④ 촬영대상면적, 촬영고도, 중복도, 비행코스 및 카메라의 기본정보를 무인비행장치 전용 촬영계획 프로그램에 입력하여 이론적인 지상표본거리, 촬영 소요시간, 사진 매수 등의 정보를 확인한다.

⑤ 최종성과물이나 작업 난이도에 따라 시행 기관과 협의하여 중복도를 달리할 수 있다. 단, 중복도를 달리할 경우에는 작업계획서에 반영되어야 한다.

제14조(촬영비행 및 촬영) ① 촬영비행은 다음 각 호에 의한다.

1. 촬영비행은 시계가 양호하고 구름의 그림자가 사진에 나타나지 않는 맑은 날씨에 하는 것을 원칙으로 한다.

2. 촬영비행은 계획촬영고도에서 가급적 일정한 높이로 직선이 되도록 한다.
3. 계획촬영 코스로부터의 수평 또는 수직이탈이 가능한 최소화 되도록 한다.
4. 무인비행장치는 설정된 비행계획에 따라 자동으로 비행함을 원칙으로 한다.

② 촬영은 다음 각 호에 의한다.

1. 노출시간은 촬영계절, 촬영시간대, 기상, 비행속도, 카메라의 진동 등을 감안하여 선명도가 유지되도록 설정하여야 한다.
2. 카메라는 가능한 연직방향으로 향하여 촬영함을 원칙으로 한다.
3. 매 코스의 시점과 종점에서 사진은 최소한 2매 이상 촬영지역 밖에 있어야 하며, 대상지역을 완전히 포함하도록 여유분을 두어 사진을 촬영하여야 한다.

제15조(재촬영) ① 다음 각 호에 해당하는 경우에는 재촬영하여야 한다.

1. 촬영대상지역에 제13조의 중복도로 촬영되지 않은 지역이 존재하여 측량성과의 제작에 지장을 줄 가능성이 있는 경우
2. 촬영 시 노출의 과소, 블러링(Blurring) 등으로 무인항공사진이 선명하지 못하여 후속작업에 지장이 있는 경우
3. 적설 또는 홍수로 인하여 지형을 구별할 수 없어 수치도화 또는 벡터화에 지장이 있는 경우
4. 기타 후속작업 및 정확도에 지장이 있다고 인정되는 경우

② 재촬영 범위 및 방법은 공공측량시행자와 협의하여 결정한다.

제16조(성과 등) 무인항공사진촬영 결과는 다음 각 호와 같이 정리한다.

1. 무인항공사진
2. 촬영기록부〈별표 3〉
3. 촬영코스별 검사표〈별표 4〉
4. 그밖에 성과 확인에 필요한 자료

[별표 3] 촬영기록부

<table>
<tr><td>사업명</td><td colspan="3"></td></tr>
<tr><td>촬영지구</td><td colspan="3"></td></tr>
<tr><td>작업지역
현황</td><td>면적 및 지형</td><td>km²/○○지역</td><td>기타 특징</td><td></td></tr>
</table>

<table>
<tr><td rowspan="2">촬영
일자</td><td colspan="2" rowspan="2">20 년 월 일</td><td rowspan="2">조종사</td><td>성명
(소속)</td><td colspan="3">( )</td><td rowspan="2">이륙</td><td rowspan="2">시 분</td></tr>
<tr><td>연락처</td><td colspan="3"></td></tr>
<tr><td rowspan="2">기체</td><td>형식</td><td></td><td rowspan="2">카메라</td><td>센서명</td><td></td><td>센서
크기</td><td>가로 (mm)
세로 (mm)</td><td rowspan="2">착륙</td><td rowspan="2">시 분</td></tr>
<tr><td>기체명</td><td></td><td>초점
거리</td><td>mm</td><td>픽셀
수</td><td>가로 (픽셀)
세로 (픽셀)</td></tr>
<tr><td rowspan="2">고도</td><td colspan="2">ft</td><td rowspan="2">기상</td><td rowspan="2">맑음</td><td>풍향</td><td colspan="2"></td><td>비행
시간</td><td>분</td></tr>
<tr><td colspan="2">m</td><td>풍속</td><td colspan="2">m/s</td><td>비행
속도</td><td>m/s</td></tr>
</table>

<table>
<tr><td colspan="2">개시시간</td><td>종료시간</td><td>영상매수</td><td>비고</td></tr>
<tr><td colspan="2">:</td><td>:</td><td>매</td><td></td></tr>
<tr><td colspan="2"></td><td></td><td></td><td></td></tr>
<tr><td colspan="2"></td><td></td><td></td><td></td></tr>
<tr><td colspan="2"></td><td></td><td></td><td></td></tr>
<tr><td colspan="2"></td><td></td><td></td><td></td></tr>
<tr><td>계</td><td></td><td></td><td></td><td></td></tr>
<tr><td colspan="5">촬영계획도</td></tr>
<tr><td colspan="5"></td></tr>
</table>

[별표 4] 촬영코스별 검사표

<table>
<tr><td>사업명</td><td colspan="4"></td><td>촬영지구</td><td></td><td>작성자</td><td></td></tr>
<tr><td>촬영일자</td><td colspan="2">20 년 월 일</td><td>촬영
코스 수</td><td>코스</td><td>기체명</td><td></td><td>카메라</td><td></td></tr>
<tr><td rowspan="2">촬영 해상도
(GSD)</td><td>계획</td><td>cm</td><td rowspan="2">비행
고도</td><td colspan="3">계획</td><td colspan="2">m</td></tr>
<tr><td>실시</td><td>cm</td><td colspan="3">실시</td><td colspan="2">m</td></tr>
<tr><td rowspan="2">촬영 시간</td><td>시작</td><td>시 분</td><td rowspan="2">진행방향
중복도
(O.L)</td><td rowspan="2" colspan="2">%</td><td rowspan="2">촬영선
중복도
(S.L)</td><td rowspan="2" colspan="2">%</td></tr>
<tr><td>종료</td><td>시 분</td></tr>
<tr><td rowspan="2">코스 번호</td><td rowspan="2">코스별
영상 매수</td><td rowspan="2">코스별
불량
영상 매수</td><td colspan="5">코스별 불량영상</td></tr>
<tr><td>불량영상
번호</td><td>보안지역
처리</td><td>Blurring</td><td>판독
불가</td><td>기타</td></tr>
<tr><td></td><td></td><td></td><td></td><td></td><td></td><td></td><td></td></tr>
<tr><td></td><td></td><td></td><td></td><td></td><td></td><td></td><td></td></tr>
<tr><td></td><td></td><td></td><td></td><td></td><td></td><td></td><td></td></tr>
</table>

제4장 항공삼각측량

제17조(항공삼각측량 작업방법) ① 항공삼각측량은 자동매칭에 의한 방법으로 수행하여야 하며, 광속조정법(Bundle Adjustment) 및 이에 상당하는 기능을 갖춘 소프트웨어를 사용하여야 한다.

② 사용 소프트웨어는 다음 각 호의 기능을 갖추어야 한다.

1. 결합점의 자동선정
2. 결합점의 3차원 위치계산
3. 영상별 외부표정요소 계산

③ 지상기준점의 성과는 지상기준점이 표시된 모든 무인항공사진에 반영되어야 한다.

제18조(조정계산 및 오차의 한계) 항공삼각측량의 조정계산방법 및 오차의 한계는 다음 각 호에 의한다.

1. 각 무인항공사진의 외부표정요소 계산은 광속조정법 등의 조정방법에 의해서 결정한다.
2. 조정계산 결과의 평면위치와 표고의 정확도는 모두「항공사진측량 작업규정」기준 이내이어야 한다.
3. 결합점이 요구되는 정확도를 만족할 때까지 오류점의 재관측 및 추가 관측을 자동 및 수동으로 실시하여 재조정 계산을 실시한다.

제19조(성과 등) 항공삼각측량 결과는 다음 각 호와 같이 정리한다.

1. 항공삼각측량 성과 파일(외부표정요소)
2. 항공삼각측량 전 과정이 포함된 리포트 파일

3. 항공삼각측량 프로젝트 백업파일
4. 그 밖에 성과 확인에 필요한 자료

제5장 수치표면모델의 생성 등

제20조(수치표면자료의 생성) ① 무인항공사진의 외부표정요소 등을 기반으로 영상매칭방법을 이용하여 고정밀 3차원 좌표를 보유한 점(이하 점자료)으로 구성된 수치표면자료를 생성한다. 다만, 라이다(Lidar)에 의한 경우는「항공레이저측량 작업규정」의 작업방법에 따라 수행할 수 있다.

② 수치표면자료의 높이는 정표고 성과로 제작하여야 한다.

③ 필요에 따라 보완측량을 실시하여 수치표면자료를 수정할 수 있다.

제21조(수치지면자료의 생성) ① 수치지면자료를 필요로 하는 경우에는 수치표면자료에서 수목, 건물 등의 지표 피복물에 해당하는 점자료를 제거하여 수치지면자료를 제작할 수 있다. 다만, 공공측량시행자와 협의된 경우에는 작업지역의 범위, 지표 피복물 제거 방법 및 제거 대상 등을 변경할 수 있다.

② 필요에 따라 보완측량을 실시하여 수치지면자료를 수정할 수 있다.

제22조(수치표면모델 또는 수치표고모델의 제작) 수치표면모델 또는 수치표고모델의 제작이 필요한 경우에는 다음 각 호에 따라 제작할 수 있다.

1. 수치표면모델은 수치표면자료를 이용하여 다음 각 목과 같이 격자자료로 제작되어야 한다. 다만, 공공측량시행자가 승인한 경우에는 격자 간격 등을 변경할 수 있다.
   가. 정사영상제작에 이용하는 수치표면자료의 격자간격은 영상의 2화소 이내 크기에 해당하는 간격이어야 한다.
   나. 격자자료는 사용목적 및 점밀도를 고려하여 성과물의 정확도를 확보할 수 있는 보간방법으로 제작하여야 한다.
2. 수치표고모델의 제작이 필요한 경우에는 수치지면자료를 이용하여 격자자료로 제작할 수 있으며, 격자간격 및 보간 방법은 제1호에 의한다. 다만, 필요에 따라 도로, 철도, 교통시설물, 호안, 제방 및 건물 등의 바닥면이 지형과 일치하도록 1:1,000 수치지도 또는 정사영상 등에서 불연속선(breakline)을 추출하여 수정 및 편집을 수행할 수 있다.

제23조(정확도 점검) ① 수치표면자료 또는 수치지면자료, 수치표면모델 또는 수치표고모델 등의 수직위치 정확도는 다음 각 호와 같다.

1. 정사영상 제작을 위한 수직위치 정확도는「영상지도 제작에 관한 작업규정」을 준용한다.
2. 수치표면모델 또는 수치표고모델이 최종성과물일 경우에는「항공레이저측량 작업규정」의 수직위치 정확도를 준용한다.

② 수치표면자료 또는 수치지면자료, 수치표면모델 또는 수치표고모델 등의 정확도 점검방법은「항공레이저측량 작업규정」을 따르고, 기준은 제1항을 따른다.

제24조(성과 등) 정리하여야 할 성과는 다음 각 호와 같다.

1. 수치표면모델(DSM) 또는 수치표고모델(DEM)
2. 수치표면모델(DSM) 또는 수치표고모델(DEM) 검사표〈별표 5〉

3. 수치표면모델(DSM) 또는 수치표고모델(DEM) 오류 정정표〈별표 6〉

[별표 5] 검사표(수치표면자료/수치표면모델, 수치지면자료/수치표고모델 등)

점이름	구분	기준점/검사점 좌표			수치표고모델 정표고(Z)	H-Z (m)
		X	Y	정표고(H)		
분석		최대				
		최소				
		평균				
		표준편차				
		RMSE				

[별표 6] 오류 정정표(수치표면자료/수치표면모델, 수치지면자료/수치표고모델 등)

지구명		작업자	
오류정정자료		작업일자	
위치	X : Y :		
오류내용		조치내용	
* 오류내용을 서술		* 오류를 정정한 내용을 서술	
* 오류내용이 나타난 그림을 첨부		* 정정한 후의 그림을 첨부	

가. 필요한 경우에는 오류내용 그림 부분에 대상지역의 영상자료를 첨부하여 작성한다.
나. 구분에는 기준점 또는 검사점으로 기입한다.
다. 기준점 또는 검사점의 평면좌표의 높이를 수치표고모델 등에서 계산하여 수치표고모델 등의 정표고에 기입한다.

제6장 정사영상 제작

제25조(정사영상 제작방법) ① 정사영상의 제작은 수치표면모델(또는 수치표면자료) 또는 수치표고모델(또는 수치지면자료)과, 무인항공사진 및 외부표정요소를 이용하여 소프트웨어에서 자동생성 방식으로 제작하는 것을 원칙으로 한다.
② 정사영상은 모델별 인접 정사영상과 밝기 값의 차이가 나지 않도록 제작하여야 한다.
제26조(영상집성) ① 인접 정사영상 간의 영상집성을 수행하기 전 과정으로 필요시 영상 간의 밝기 값 차이를 제거하기 위한 색상보정을 실시하여야 한다.
② 중심투영에 의한 영향을 최소화 할 수 있는 범위 내에서 집성하여야 한다.
③ 영상을 집성하기 위한 접합선은 기복변위나 음영의 대조가 심하지 않은 산능선, 하천, 도로 등으로 설정하여 집성된 영상에서 접합선이 보이지 않도록 하고, 인접 영상 간 색상의 연속성을 유지하여야 한다.
④ 영상집성 후 경계 부분에서 음영이나 접합선의 이격 등이 없어야 한다.
제27조(보안지역 처리) 일반인의 출입이 통제되는 국가보안시설 및 군사시설은 주변지역의 지형 · 지물 등을 고려하여 위장처리를 하여야 한다.
제28조(정사영상의 정확도) 정사영상의 정확도 및 점검항목은 「영상지도제작에 관한 작업규정」을 준용한다.
제29조(성과 등) 정리하여야 할 성과는 다음 각 호와 같다.

1. 정사영상 파일
2. 정사영상 검사표〈별표 7〉

[별표 7] 정사영상 검사표

점이름	구분	기준점/검사점 좌표		정사영상 좌표		X−X' (m)	Y−Y' (m)	평면 오차
		X	Y	X'	Y'			
분석		최대						
		최소						
		평균						
		RMSE						

제7장 지형 · 지물 묘사

제30조(묘사) ① 무인항공사진 또는 수치표면모델 및 정사영상 등을 이용하여 수치도화 또는 벡터화 방법 등으로 지형 · 지물을 묘사하며, 묘사 대상은 공공측량시행자와 협의하여 결정한다.

② 수치도화 방법은 무인항공사진과 항공삼각측량 성과를 기반으로 수치도화시스템에서 입체시에 의해 3차원으로 지형 · 지물을 묘사하는 방법이다.

③ 벡터화 방법은 연속정사영상과 수치표면모델(또는 수치표고모델) 기반의 벡터화를 통하여 2차원으로 지형 · 지물을 묘사하는 방법이다. 다만, 높이 정보가 필요한 경우에는 공공측량시행자와 협의하여 수치표면모델 또는 수치표고모델로부터 표고 또는 등고선을 추출하여 이용할 수 있다.

④ 공공측량시행자가 승인한 경우에는 제2항 및 제3항 이외의 방법으로 지형 · 지물을 묘사할 수 있다.

제31조(수치도화에 의한 지형 · 지물의 묘사) ① 수치도화방법에 의한 지형 · 지물의 묘사는 「항공사진측량 작업규정」의 방법을 따른다.

② 제1항에도 불구하고, 공공측량시행자와 협의된 경우에는 묘사대상이나 묘사 방법, 표준 코드 등을 보완하여 사용할 수 있다.

제32조(벡터화에 의한 지형 · 지물의 묘사) ① 벡터화에 의한 지형 · 지물의 묘사는 「수치지형도 작성 작업규정」을 따르는 것을 원칙으로 한다.

② 공간정보의 분류체계는「수치지도 작성 작업규칙」을 따르며, 세부 지형·지물의 표준코드는「수치지형도 작성 작업규정」을 따르는 것을 원칙으로 한다.
③ 벡터화에 의한 지형·지물의 묘사의 허용범위는「항공사진측량 작업규정」의 평면위치에 대한 기준을 준용함을 원칙으로 한다.
④ 제1항부터 제3항에도 불구하고, 필요에 따라 공공측량시행자와 협의하여 묘사대상이나 묘사 방법, 표준 코드 등을 변경하여 적용할 수 있다.
제33조(성과 등) 묘사 성과는 수치도화 파일 또는 벡터화 파일로 정리하여야 한다.

제8장 수치지형도 제작

제34조(수치지형도 제작) ① 수치지형도의 제작은「수치지형도 작성 작업규정」을 따른다.
② 측량목적에 따라 공공측량시행자와 협의하여 제작방법을 달리할 수 있다. 단, 이 경우 작업계획서에 반영하여야 한다.

제9장 품질관리 및 정리점검

제35조(품질관리) ① 수치표면모델(또는 수치표면자료, 수치지면자료, 수치표고모델), 정사영상이 최종성과물인 경우 제23조, 제28조에 의한 정확도를 유지하여야 한다.
② 수치지형도에 대한 품질관리는「수치지도 작성 작업규칙」에 의한다.
제36조(정리점검) 최종성과물에 따라 납품하여야 할 성과를 정리하여야 한다.
제37조(재검토 기한) 국토지리정보원장은「훈령·예규 등의 발령 및 관리에 관한 규정」에 따라 이 고시에 대하여 2018년 7월 1일을 기준으로 매 3년이 되는 시점(매 3년째의 6월 30일까지를 말한다)마다 그 타당성을 검토하여 개선 등의 조치를 하여야 한다.

부칙 〈제2018-1075호, 2018. 3. 30〉
이 고시는 발령한 날부터 시행한다.

찾아보기

ㄱ

가속도계 38
검사점 241
검정 232
고정익 11, 13, 29
공간정보 66
공간 해상도 56, 73
관성측정장치 40
구동부 36
국내법의 초경량비행장치(무인비행기)의 기준 11
권장사양 96
규제동향 6
규제 완화 6
기술동향 5
기압계 40

ㄴ

내부표정 227

ㄷ

대공표지 78, 227, 228, 240
드론 1
드론 구조 33
드론 규제 7

ㄹ

라이다 센서 43
롤 27

ㅁ

모자이크 64
모터 38
무인비행장치 239
무인비행장치 측량 95, 239
무인항공기 1
무인항공사진 239
무인항공사진촬영 239, 242

ㅂ

베르누이 정리 20
벡터화 239
불규칙 삼각망 214
브러시 38
브러시리스 38
비행고도 75
비행금지구역 6
비행노선 76
비행속도 71
비행원리 17

ㅅ

사진촬영 79
사진측량 55, 69
상호표정 227
세부도화 227
셔터 간격 77
셔터속도 71
수정도화 227

수치도화 239
수치지도 90
수치지형도 250
수치지형모델 63
수치표고모델 64
수치표면모델 63, 239, 246
수치표면자료 239
스로틀 27
시장규모 2
실습자료 199

ㅇ

애니메이션 125
양력 18, 22
에어포일 19, 22
영상기준점 61
영상정합 59, 69, 87
오차 235
요 27
이륙 14, 29

ㅈ

자동비행제어장치 37
자력계 39
자이로스코프 38
절대표정 227
점군 63, 88, 212
접합점 57
정사영상 64, 89, 248
정확도 246
제어부 36
조종자 준수사항 239
종중복 70
종중복도 57
주파수 45
중력 18, 22
중복도 70, 76, 82, 232
지상기준점 58, 61, 62, 234, 240, 241
지상기준점측량 227, 239
지상표본거리 56, 70, 71, 72, 75, 227
지상 해상도 56

ㅊ

착륙 14, 30
체적 산정 222
초경량비행장치의 기준 9
초경량비행장치 조종자 준수사항 10
추력 18, 22
측위오차 51

ㅌ

통신부 35
특별비행승인제 6
틸트로터형 12

ㅍ

페이로드 36
평면직각좌표 207
피치 27
피토관 21, 41

ㅎ

항공사진 227
항공사진촬영 227, 230
항공사진측량 227
항공사진측량 작업 74
항공사진측량 작업규정 72
항공삼각측량 86, 227, 239, 245
항력 18, 22, 24
해상도 232

호버링 25
회전익 11, 13, 24
횡중복 70
횡중복도 57, 76

기타

DEM 64
Drone 1
DSM 63
DTM 63
GNSS 47, 48
GPS 46
GSD 75
Pix4D 95
Pix4D mapper Pro 101
Queen Bee 1
SfM 88, 197
SIFT 88, 197
TIN 88, 214

저자 소개

김성훈(金聖勳)

토목공학 박사과정을 수료했으며 현재 건설 분야와 공간정보산업분야에 근무하고 있다. 현재 ㈜스마트지오 대표이사, 한밭대학교 드론융합기술센터 부센터장, 영남이공대학교 겸임교수로 활동하고 있다. 건설 · 토목 · 공간정보 분야의 실무경험을 바탕으로 공간정보관리 및 효율성을 높이는 다양한 특허 및 실용신안을 고안 및 개발하여 기준점, 하천시설물관리, 지하시설물관리 등에 적용하고 있으며, 설계측량, 시공측량, 소나무재선충 예찰, 다분광 · 초분광 촬영 및 분석 등 다양한 무인항공기 사업화와 융합기술교육을 하고 있다.

김준현(金埈鉉)

지적 및 GIS 전공 공학박사이며, 현재 대구과학대학교 측지정보과에서 지적측량, 도근측량, 수치측량 등의 교과목을 가르치고 있다. 한국측량학회, 한국공간정보학회, 한국지적학회, 한국지적정보학회 등에 수많은 연구논문을 게재했으며, 우수논문상, 학술상을 수상한 바 있다. 저서로는 핵심 공간정보법규, 핵심 지적학, 최신 지적제도학 등이 있으며, 최근 드론영상을 활용한 3차원 고정밀 지도제작 구축과 Digital Twin Space와의 연계방안 및 드론영상 기반의 공간정보 지원 플랫폼 구축 등의 융 · 복합적 과제에 관심을 갖고 있다.

손호웅(孫鎬雄)

공학박사와 기술사(토목품질시험)로서 배재대학교 건설환경철도공학과 교수를 역임하고, 현재 SQ엔지니어링(주) 연구소장, 한국재난정보학회 이사, 한국모형항공협회 이사 및 한국인지과학산업협회 전문위원으로 활동하고 있다. 그동안의 지구물리탐사, 지형공간정보체계(GIS) 및 지하공간정보 분야의 연구와 실무 경험을 바탕으로 지하공간정보 관리론(학술원 우수학술도서), 지형공간정보체계(GSIS) 용어사전(네이버 공식 검색 용어사전), 드론 용어사전, 드론(무인기) 원격탐사 사진측량(학술원 우수학술도서) 등을 출간했다.

이강원(李康元)

공학박사와 기술사(측량 및 지형공간정보)로서 한진정보통신(주)의 임원을 역임하고, 현재 (주)한국에스지티 대표와 한국재난정보학회 고문, 한국지도학회 부회장과 고려대학교 연구교수(BK21Plus 에코리더 양성사업단)로 활동하고 있다. 그동안 지형공간정보체계(GSIS) 및 지하공간정보 분야의 실무 경험을 바탕으로 활동을 하고 있다. 저서로는 지리정보시스템(GIS) 용어사전, 지형공간정보체계(GSIS) 용어사전, 드론 용어사전, 드론(무인기) 원격탐사 사진측량, 무인비행장치 측량이 있다.